# 무한을 넘어서

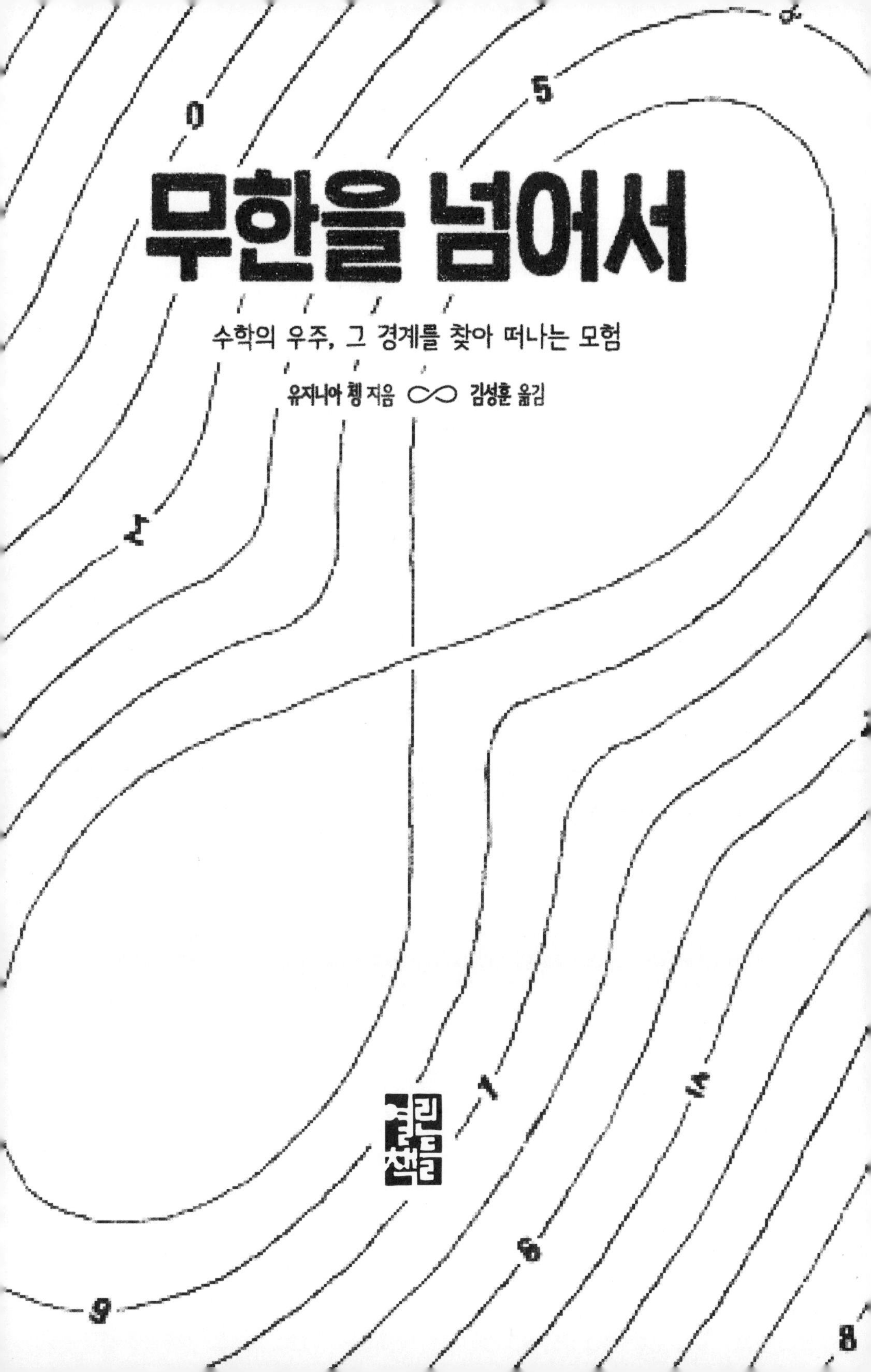

# 무한을 넘어서

수학의 우주, 그 경계를 찾아 떠나는 모험


유지니아 쳉 지음 ∞ 김성훈 옮김



열린책들

**일러두기**

• 이 책의 주는 모두 옮긴이주다.

이 책은 실로 꿰매어 제본하는 정통적인 사철 방식으로 만들어졌습니다.
사철 방식으로 제본된 책은 오랫동안 보관해도 손상되지 않습니다.

유한한 삶에 무한한 사랑을 담을 수 있음을 몸소 가르쳐 준

사라 알바데르를 추모하며

# 프롤로그

나는 공항이 싫다.

공항에 가면 붐비는 사람들과 소음으로 스트레스가 이만저만이 아니다. 사람은 너무 많고, 기다리는 줄은 너무 길고, 앉을 자리는 부족하고, 눈을 돌리는 곳마다 건강에 해로운 음식들이 나를 유혹한다. 이런 곳이 여행의 출발점이라니 참 애석한 일이다. 그것 때문에 여행을 나서기가 영 무서워져 버렸다. 무릇 여행이란 흥미진진한 발견의 과정이어야 한다. 비행기를 타고 어디론가 날아간다는 것은 기적이나 마술에 가까운 과정이다. 문제는 붐비는 공항과 다리도 제대로 펴기 힘든 비좁은 이코노미 좌석이 우리의 비행을 빈번히 망쳐 놓는 데 있다.

흥미진진한 수학 역시 기적이나 마술에 가까운 여행이며, 발견의 과정이어야 마땅하다. 하지만 수학도 마찬가지로 그 출발점부터 즐거운 여행을 망쳐 버릴 때가 너무 많다. 처음부터 학생들은 암기해야 할 수많은 수학 공식, 스트레스만 잔뜩 주는 시험, 재미없는 수학 문제들에 어깨가 짓눌리고 만다.

반면 나는 배 여행은 참 좋아한다.

탁 트인 바다에 나가 얼굴에 와 닿는 바람을 느끼며 문명사회와 해안이 나로부터 멀어지는 모습을 바라보는 것이 좋다. 아무리 다가가도 좀처럼 가까워지지 않는 수평선을 향해 나아가는 것이 좋고, 자연의 힘에 속수무책으로 당하지 않으면서 그 힘을 일부라도 느껴 볼 수 있어서 좋다. 물론 나는 뱃사람이 아니다. 그래서 보통은 다른 사람이 모는 배를 타고 다니는데, 가끔은 내가 다룰 만한 배를 탈 때도 있다. 그런 경우에는 직접 내 힘으로 배를 몰아 볼 수 있어서 뿌듯하다. 한번은 프랑스의 한 작은 성을 두르고 있는 해자(垓子)에서 노로 젓는 작은 배를 타기도 했다. 그리고 암스테르담의 수로를 따라 페달로 젓는 배를 타보기도 했다. 그리고 캠강에서는 삿대로 젓는 평저선을 타보기도 했는데 그러다 물에 한 번 빠지고 난 뒤부터는 평생 그런 종류의 배를 싫어하게 됐다. 어떤 사람들이 어린 시절의 안 좋은 경험 때문에 평생 수학을 싫어하게 되는 것처럼 말이다.

나는 시드니와 로스앤젤레스의 해안에서 거대한 고래를 구경하고, 웨일스 해안의 바다표범이나 다른 야생 동물을 보려고 배 여행을 떠나기도 했었다. 그리고 영국 해협을 가로질러 프랑스로 가는 페리가 있어서 내 어릴 적 가족 휴가의 대부분은 이 배에서 시작했었다. 그러다가 해협을 해저 터널로 건너가는 초고속 전기 열차 유로스타가 건설됐다. 사람들은 기존에는 도저히 가능해 보이지 않았던 일도 얼마나 빨리 당연한 일로 받아들이는지!

요즘에 나는 딱히 어디 갈 목적으로 배를 타는 경우가 참 드물어졌다. 그보다는 그냥 재미로, 아니면 경치나 자연 경관을 구경하러, 아니면 직접 배를 모는 즐거움을 맛보려고 배를 탈 때가 많다. 하지만 한 가지 예외가 있다. 바로 템스강 페리다. 이 배는 런던 중심부로 통근할 때 아주 만족스러운 교통 수단이다. 이 페리는 배를 타는 재미도 맛볼 수 있고,

목적지로 이동도 할 수 있어 일석이조다.

내가 추상 수학을 좋아하는 이유도 어떤 면에서는 배 여행을 좋아하는 이유와 비슷하다. 나에게 수학이란 그저 어떤 목적지에 도착하기 위한 수단이 아니다. 수학은 재미를 느끼고, 머리를 단련하고, 수학의 본질과 교감하고, 수학의 풍경을 구경하기 위한 것이다. 이 책은 무한과 그 너머의 불가사의하고 환상적인 세계로 떠나는 여행이다. 그 과정에서 우리는 정신을 아찔하게 하는 숨 막히고, 때로는 믿기 힘든 풍경들을 보게 될 것이다. 우리는 수학의 힘에 속수무책 당하는 일 없이 그 힘을 한껏 즐기게 될 것이고, 아무리 다가가도 가까워지지 않는 인간 사고의 수평선을 향해 나아가게 될 것이다.

# 차례



∞

## 1부 무한으로의 여행

# 2부 무한의 풍경



∞

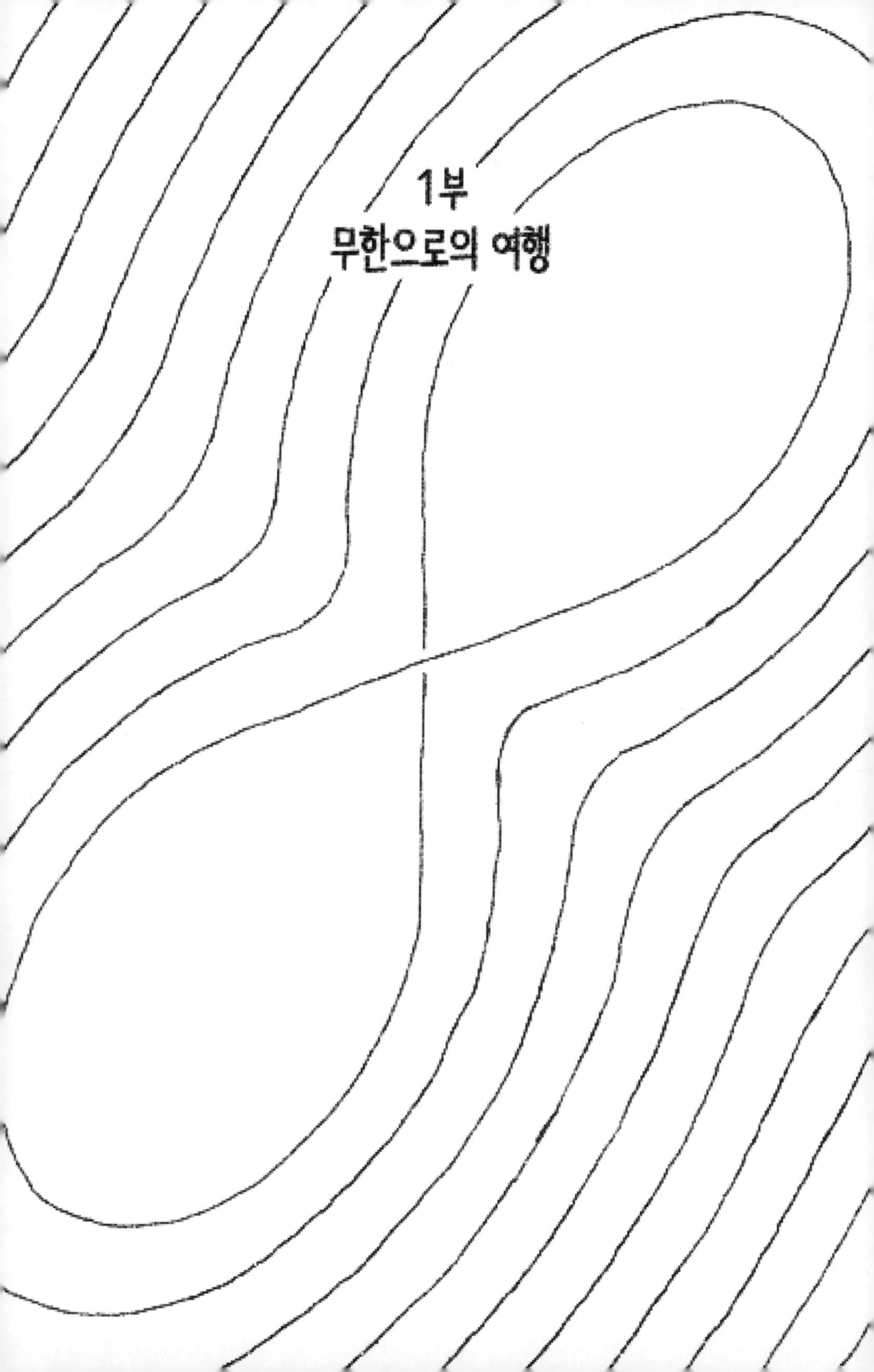

# 1부
# 무한으로의 여행

# 1. 무한이 무엇인지

무한Infinity은 네스호의 괴물이다. 경외감을 불러일으키는 압도적인 크기를 갖고 있으면서도 그 정체를 분명히 알 수 없어 사람들의 상상력을 끊임없이 사로잡기 때문이다. 무한은 꿈이며, 시간과 공간이 무한대로 펼쳐져 있는 광활한 판타지의 세계다. 무한은 예상치 못했던 생명체, 뒤엉킨 덤불, 그리고 그 사이로 갑자기 쏟아져 들어오는 햇살이 어우러진 캄캄한 숲이다. 그리고 무한은 닫혀 있다가 활짝 열리면서 끝없이 이어지는 나선을 드러내는 루프loop다.

우리의 삶은 유한하고, 우리의 뇌도 유한하고, 우리의 세상도 유한하지만 그럼에도 우리 주변에서는 언뜻언뜻 무한이 얼굴을 드러낸다. 내가 어릴 때 자란 집은 중앙에 난로와 굴뚝이 있고, 모든 방이 그 주변으로 둥글게 연결되어 있었다. 그래서 여동생과 술래잡기를 하면 빙글빙글 원을 그리며 무한히 돌 수 있었다. 그래서 마치 집이 무한히 큰 것처럼 느껴졌다. 루프는 유한한 공간에서도 무한히 긴 여행을 가능하게 해준다. 그래서 루프는 그저 아이들의 술래잡기뿐만 아니라 경주 트랙이나 입자 충돌기particle collider에서도 사용된다.

나중에는 엄마가 컴퓨터로 프로그램을 짜는 법을 가르쳐 주셨다. 내가 좋아했던 프로그램을 떠올릴 때면 아직도 어느새 입가에 미소가 번진다.

```
10 PRINT "HELLO"
20 GOTO 10
```

이렇게 하면 무한한 루프가 만들어진다. 실제로 존재하는 루프가 아니라 추상적인 루프다. 이렇게 프로그램을 작성한 후에 〈RUN〉을 입력하면 〈HELLO〉라는 글자가 컴퓨터 스크린을 따라 아래로 스크롤된다. 내가 멈추지 않는 한 출력이 멈추지 않을 것을 알았기 때문에 나는 그것을 보며 짜릿한 흥분을 느꼈다. 나는 웬만해서는 지겨워하는 아이가 아니었기 때문에 더 유용한 프로그램을 만들어 봐야겠다는 생각도 없이 매일 이 짓만 반복할 수 있었다. 슬픈 얘기지만 그 덕에 내 프로그래밍 실력은 전혀 향상이 없었다. 무한한 인내심에 따라오는 보상치고는 참 이상한 보상이다.

내 작고도 거대한 프로그램 속의 추상적인 루프는 자기 자신에게 되돌아가는 프로그램을 통해 만들어진다. 우리는 이 자기 참조self-reference를 통해 또 다른 무한의 모습을 언뜻 엿볼 수 있다. 쪽거리 도형(fractal, 프랙털)은 자기 자신을 복제하면서 만들어지는 도형이기 때문에 아무리 확대해 봐도 똑같은 형태가 등장한다. 이런 효과가 나타나려면 도형의 세부 형태가 우리가 그릴 수 있는 한계, 눈으로 볼 수 있는 한계를 넘어서 〈영원히〉 이어져야 한다. 이 〈영원히〉라는 말의 의미가 정확히 무엇인지는 몰라도 말이다. 다음 그림에 쪽거리 나무fractal tree의 처음 몇 단계와 유명한 시어핀스키 삼각형Sierpitski triangle이 나와 있다.

거울 두 개를 마주 보게 세운 뒤 그 사이에 들어가 있으면 거울에 자기 모습만 반영되지 않는다. 반영의 반영, 반영의 반영의 반영…… 등으로 거울의 각도가 허용하는 한에서 끝없이 반영이 이어진다. 반영 속의 반영이 계속 이어지면서 그 크기는 점점 작아지고, 이론적으로는 이런 반영이 쪽거리 도형처럼 〈영원히〉 이어질 수 있다.

루프와 자기 참조 속에서도 언뜻 무한의 흔적이 보이지만, 거울 속의

반영처럼 점점 더 작아지는 것에서도 그 흔적이 보인다. 아이들은 남은 케이크를 매번 절반씩만 먹어서 케이크를 영원히 남겨 놓으려 한다. 아니면 케이크를 여럿이 나눠 먹을 때도 사람들이 너무들 예의가 발라서 마지막 남은 한 조각을 누구도 먹지 못하고, 남은 케이크를 계속해서 절반씩만 먹을 수도 있다. 일본에서는 사람들이 예의를 지키느라 먹지 않고 남겨 놓는 이 마지막 음식 한 조각을 엔료노카타마리(遠慮のかたまり)라고 부른다.

우주가 무한한지 우리는 알지 못한다. 하지만 나는 교회 첨탑을 올려다 보면서 저 첨탑의 양쪽 변이 서로 평행해서 사실은 하늘 높이 무한히 치솟아 있는 것이라는 착각에 즐겨 빠져 본다. 우리의 삶은 유한하지만 소설과 신화에는 영생의 삶에 대한 이야기가 시대와 문화를 막론하고 어디서나 등장한다.

이렇듯 무한은 여기저기서 그 흔적을 내밀고 있지만, 네스호의 잔물결이 과연 오래된 수수께끼의 거대 괴물이 일으킨 것인지 알 수 없는 것처럼, 무한의 정체도 잡힐 듯 잡히지 않는다. 우리가 〈무한〉이라 부르는 이 괴물은 대체 무엇일까? 우리는 별 뜻 없이 〈영원〉이라는 말을 종종 입 밖에 낸다. 대체 무슨 의미로 그런 말을 하는 걸까? 인내심이 말라 가는 현대 사회에서는 사람들이 이 말을 다소 과장해서 사용하는 경향이 있다. 인터넷을 하다가 화면이 뜨지 않아 고작 2, 3분 정도 기다려 놓고도 〈이 웹 페이지가 나를 영원히 기다리게 만들 작정이로군!〉이라고 소리 지르며 분통을 터트린다. 스페인 바스크 지방의 작가 아마이아 가반트소에게 듣기로 바스크 지방에서는 11에 해당하는 단어가 〈hamaika〉인데 이 단어는 무한이라는 의미도 있다고 한다. 내 친구 하나도 이런 사실을 확인시켜 주었다. 이 친구는 선반 위에 올려놓은 집에서 만든 잼들을 세면서 이렇게 말했다. 「2013년에 만든 것은 네 병, 2014년에 만든 것은 열 병, 그리고 2015년에 만든 것은…… 아주 많아.」 보아하니 열 개를 넘는 것은 그냥 무한으로 세는 것이 속 편한가 보다. 내 연구 분야는 고차원 범주론이다. 여기서 말하는 〈고차원〉은 보통 무한을 포함해서 3차원이나 그 이상의 차원을 말한다. 3이라는 숫자에서 무한까지 모든 수를 그냥 대충 비슷한 것으로 뭉뚱그려 말하고 있는 것이다.

일상생활에서 무한을 생각하면 몽환적이고 흥미진진하게 느껴질지 모르지만, 자세히 들여다보려 하면 무한은 흩어져 사라지고 만다. 아무리 닿으려 해도 결코 닿을 수 없는 무지개의 끝처럼 말이다. 무한은 역설과 모순을 일으키고, 통과 불가능한 협곡과 진흙투성이 함정을 만들어 낸다. 뒤에서 볼 테지만 무한은 엄격한 논리적 검증을 버텨 내지 못한다.

수학의 역할 중 하나는 우리 주변 세상에서 일어나는 현상을 설명하는 것이다. 특히나 서로 다른 수많은 장소에서 불쑥불쑥 머리를 내미는 현상들을 설명해야 한다. 하나의 유사한 개념이 서로 다른 수많은 상황과 연관이 되어 있으면 수학은 재빨리 거기에 달려든다. 그리고 그런 상황들을 통합하는 중요한 이론을 찾아내어 그 현상들의 공통점을 더욱 잘 이해할 수 있게 해준다. 무한도 그런 개념 중 하나다. 무한은 온갖 곳에서 우리가 꿈꿀 수 있는 하나의 개념으로 등장하며, 길이, 크기, 양의 개념 등, 수학으로 통합할 수 있는 다른 개념들과도 비슷해 보인다. 그렇다면 이런 쉬운 수학적 개념을 확장해 무한을 포함시키기가 왜 그리 어렵단 말인가? 이것이 이 책에서 다루는 내용이다. 그것이 그리도 힘든 이유, 결국에 그것을 해낼 수 있는 방법, 그리고 그 과정에서 우리가 이해하게 될 내용들을 이제부터 알아볼 것이다.

## 무한 본능

무한을 떠올리기는 쉽지만, 정확히 그게 무엇인지 꼬집어 말하기는 어렵다. 어린아이들도 무한이라는 개념은 바로 알아들을 수 있지만, 수학자들이 무한을 총천연색의 논리적 아름다움을 담아 설명하는 법을 알아내는 데는 수천 년의 세월이 걸렸다. 여기서 우리가 무한에 대해 어떻게 생각하는지 한번 알아보자. 아이들은 종종 무한에 대한 아래와 같은 생각들을 스스로 알아낸다.

무한은 영원히 이어진다.
무한은 제일 큰 수보다 더 크다.
무한은 우리가 생각할 수 있는 그 어떤 것보다 크다.
무한에 1을 더해도 그 값은 여전히 무한이다.
무한에 무한을 더해도 그 값은 여전히 무한이다.
무한에 무한을 곱해도 그 값은 여전히 무한이다.

아이들은 무한이라는 개념을 처음 깨닫는 순간 엄청난 흥분에 휩싸일 수 있다. 아이들은 열까지 세우는 법을 배우고, 그다음에는 스물, 그다음에는 백, 천, 백만, 천만, 억까지 배운다. 어린아이한테 가장 큰 수가 뭐냐고 물어보면 〈1억이요〉라고 대답할 수도 있다. 하지만 당신이 그 아이에게 다시 1억 더하기 1에 대해 물어보면 아이의 눈이 휘둥그레질 것이다.

우리가 제아무리 큰 수를 생각해도 거기에 1을 더하면 언제나 그보다 더 큰 수를 만들 수 있다는 사실을 납득시키기는 그리 어렵지 않다. 그럼 가장 큰 수라는 것은 존재하지 않는다는 개념이 생긴다. 수는 영원히 이어진다! 하지만 그렇다면 수는 모두 몇 개나 될까? 여기서 무한이라는 개념이 등장하기 시작한다.

어떤 아이는 영화 「토이 스토리Toy Story」를 보다가 버즈 라이트이어의 다음 대사 덕분에 무한에 대해 처음 듣게 될지도 모르겠다. 〈무한…… 그리고 그 너머를 향하여!〉 뭔가 흥미진진하고 있어 보이는 얘기다. 내가 어렸을 때는 「토이 스토리」가 아직 만들어지지 않았지만 내가 앞에서 설명했던 루프, 즉 술래잡기를 하던 우리 집의 물리적인 루프와 내가 좋아하는 컴퓨터 프로그램에 들어 있는 루프 때문에 무한에 대해 막연하게 감을 잡고 있었다.

아이가 일단 무한에 대해 생각하기 시작하면 대답해 주기 골치 아픈 질문들을 잘도 생각해 낸다. 무한이 뭐예요? 무한도 수예요? 무한은 어떤 장소인가요? 장소가 아니면 어떻게 무한을 향해, 그리고 그 너머를 향해 갈 수 있어요?

아이가 학교에서 무한에 대해 듣게 되면 질문이 풍성해지기 시작한다. 1을 0으로 나누면 무한이에요? 1을 무한으로 나누면 0이에요? 무한에 1을 더한 것이 무한이면, 무한에서 무한을 빼면 어떻게 되나요?

아이들은 대답하기 불가능해 보이는 수학적 질문을 악의 없이 물어보지만, 아이의 모든 질문에 답을 주어야 할 것만 같은 어른들에게는 이것이 위협으로 느껴질 수 있다. 하지만 수학 교육자 겸 혁신가인 크리스토퍼 다니엘슨의 말마따나 학습의 한 가지 중요한 측면은 새로운 질문을 던질 수 있는가 하는 것이다. 새로 알게 된 지식을 이야기하는 것보다는 이것이 훨씬 더 중요한 능력이다. 수학에는 언제나 더 많은 질문이 존재한다. 수학을 아주 잘하는 사람도, 대학에서 수학을 전공한 사람도,

심지어는 수학을 연구하는 사람이라도 무한에 관해서는 대답할 수 있는 것보다 물어볼 것이 더 많다.

## 무한의 기묘함

여기서 사람의 정신을 아찔하게 하는 무한에 관한 수수께끼들을 소개해 볼까 한다. 내가 좋아하는 수수께끼들로 우리가 뒤에서 함께 살펴볼 내용들이다.

* 객실이 무한히 많은 호텔이 있는데, 객실이 다 찼어도, 모든 사람이 한 칸씩 방을 옮기면 손님을 한 명 더 받을 수 있다.
* 추첨 공이 무한히 많은 로토가 존재하는 경우 당신이 로토에 당첨될 확률은?
* 어떤 무한은 다른 무한보다 더 크다!
* 무한히 많은 양말 짝은 어쩐 일인지 무한히 많은 신발 짝보다 더 무한하다.
* 내가 불멸의 존재라면 하기 싫은 일을 영원히 뒤로 미룰 수 있을 것이다.
* 당신이 A에서 B로 이동하려고 하면 먼저 그 거리의 절반을 가야 하고, 다음에는 남은 거리의 절반을 가야 하고, 그다음에는 또 남은 거리의 절반을 가야 하고…… 이렇게 계속 이어진다. 이렇듯 언제나 남은 거리의 절반이 존재하기 때문에 당신은 결코 B에 도달하지 못할 것이다. 정말로 그럴까?
* 순환 소수 $0.\dot{9}$는 1과 완전히 같은 값이다.

* 원은 무한히 많은 면을 갖고 있을까?
* 왜 수학을 꽤 잘하는 사람이 미적분학에서는 종종 힘을 못 쓸까? 그렇다. 이것 역시 무한에 관한 질문이다.

무한은 나이와 전문 지식의 수준을 불문하고 모든 사람에게 서로 다른 방식으로 매력을 호소할 수 있다. 이 책은 무한, 그리고 그 너머를 향해 떠나는 여행이 될 것이다. 당신이 무한에 대해 올바른 방식으로 열심히 생각한다면 정말로 무한 너머에는 무언가가 존재한다. 아무리 많이 알고 있어도 언제나 던져야 할 더 많은 질문, 이해해야 할 더 많은 것들이 존재하듯이 말이다. 무한이 물리적인 장소가 아니기 때문에 이 여행 역시 물리적인 여행이 아니다. 당신은 지금 앉아 있는 곳에서 엉덩이를 떼지 않아도 나와 함께 이 여행을 즐길 수 있다. 이 여행은 추상적인 여행이기 때문이다. 이 여행은 개념들이 복잡하게 뒤엉켜 있는 깊고, 신비롭고, 끝이 없는 세상으로의 여행이다.

## 왜?

우리는 왜 이 여행을 떠나려 할까? 물리적인 여행과 마찬가지로 추상적인 여행도 떠나는 이유가 다양하다. 모든 사람은 각자 여행을 나서는 데 이유가 있다. 목적지에 가서 특별히 하고 싶은 일이 있을 수도, 발밑으로 정말 멋진 전망이 펼쳐진 고지대가 기다리고 있을 수도 있다. 아니면 가는 도중에 펼쳐지는 풍경이 정말 아름다울 수도 있다. 혹은 걷기나 등산 같은 운동 자체가 즐겁거나, 자전거를 타거나 빠른 자동차를 운전할 때의 쾌감을 맛보고 싶을 수도 있다. 물론 기차 좌석에 앉아 창밖으로 스치는 평온한 시골 풍경을 구경하는 것이 좋을 수도 있다(내가 경험해 본 바로는 평온함보다는 걸핏하면 연착되는 기차 때문에 짜증이 난 통근자들의 모습이 떠오르지만, 그 부분은 잠시 무시하기로 하자). 아니면 그냥 미지의 장소를 찾아가는 것이 좋을 수도 있고, 도시 안에서 돌아다니다가 완전히 길을 잃어버리는 것이 재미있을 수도 있다. 아니면 방랑벽(癖)이 있어서 믿기 어려울 정도로 아름다운 이 지구를 최대한 많이 보고 싶은 것일 수도 있다. 그저 볼 것이 많다는 이유 하나만으로 말이다.

이 모든 이유들이 추상 세계에서도 그에 대응하는 짝을 가지고 있다. 해야 할 특별한 일이 있는 장소로 떠나는 여행(여행이라 하기는 좀 그렇지만 일하러 가는 출근길 등)은 풀고 싶은 특별한 문제나 특별한 적용 분야를 염두에 두고 있는 경우에 해당한다. 이런 유형의 추상적 여행은 무언가 발견한다는 의미보다는 무언가를 이루려는 목적이 더 크다. 전망이 좋은 고지대를 찾는 것은 가까이서 이미 살펴본 것들을 새로운 관점에서 보기 위해 추상적인 연구를 해보는 것과 비슷하다. 여행을 하는 도중에 만나는 아름다운 풍경은 연구를 하는 동안에 마주치는 기묘하고 놀라운 개념과 시나리오에 해당한다. 그리고 머리를 단련하다 보면 신이 나는 것도 사실이고, 처음에는 개념들이 도무지 이해가 되지 않다가 천천히 이해가 되기 시작하면 흥분되는 것도 사실이다. 이때는 마치 안개가 서서히 걷히면서 수평선 끝까지 햇살을 받아 일렁이는 광활한 바다가 드러나는 것 같은 기분이 든다. 나는 남들처럼 실제 세상을 돌아다니는 방랑벽은 없지만 추상 세계에서 거기에 대응하는 짝인 호기심벽(癖)은 갖고 있다. 나는 이 세상에 내가 아직 구경 못 한 곳이 많다는 사실은 그냥 무덤덤하게 받아들이지만, 내가 이해하지 못하는 개념이 존재한다는 사실은 견딜 수가 없다. 나는 언제나 그런 개념들을 탐험하고 싶어 안달이 나 있다. 무언가 내가 이해하지 못하는 것이 얼핏 보이면 나는 곧장 거기에 달려들지 않고는 못 배긴다. 나는 도시에서 완전히 길을 잃는 것을 좋아하는데, 개념 속에서 길을 잃는 것도 그만큼이나 좋아한다. 나는 무언가를 이해하고 싶은 욕망으로 가득 차 있지만 우리 인간이 이해할 수 없는 무언가가 있다는 사실을 인정할 수밖에 없다는 사실에도 행복을 느낀다. 사실 나는 그런 사실을 긍정적인 마음으로 한껏 즐긴다. 저기 어딘가는 항상 더 많은 것들이 나를 기다리고 있다는 의미이니까 말이다. 그것은 참 멋진 일이다. 마침내 〈그래, 이제 끝이야. 이제 런던에 있는 식당은 빠짐없이 모두 다 가봤어〉라고 말할 수 있게 되면 조금은 슬퍼지지 않을까? 하지만 물론 이것은 불가능한 얘기다. 세상에는 당신이 가보지 못한 또 다른 식당들이 항상 있기 마련이고, 마찬가지로 우리가 이해하지 못하는 것도 항상 있기 마련이다.

이상한 얘기지만, 어찌 보면 이 책은 무한에 관한 책이 전혀 아니다. 이 책은 미지의 추상 세계로 떠나는 신나는 여행에 관한 책이다. 쥘 베른의 소설, 『지구 속 여행*Voyage au centre de la Terre*』만 봐도 그것은 지구 속에 관한 책이 아니라 믿기 어려운 신나는 여행에 관한 책이었다. 마찬가지로 지금 이 책은 추상적 사고가 어떻게 이루어지고, 그것이 우리에게 무엇을 해줄 수 있는지 알아보는 책이다. 이 책은 무언가 흥미로운 개념이 떠오르기 시작했을 때 그 정확한 의미를 분명하게 밝히는 데 추상적 사고가 어떻게 도움이 되는지 보여 주는 책이다. 그렇다고 수학이 꼭 개념 전체를 설명해 주는 것은 아니다. 수학은 무한에 관한 모든 것을 설명하지 않는다. 하지만 우리가 무한으로 할 수 있는 것이 무엇이고, 할 수 없는 것이 무엇인지 분명하게 알 수 있게 도와준다.

그래서 이 책의 1부는 무한이 무엇인지 이해하기 위해 떠나는 여행으로 잡았다. 만약 어린아이에게 무한이 뭐라고 생각하는지 물어보면 이런 대답이 돌아올지도 모르겠다. 「무한은 우리가 생각할 수 있는 그 어떤 수보다도 큰 수예요.」 맞는 말이다. 하지만 이것만으로는 여전히 무한의 정체가 아리송하다. 〈야오밍*은 당신이 만나 본 그 어떤 사람보다도 키가 크다〉라고 말한다고 해서 야오밍이 어떤 사람인지 알 수 있는 건 아닌 것처럼 말이다.

2부에서는 무한에 대한 새로운 개념으로 무장하고 세상을 한 바퀴 돌아보면서 잡힐 듯 잡히지 않는 이 존재가 내내 어디에 숨어 있었나 살펴볼 것이다. 무한은 서로 마주 보는 거울 속에, 우리가 돌고 도는 경주 트랙 속에, 우리가 떠나는 모든 여행 속에, 끊임없이 변화하는 이 세상 속의 변화하는 모든 상황 속에 들어 있다. 한마디로, 무한에 대한 이해는 현대 생활의 거의 모든 측면과 불가분의 관계로 얽혀 있는 미적분학의 밑바탕이다.

물론 미적분학을 전혀 이해하지 못해도 현대 생활을 누리는 데는 부족함이 없다. 내가 무한에 대한 책을 쓰는 주된 이유로 이런 응용 분야를 굳이 강조하지 않는 것은 이 때문이다. 이상하게 수학은 무언가에 쓸모가 있어야 한다는 부담을 짊어지게 됐다. 시나 음악, 축구 같은 분야는 이런 부담에서 자유로운데 말이다. 만약 굳이 이 모든 것이 대체 무엇에 쓸모가 있느냐고 묻는다면, 전기를 만들고, 전화기를 만들고, 다리와 도로, 비행기를 만들고, 도시에 물을 공급하고, 신약을 개발하고, 사람의 목숨을 구하는 데 도움이 된다고 대답할 수 있을 것이다. 이 대답

* 중국 출신의 농구 선수.

은 당신이 수학에 대해 생각하는 것이 쓸모 있다는 의미가 아니다. 단지 다른 누군가가 수학에 대해 생각하면 그것이 당신에게 쓸모가 있다는 의미다. 나는 이런 쓸모를 위해 수학을 생각하지 않는다. 내가 당신에게 간절히 이 이야기를 전하려는 것도 쓸모 때문이 아니다.

다섯 살 때의 수준으로만 무한에 대해 이해해도 이 세상을 살아가는 데는 하등의 문제도 없다. 하지만 나는 그럭저럭 살아가는 데 수학이 필요하냐, 필요하지 않느냐는 식으로 수학의 쓸모를 따지고 싶지 않다. 내게 중요한 것은 수학적 사고와 수학 연구가 우리의 사고 과정에 어떻게 빛을 비추어 줄 것인가 하는 문제다. 무언가로부터 한 걸음 뒤로 물러나 그것을 더 넓은 시야에서 바라볼 수 있게 해주는 것이 바로 수학의 쓸모다. 하늘 위로 더 높이 오를수록 우리는 더 멀리, 더 빠르게 날아갈 수 있다.

그럼 이제 시작해 보자.

# 2. 무한을 갖고 놀기

수학은 참 여러 가지로 생각할 수 있다. 언어라 생각할 수도 있고, 도구나 게임이라 생각할 수도 있다. 물론 숙제나 시험 공부로 하는 경우에는 게임이란 생각이 안 들지도 모르지만 내 경우는 연구할 때 가장 흥미진진한 부분 중 하나가 바로 막 무언가 새로운 것을 시작해서 재미 삼아 어떤 아이디어를 가지고 놀 때다. 이것은 부엌에서 식재료를 가지고 노는 것과 비슷하다. 새로 발명한 요리법을 혹시나 나중에 다시 요리할 때를 대비해서 글로 적는 것보다는 이렇게 재료를 가지고 놀 때가 재미있고, 다른 누군가를 위해 조리법을 적는 것보다는 차라리 내가 다시 보려고 적는 것이 재미있다.

이제 무한이라는 개념을 가지고 놀면서 머리를 워밍업하고, 무한에 관한 진실, 그리고 거기에 뒤따르는 결과에 대해 탐험을 시작해 볼까 한다. 수학이란 결국 논리를 이용해서 사물을 이해하는 과정이다. 만약 우리가 〈무한〉의 정확한 의미를 신중하게 다루지 않으면 논리는 의도하지 않았던 아주 이상한 곳으로 우리를 데려가고 말 것이다. 가능한 것은 무엇이고 좋은 것, 나쁜 것은 무엇인지 감을 잡으려고 수학자들이 제일 먼저 시작하는 것은 개념을 가지고 노는 것이다. 레고가 처음 나왔을 때

디자이너들은 먼저 원형 시제품을 가지고 이리저리 만지작거리며 놀고 나서야 멋진 최종 디자인을 내놓을 수 있었다.

수학이라는 〈장난감〉도 레고와 비슷하다. 무언가를 쌓아 올릴 수 있는 견고함을 갖추고 있으면서도 한편으로는 여러 가지 가능성을 펼칠 수 있는 융통성도 있어야 한다. 만약 우리가 만들어 낸 원형 때문에 무언가 중요한 것이 붕괴해 버린다면 다시 처음으로 돌아가야 한다. 초기에 무한을 가지고 게임을 하다 보면 우리가 생각해 낸 사고방식들이 무언가 잘못 틀어지며 체계를 무너뜨리는 바람에 몇 번씩 다시 처음으로 돌아가게 될 것이다. 그러다가 결국 그런 과정을 모두 버텨 낸 무언가를 손에 넣고 보면 정작 당신이 기대했던 모습과 판이하게 다를지도 모른다. 그리고 그것 때문에 당신이 전혀 예상하지 못했던 일들이 일어나게 된다. 이를테면 무한에도 서로 다른 크기가 존재해서 어떤 무한은 다른 무한보다 더 무한하다는 이상한 사실을 발견하게 된다. 전혀 예상하지 못했던 것을 발견하는 것, 이것이야말로 여행의 아름다움이다.

앞 장에서 무한에 대한 초보적인 개념들을 몇 가지 살펴보았다.

무한은 영원히 이어진다.

이 말은 무한이 일종의 시간, 혹은 공간이라는 의미일까? 아니면 길이일까?

무한은 제일 큰 수보다도 더 크다.
무한은 우리가 생각할 수 있는 그 어떤 것보다도 크다.

이렇게 놓고 보니 무한이 일종의 크기로 보인다. 아니면 그보다 추상적인 존재인 수(數)일까? 수는 시간, 공간, 길이, 크기 등 우리가 원하는 모든 것을 측정할 때 사용할 수 있다. 그다음에 나오는 사고방식은 무한을 마치 하나의 수로 취급하는 듯 보인다.

무한에 1을 더해도 그 값은 여전히 무한이다.

이것은 이런 의미다.

$$\infty + 1 = \infty$$

이것은 무한에서 아주 기초적인 원리인 듯 보인다. 무한이 가장 큰 존재라면 거기에 1을 더한다고 해서 더 커질 수는 없다. 아닌가? 만약 양변에서 무한을 뺀다면? 양변에 같은 값을 더하거나 빼도 등식이 성립한다는 법칙을 이용해서 양변에서 무한을 빼면 다음과 같은 식이 남는다.

$$1 = 0$$

이것은 재앙이다. 무언가 분명 잘못됐다. 그다음에 나오는 사고방식은 더 많은 부분을 엉망으로 만들어 놓는다.

무한에 무한을 더해도 그 값은 여전히 무한이다.

아무래도 이런 얘기 같다.

$$\infty + \infty = \infty$$

즉, 다음과 같다.

$$2\infty = \infty$$

이제 양변을 무한으로 나누면 양변에서 무한을 지울 수 있을 것 같다. 그럼 다음과 같은 등식이 나온다.

$$2 = 1$$

이것은 또 다른 재앙이다. 이제 마지막 개념에 대해 너무 깊이 고민하면 무언가 끔찍한 일이 벌어지리라는 것을 당신도 눈치챘을지 모르겠다.

무한에 무한을 곱해도 그 값은 여전히 무한이다.

이것을 수식으로 표현하면 다음과 같다.

$$\infty \times \infty = \infty$$

양변을 무한으로 나누어 무한을 하나씩 지우면 다음과 같은 결과가 나온다.

$$\infty = 1$$

아마도 이것이 최악의 결과가 아닐까 싶다. 무한은 존재하는 가장 큰 값이어야지, 절대 1 같은 작은 값일 리가 없으니 말이다.

무엇이 잘못됐을까? 무한이 일반적인 수와 같은 것인지 아닌지도 모르는 상태에서 무한을 일반적인 수처럼 취급해서 방정식을 계산했다는 것이 문제다. 이 책에서 제일 먼저 할 일은 〈무한이 무엇이 아닌지〉를 알아보는 것이다. 그리고 분명 무한은 일반적인 수가 아니다. 우리는 무한을 어떤 존재로 보아야 말이 될지 차츰 밝혀내게 될 것이다. 이는 수학자들이 수천 년에 걸쳐 걸어갔던 여정이다. 그 과정에서 집합론이나 미적분학처럼 수학에서 가장 중요한 발전들도 이루어졌다.

이 이야기가 우리에게 전해 주는 교훈이 있다. 무한이라는 개념은 떠올리기는 아주 쉽지만, 잘못 다루었다가는 아주 이상한 일들이 일어날 수 있으니 무척 신중하게 다루어야 한다는 것이다. 앞에서 살펴본 이상한 일들은 그 시작에 불과하다. 우리는 사물을 무한히 모아 놓은 더미, 무한히 많은 객실이 있는 호텔, 무한히 많은 양말 쌍, 무한히 많은 경로, 무한히 많은 쿠키 등 무한에서 일어날 수 있는 온갖 이상한 일들을 살펴볼 것이다. 1 =0처럼 이상한 일들 중에는 그저 이상하기만 한 게 아니라 바람직하지 못한 것들도 있다. 따라서 이런 바람직하지 못한 부분을 피하게 해줄 수학적 개념을 구축해야 한다. 하지만 어떤 이상한 일들은 일상생활하고만 모순을 일으킬 뿐 논리와는 모순을 일으키지 않는다. 이런 이상한 일들은 논리에는 문제를 일으키지 않고 그저 우리의 상상력에만 문제를 일으킬 뿐이다. 하지만 소설가들이 무한히 사는 사람(불멸의 존재), 무한히 빠른 속도로 이동할 수 있는 사람(순간 이동) 같은 등장인물을 만들어 낼 때처럼 우리의 상상력을 펼쳐 보는 일은 정말이지 짜릿한 경험이 될 수 있다. 그리고 이것은 그저 짜릿한 경험만 선사하는 데서 그치지 않는다. 우리의 일상생활에 새로운 빛을 비춰 줄 수도 있다. 소설 속에 영원히 죽지 않는 인물이 등장하는 경우, 그 이야기는 주인공이 우리의 삶에 의미를 부여해 주는 것이 실은 삶의 유한성이었음을 깨달으면서 끝나는 경우가 많다.

## 무한 호텔

아이들에게 수의 개념을 처음 가르칠 때를 떠올려 보자. 우리는 보통 아이들에게 생각해 볼 어떤 사물들을 제시하거나, 딸기나 콩처럼 별개의 조각으로 나오는 음식을 먹으면서, 혹은 숟가락으로 떠먹는 음식을 먹으면서 수에 대해 이야기한다.

만약 무언가를 숟가락으로 떠서 무한까지 세려고 하면 우리는 아주 오랫동안 여기 엉덩이를 붙이고 앉아 있어야 할 것이다. 사실 나중에 우리는 무한까지 세는 것과 아주 비슷한 무언가를 하게 될 것이다. 하지만 지금 당장은 무한까지 모두 세는 대신 이미 무한인 무언가를 가지고 놀아 보자. 바로 무한 호텔이다.

객실이 무한히 많은 호텔을 상상해 보자. 이 객실의 방 번호는 1, 2, 3, 4, …… 등등으로 무한히 이어진다.

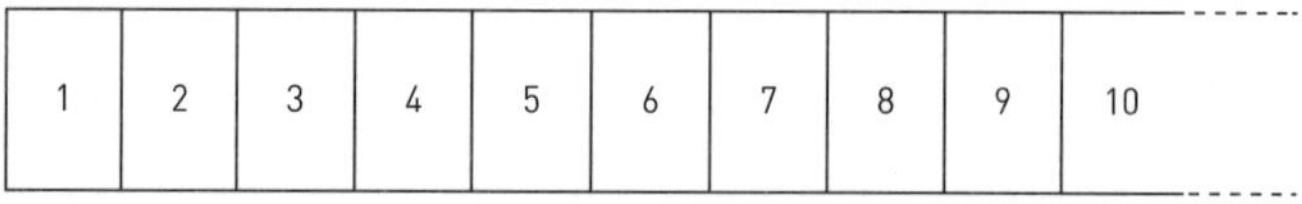

| 1 | 2 | 3 | 4 | 5 | 6 | 7 | 8 | 9 | 10 |
|---|---|---|---|---|---|---|---|---|---|

이제 당신이 이 놀라운 호텔의 지배인이고, 객실이 다 찼다고 상상해 보자. 하지만 또 다른 손님이 도착해서 방을 달라고 할 때마다 당신은 아주 짭짤한 돈을 벌어들이며 싱글벙글하고 있다. 호텔 객실이 모두 찼

는데? 이미 들어와 있는 투숙객들에게 방을 한 칸씩만 옮겨 달라고 하면 그만이다.

객실이 무한히 많은 이 호텔을 힐베르트 호텔이라고 한다. 이 호텔을 이용해서 무한에 대해 생각할 때 일어날 수 있는 이상한 일들을 생생하게 보여 준 수학자 다비트 힐베르트에게서 따온 이름이다. 일반적으로 객실이 다 차면 또 다른 손님이 찾아와도 건물을 당장 증축하지 않는 한 손쓸 방법이 없다. 하지만 무한 호텔에서는 1번 방 손님을 2번 방으로, 2번 방 손님을 3번 방으로, 3번 방 손님을 4번 방으로, 이렇게 방을 한 칸씩 옮길 수 있다. 그냥 ⟨$n$번 방⟩ 손님에게 ⟨$n+1$번 방⟩으로 옮겨 달라고 하면 된다. 객실이 무한히 많기 때문에 모든 $n$에 대해 $n+1$이 존재하고, 따라서 모든 투숙객들이 새로운 방으로 옮겨 갈 수 있다. 이렇게 하면 1번 방이 비기 때문에 새로운 손님을 받을 수 있다.

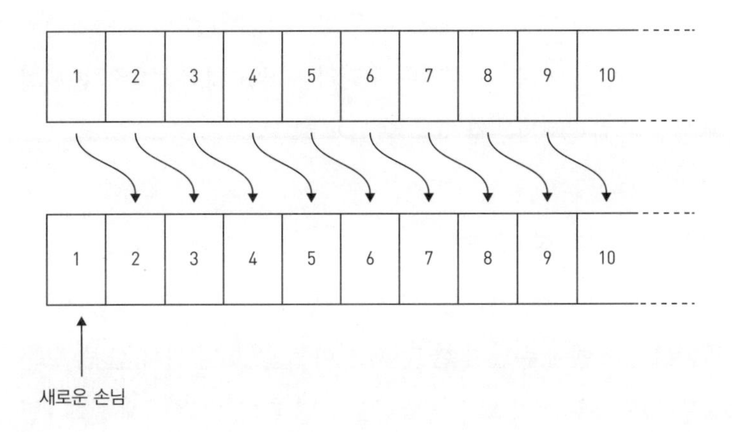


이것을 역설이라 부르기도 하지만 논증 자체는 아무런 문제가 없다. 다만 그 결론이 직관에 어긋날 뿐이다. 이미 객실이 다 찬 호텔에 어떻게 손님을 더 받을 수 있단 말인가? 이것이 직관에 어긋난다고 느껴지는 이유는 딱 하나, 우리가 유한한 호텔에 너무 익숙해져 있기 때문이다.

무한에 대해 그냥 막연하게 상상해 보는 데서 그치지 않고 아주 진지하게 생각하기 시작하면 살짝 이상한 일도 생기고, 아예 말이 안 되는 일도 생기니 마음의 준비를 단단히 해두어야 한다. 이것이 무한의 재미다.

우리는 나머지 수학을 변화시키지 않으면서 〈무한〉을 정상적인 수학 안에 편입하고 싶다. 소설을 쓸 때 영원히 죽지 않는 사람을 하나 등장시키더라도 나머지 세상 사람들은 모두 보통 사람으로 남겨 두는 것처럼 말이다. 이상한 일들이 새로 일어나기는 할 테지만 그렇다고 세상에 대한 기본적인 사실들이 모두 무너져 내리기를 바라지는 않는다. 무한과 수학의 관계에서 이것이 의미하는 바는, 무한의 존재 때문에 1 =0과 같은 결과가 나오기를 바라지는 않지만 이 무한 호텔처럼 예상치 못했던 일들이 새로 일어날 수는 있다는 의미다.

힐베르트 호텔은 수학적으로 아무런 문제도 일으키지 않는다. 논리적으로는 모순이 발생하지 않는다. 다만 일반적인 호텔에 대한 우리의 직관과 어긋날 뿐이다. 이 호텔은 우리의 시야를 넓혀 무한이 존재할 때 어떤 일들이 가능해지는지 엿볼 수 있게 해준다.

## 더 많은 손님이 찾아오면?

힐베르트 호텔에 손님이 한 명 더 찾아오면? 그냥 다시 한 번 모든 투숙객들에게 방을 한 칸씩 옮겨 달라고 하면 된다. 그럼 이제 원래 1번 방에 있던 사람은 3번 방으로, 2번 방에 있었던 사람은 4번 방으로, 〈$n$번 방〉에 있던 사람은 〈$n+2$번 방〉으로 가게 된다. 이곳은 수학의 세상이기 때문에 모든 사람이 방을 옮겨야 하는 번거로움 따위는 고려할 필요가 없다. 그저 모든 사람이 객실을 배정받는다는 사실에 만족하면 된다.

만약 추가로 도착한 두 손님이 동시에 도착한 것이라면 원래의 투숙객들에게 한 번에 두 칸씩 방을 옮기라고 해도 됐을 것이다. 당연한 얘기지만 추가로 손님이 세 명 더 찾아오면 투숙객들에게 방을 세 칸씩 옮기라고 하면 된다. 유한하기만 하면 추가로 손님이 몇 명이 찾아오든 간에 이런 식으로 진행할 수 있다.

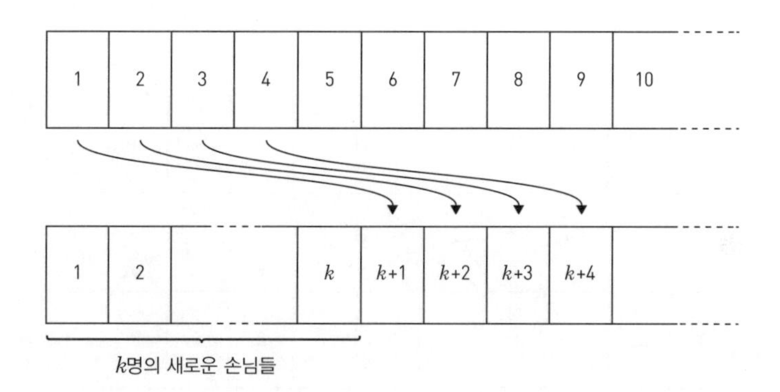


하지만 추가로 무한한 수의 손님이 찾아온다면? 그냥 무한한 칸만큼 방을 옮겨 달라고 해서는 이 문제를 해결할 수 없다. 언뜻 생각하면 방이 무한히 많으니까 그렇게 요청해도 될 것 같다. 하지만 1번 방 투숙객이라는 특정 사람에 대해 생각해 보자. 이 사람은 결국 몇 번 방에 들어가게 될까? 〈1 + ∞〉번 방? 이런 식으로는 곤란하다. 이것은 방 번호가 아니기 때문이다. 우리에겐 무한히 많은 객실이 있지만, 그래도 각각의 방 번호는 유한한 수로 표시되어 있다. 따라서 1번 방 투숙객이 옮겨 갈 〈1 + ∞〉번 방이란 것은 존재하지 않는다. 투숙객에게 어느 방으로 가라고 말할 수 없다면 거기서 막혀 버린다.

여기서는 조금 더 똑똑해질 필요가 있다(수학을 한다는 것은 보통 점점 더 똑똑해져야 한다는 의미다. 그래서 수학이 늘 어려워 보이는 것이다). 이 경우에 모든 투숙객들에게 원래의 방 번호에 2를 곱한 방으로 옮기라고 할 수 있다. 그럼 1번 방 투숙객은 2번 방으로, 2번 방 투숙객은 4번 방으로, $n$번 방 투숙객은 $2n$번 방으로 옮겨 가게 된다. 그럼 빈 객실이 무한히 많이 생길 것이다. 그것을 어떻게 알까? 기존의 투숙객들은 모두 방 번호가 두 배로 늘어나니까 결국 짝수 번호의 방에 들어가게 된다. 그럼 홀수 번호의 방은 이제 모두 비었다는 말이고, 홀수는 무한히 많다.

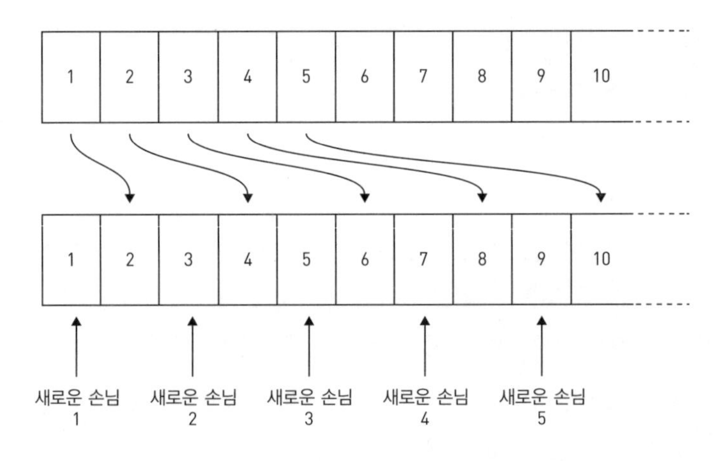


모든 사람이 몇 번 방에 들어가야 하는지 안내하는 설명문을 작성해 보면 이것이 제대로 작동한다는 것을 분명하게 확인할 수 있다. 일일이 다 긴 목록으로 적을 수도 있겠지만, 그럼 길어도 너무 길어지기 때문에 대신 공식으로 정리해 보자. 수학에서 공식을 사용해서 좋은 점은 목록을 길게 써 내려가는 수고를 덜 수 있다는 점이다. 설명문은 다음과 같은 형태를 띨 것이다.

* 기존 손님: $n$번 방에 있던 분들은 $2n$번 방으로 옮겨 주시기 바랍니다.
* 새로운 손님: $n$번째로 새로 오신 손님은 $2n-1$번 방으로 들어가시기 바랍니다.

이제 모든 사람이 자기가 어느 방에 가야 할지 알게 됐고, 계산을 잘못 하지 않는 한 두 사람이 같은 방에 들어갈 일은 없음을 확인할 수 있다. 이 시스템이 새로운 손님들이 순서대로 도착하는 경우에만 작동한다는 것을 눈치챈 사람도 있을 것이다. 아니면 모든 사람이 방을 차지하려고 뛰어드는 바람에 수학적 버전의 난장판이 되고 말 것이다. 새로운 손님들은 자기가 새로 배정받을 방의 번호를 계산할 수 있게 모두 번호 순서대로 도착해야 한다. 앞으로 상황이 복잡해질수록 이런 순서적인 측면에 좀 더 초점을 맞추게 될 것이다.

### 호텔이 층이 하나가 아니라면?

이번에는 무한 호텔이 두 층으로 이루어져 있고, 각각의 층에는 무한히 많은 객실이 있다고 상상해 보자. 1층에는 1, 2, 3, 4번 등등의 객실이 있고, 2층에도 마찬가지로 1, 2, 3, 4번 등의 객실이 무한히 이어진다(1층 객실은 11, 12, 13, 14, …… 등으로 번호를 붙이고, 2층 객실은 21, 22, 23, 24, …… 등으로 번호를 붙이는 것이 합리적이겠지만 지금은 이 부분을 신경 쓰지 말자).

| | | | | | | | | | | |
|---|---|---|---|---|---|---|---|---|---|---|
| 2층 | 1 | 2 | 3 | 4 | 5 | 6 | 7 | 8 | 9 | 10 |
| 1층 | 1 | 2 | 3 | 4 | 5 | 6 | 7 | 8 | 9 | 10 |

그런데 이 호텔에 불이 났는데 마침 도로 건너편에 있는 1층짜리 힐베르트 호텔이 비어 있어서 거기로 모든 투숙객을 대피시켜야 할 상황이라면? 아무 문제없다. 1층 투숙객들한테는 앞의 사례에서 추가로 받

았던 무한한 손님들처럼 자기 방 번호에 2를 곱한 값에서 1을 뺀 방 번호로 가라고 하면 된다. 그럼 이 투숙객들은 1, 3, 5, 7, …… 등의 방에 들어간다. 그리고 다음으로 2층 투숙객들은 앞의 사례에서 원래 호텔에 투숙하고 있었던 손님들처럼 자기 방 번호에 2를 곱한 방 번호로 들어가라고 해서 2, 4, 6, 8, …… 등의 방에 투숙시키면 된다.

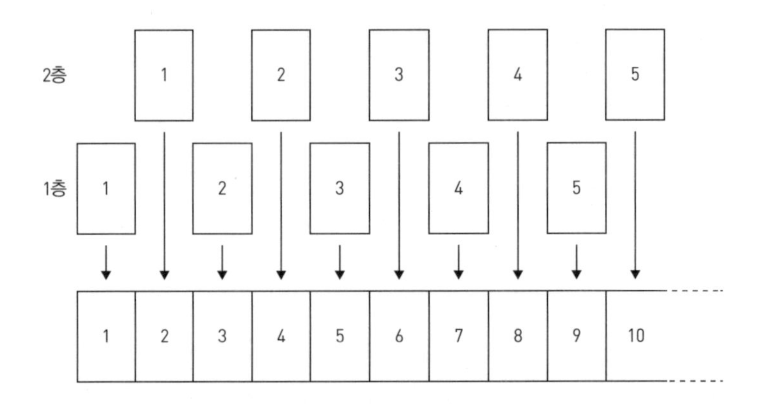


어떻게 보면 우리는 〈무한 곱하기 2〉명의 사람을 〈무한〉 개의 객실에 수용한 셈이다. 수학적으로 보면 이것은 새로 찾아온 무한히 많은 손님들을 이미 객실이 다 찬 1층짜리 무한 호텔에 받는 것과 똑같은 문제다.

이 일반적인 방법론을 3층짜리 힐베르트 호텔에 불이 난 경우에도 적용할 수 있다. 다만 이번에는 〈무한 곱하기 3〉명의 사람들을 대피시켜야 하므로 모든 사람의 방 번호에 3을 곱하는 방식으로 계산해야 한다.

* 1층 손님한테는 원래 방 번호에 3을 곱해서 2를 뺀 방 번호로 들어가라고 한다. 그럼 이들은 1, 4, 7, 10, …… 등의 방 번호로 들어가게 된다.
* 2층 손님한테는 원래 방 번호에 3을 곱해서 1을 뺀 방 번호로 들어가라고 한다. 그럼 이들은 2, 5, 8, 11, …… 등의 방 번호로 들어가게 된다.

* 3층 손님한테는 그냥 원래 방 번호에 3을 곱한 방 번호로 들어가라고 한다. 그럼 이들은 3, 6, 9, 12, …… 등의 방 번호로 들어가게 된다.

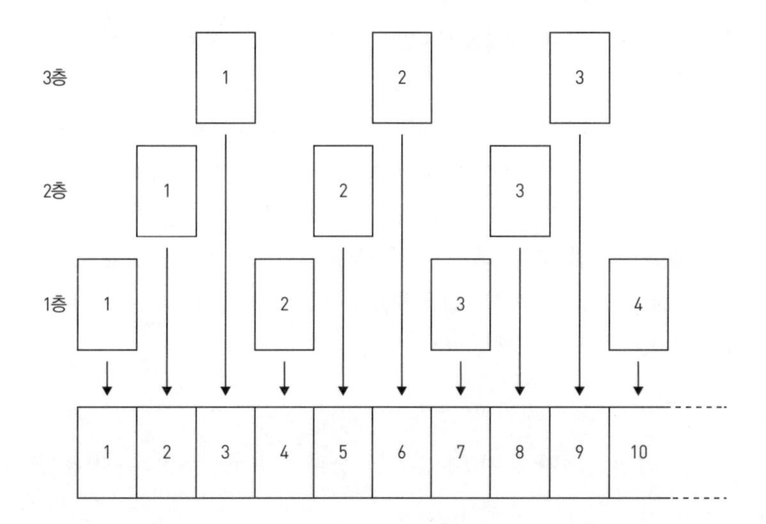


아니면 세 층의 사람들이 모두 같은 층끼리 세 줄로 줄지어 서 있다고 상상할 수도 있다. 그럼 각각의 줄 맨 앞 사람들한테 차례로 번갈아 객실을 배정하면 된다. 하지만 만약 방과 방 사이에 빈 방을 남길 생각을 하지 못하고 첫 번째 줄 사람들을 모두 한꺼번에 받아서 방을 먼저 배정해 버리면 객실이 모자라게 된다.

이번에도 투숙객들을 안내하는 설명문을 작성해 보면 이 부분을 확인할 수 있다. 올바른 대피 안내문은 다음과 같다.

* 1층 손님: 기존의 방 번호가 $n$번이었다면 $3n-2$번 방으로 옮겨 주시기 바랍니다.
* 2층 손님: 기존의 방 번호가 $n$번이었다면 $3n-1$번 방으로 옮겨 주시기 바랍니다.
* 3층 손님: 기존의 방 번호가 $n$번이었다면 $3n$번 방으로 옮겨 주시기

바랍니다.

반면 1층 손님들을 먼저 받아서 차례대로 객실을 배정해 버린다면 다음과 같은 대피 안내문이 나올 것이다.

* 1층 손님: 기존의 방 번호가 $n$번이었다면 $n$번 방으로 옮겨 주시기 바랍니다.

하지만 이렇게 하면 나머지 사람들이 들어갈 빈 방이 남아 있을까? 남은 방이 없다. 모든 $n$번 방을 예전 호텔 1층의 $n$번 방에 있던 사람들이 차지해 버렸기 때문이다. 각 층의 사람들에게 돌아가며 차례대로 방을 배정하거나, 1층 사람들에게 방을 배정할 때 차례대로 모든 방을 배정하지 않고 2층과 3층 사람들을 위한 빈 방을 사이사이에 남겨 두어야 하는 이유도 바로 이 때문이다.

층수가 유한하기만 하면 몇 층이든 상관없이 이런 방식을 적용할 수 있음을 당신도 눈치챘기를 바란다.

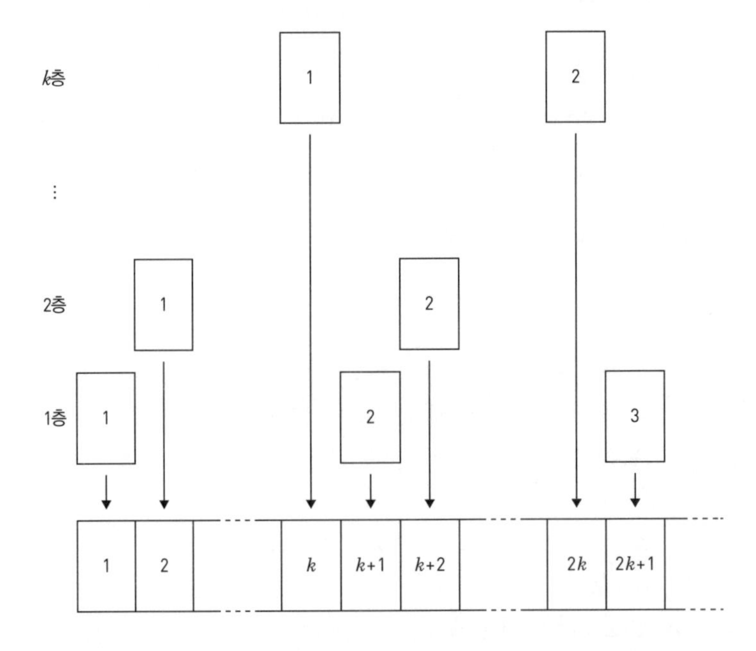

하지만 층수도 무한하다면 어떨까? 1번 방, 2번 방, 3번 방, 4번 방, …… 등등으로 무한히 많은 객실이 있는 층들이 1층, 2층, 3층, 4층, …… 등등으로 무한히 올라가는 무한 고층 힐베르트 호텔이라면? 이것은 〈무한 곱하기 무한〉이라 생각할 수 있다.

| | | | | | | | | | | |
|---|---|---|---|---|---|---|---|---|---|---|
| 5층 | 1 | 2 | 3 | 4 | 5 | 6 | 7 | 8 | 9 | 10 |
| 4층 | 1 | 2 | 3 | 4 | 5 | 6 | 7 | 8 | 9 | 10 |
| 3층 | 1 | 2 | 3 | 4 | 5 | 6 | 7 | 8 | 9 | 10 |
| 2층 | 1 | 2 | 3 | 4 | 5 | 6 | 7 | 8 | 9 | 10 |
| 1층 | 1 | 2 | 3 | 4 | 5 | 6 | 7 | 8 | 9 | 10 |

만약 이 무한 고층 건물에 불이 난다면 결국에는 절망적인 상황에 빠지고 마는 것일까? 과연 이 투숙객들을 모두 1층짜리 힐베르트 호텔에 대피시킬 수 있을까? (아마도 지금쯤이면 독자 여러분도 1층짜리 힐베르트 호텔이 어느 정도 일상적인 개념으로 느껴지지 않을까 싶다. 점점 더 기이한 것들을 생각하면서 머리를 쥐어짜다 보면 이렇게 먼저 보았던 이상한 것들이 오히려 정상적으로 느껴질 때가 많다. 나는 이것이 머리가 더 똑똑해지는 신호라 생각한다.)

희망이 없다고 생각할지도 모르겠다. 모든 사람에게 〈자기 방 번호에 무한을 곱한 다음〉 어떤 값을 빼라고 할 수는 없는 노릇이니까 말이다. 그렇다고 층별로 줄을 세워서 번갈아 가면서 방을 배정할 수도 없다. 이런 일이 일어나기 때문이다.

* 1층 1번 방 손님은 1번 방으로
* 2층 1번 방 손님은 2번 방으로
* 3층 1번 방 손님은 3번 방으로
* ……
* $n$층 1번 방 손님은 $n$번 방으로
* ……

그럼 다른 사람들을 위한 방은 남지 않는다. 모든 $n$번 방을 이미 $n$층 1번 방 손님이 차지해 버렸기 때문이다.

하지만 희망이 사라진 것은 아니다. 다만 머리를 좀 더 굴릴 필요는 있다. 여기서의 비법은 다시 한 번 모든 사람을 줄 세우되, 이번에는 상황을 대각선으로 바라보는 것이다.

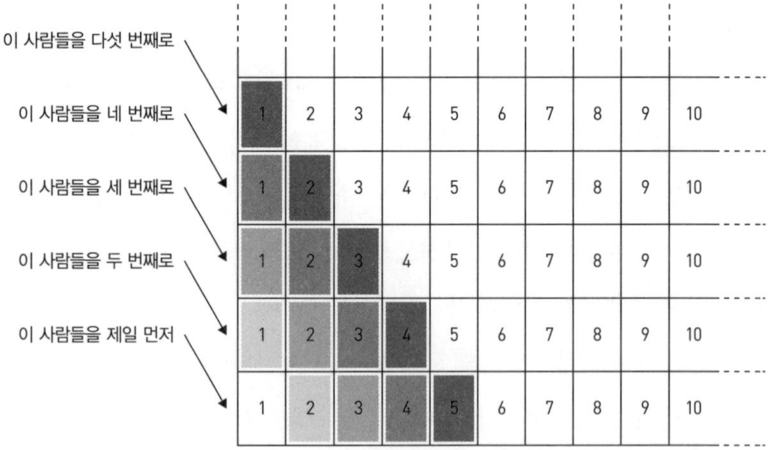

구석에서 시작해서 이렇게 대각선을 따라 채워 나가면 모든 사람을 수용할 수 있다. 이 경우 이보다 작은 호텔에서 했던 것처럼 깔끔한 공식으로 정리하기는 좀 어렵고, 그림으로 표현하는 편이 더 이해하기 쉽다.

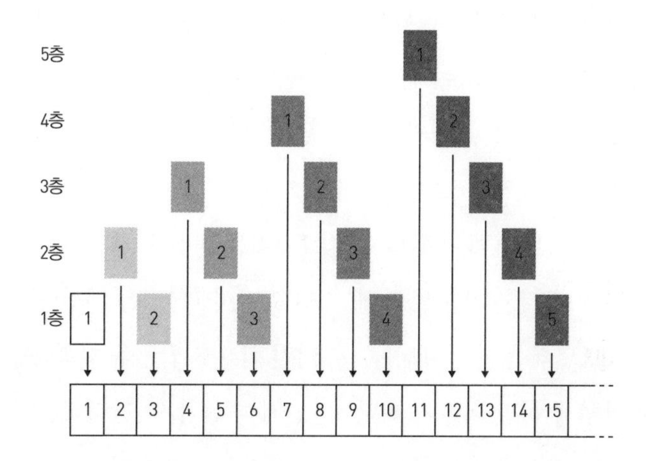


모든 사람이 어느 방으로 가야 하는지 안내하는 공식을 깔끔하게 정리하면 다음과 같은 형태를 띨 것이다. 〈*k*층 *n*번 방의 손님은 ……번 방으로.〉 그림을 보면서 공식을 찾아낼 수도 있겠지만 이 경우에는 공식보다는 그림이 훨씬 더 이해하기 쉬울 것 같다.

그런데 우리가 힐베르트 호텔에 대해 논의한 내용은 사실 다음과 같은 이상한 사실을 내포하고 있다. 바로 짝수의 숫자가 자연수*의 숫자만큼 많다는 것이다. 호텔 객실을 모두 채운 다음 모든 사람에게 방 번호에 2를 곱한 방으로 옮기라고 하면 홀수 번호의 객실만으로도 똑같은 손님들을 다시 받을 수 있다. 새로 한 층을 가득 채울 수 있는 사람을 홀

* 원문은 0과 자연수를 포괄하는 whole number이지만, 의미 전달에 문제가 없는 경우에는 그냥 〈자연수〉를, 구분이 필요할 때는 〈범자연수〉라는 용어를 사용했다.

수 번호의 객실에 모두 수용할 수 있다는 사실이 의미하는 바는 홀수의 숫자가 자연수만큼이나 많다는 것이다. 이것은 돈이 무한히 많은 사람은 무한히 인심을 쓸 수 있다는 힌트를 준다. 무한히 많은 돈을 자선 단체에 기부해도 여전히 무한히 많은 돈이 남는다는 뜻이니까 말이다. 그냥 은행 계좌에 들어 있는 돈 중 짝수인 것은 모두 기부하고 홀수의 돈만 갖고 있으면 된다. 하지만 이것은 말이 안 된다. 은행 계좌에 들어 있는 돈에는 보통 숫자가 찍혀 있지 않으니까 말이다. 일반적으로는 총액이 얼마라는 정보만 들어 있다. 그럼 1달러는 자선 단체 계좌에 입금하고, 1달러는 또 다른 자기 계좌에, 그리고 다시 1달러를 자선 단체 계좌에, 그리고 1달러를 자기 계좌에…… 이런 식으로 입금을 계속하면 된다. 그런데 이렇게 하면 너무 느리니까 1달러 대신 십억 달러씩 차례로 계속 입금하면 빠르겠다. 물론 이 과정을 무한히 반복해야 한다. 이 〈무한히〉가 무슨 의미인지는 알 수 없지만.

이 성공에 우쭐해진 당신은 마치 천하무적이 된 듯한 기분이 들고, 어떤 호텔의 손님들이라도 단층짜리 힐베르트 호텔에 모두 수용할 수 있을 거라 생각할지도 모르겠다. 하지만 사실은 그렇지 못하다. 만약 모든 유리수와 무리수에도 방 번호를 배정하는 더 미친 무한 호텔이 존재한다면(「여보세요? 여기 π번 방인데 룸서비스 좀 부탁할게요」) 우리는 결국 고개를 떨구게 될 것이다. 이것은 가산성countability이라는 개념으로 이어진다. 6장에서는 어떤 무한은 다른 무한보다 더 큰 무한이라는 머리가 아찔해지는 사실을 확인하게 될 것이다. 무슨 짓을 해봐도 힐베르트 호텔에 수용할 수 없는 무언가가 존재한다.

무한을 대할 때 사람을 애타게 만드는 한 가지 사실이 있다. 무한이라는 개념, 그리고 그 개념을 둘러싸고 일어나는 마법 같은 행동을 떠올리기는 너무 쉬운 데 비해 무한에서 실제로 어떤 일이 일어나는지 이해하기는 너무도 어렵다는 점이다. 이제 우리는 무한히 많은 객실이 있는 호텔은 〈정상적인〉 숫자의 객실이 있는 호텔과 아주 다르다는 것을 안다. 그리고 방정식에서 무한을 〈정상적인〉 수를 다루듯 다룰 수 없다는 것도 안다. 무한은 〈정상적인〉 수가 될 수 없는 듯 보인다. 하지만 그것이 대체 무슨 의미일까? 수는 수학에서 가장 기본적인 구성 요소인 듯 보이지만, 대체 수가 무엇일까? 이것은 우리가 너무도 당연히 받아들이면서도 실제로는 그 존재의 본질을 이해하지 못하는 가장 기본적인 사례 중 하나다. 무한이 수가 아니라고 주장하려면 수의 본질이 무엇인지부터 먼저 생각해 보는 것이 좋다. 수학자들이 수의 본질을 정말로 확실하게 파악하는 데 얼마나 오랜 세월이 필요했는지 알면 깜짝 놀랄 것이다. 수의 본질을 파악하는 것이 대체 무슨 소용이냐고 생각할지도 모르겠다. 인류는 그것을 이해하지 못해도 수천 년 동안 아무 문제없이 수를 잘 이용해 왔고, 당신도 아마 그래 왔을 테니까 말이다. 수학자들은 현실성이라고는 눈곱만큼도 없는 엉뚱한 사람들인가?

그 요점은 이렇다. 평범한 자연수는 이해하기가 그리 어렵지 않다. 이것을 음수나 분수로 확장시켜도 거기까지는 별로 문제가 되지 않는다. 하지만 소수 사이에 끼어 있는 수인 무리수가 등장하기 시작하면 정말 까다로워진다. 자연수의 본질은 몰라도 별 문제가 생기지 않지만, 무리수를 이해하지 못하면 문제가 된다. 이 장애물을 돌파하고 나서야 미적분학이라는 커다란 수학적 발전이 이루어졌고, 다시 이것이 지난 두 세기 동안 정확도를 비약적으로 향상시키고, 과학, 의학, 공학 분야에서 이해를 증진시키는 데 커다란 기여를 했다. 하지만 무리수가 무엇인지 더 잘 이해하려면 가장 기초적인 수를 비롯해서 모든 수에 대해 더욱 잘 이해하고 있어야 한다. 튼튼한 건물을 쌓아 올리려면 그 토대부터 튼튼해야 한다. 만약 토대가 불안정하다 싶으면 더 이상 할 수 있는 것이 없다. 그럼 다시 처음으로 돌아가 수를 분류하는 일부터 시작해 보자.

# 3. 무한이 무엇이 아닌지

아기들은 계단 오르는 법을 처음 배울 때 거기에 완전히 몰입한다. 아기들은 한 계단, 한 계단, 반복, 또 반복하면서 더 높이 올라간다. 어느 순간 나타나서 방해하는 악당 같은 어른만 없다면 위층까지 올라갈 것이다. 나는 아기들이 이렇게 그냥 반복해서 1을 더하는 식으로 0과 자연수를 구축하는 법을 자연히 알아내는 것이라고 생각한다. 하지만 그런 식으로 해서 무한까지 갈 수 있을까?

이것은 무한이 과연 수인가 아닌가 하는 큰 질문의 일부다. 이것은 재퍼 케이크*가 케이크냐, 쿠키냐를 두고 벌어진 악명 높은 소송과도 비슷한 면이 있다(무슨 이유에선지 영국에서는 케이크와 쿠키에 서로 다른 세금을 매긴다). 이 질문에 답하려면 우선 〈케이크〉와 〈쿠키〉의 정의가 무엇인지부터 결정해야 한다. 재퍼 케이크는 작고 납작한 크기 때문에 쿠키로 보아야 옳을까? 아니면 푸석푸석한 식감, 그리고 오래되면 부드러워지는 쿠키와 달리 오래될수록 딱딱해지는 특성 때문에 케이크로 보아야 옳을까? 소송은 식감과 그 특성에 더 무게를 두어 이 과자를 〈케

* Jaffa Cakes. 영국에서 나오는 초코파이 비슷한 과자.

이크〉로 분류했고, 결국 이 과자에 매기는 세금은 낮아졌다.

그럼 무한은 어떨까? 무한이 수인가 아닌가를 두고 소송이 벌어졌다고 상상해 보자. 그럼 수를 정의하는 본질적인 특성을 무엇으로 보아야 할까? 이것이 이 장에서 다룰 부분이다. 사실 수에는 수많은 유형이 존재한다. 제일 단순한 것으로는 1, 2, 3 등등으로 이어지는 자연수가 있고, 음수, 분수, 무리수, 그리고 뒤로 갈수록 더욱 기이하고 놀라운 수들이 등장한다. 그 과정에서 무한이 이 중 한 유형에 해당할 가능성을 하나씩 배제해 나갈 것이다.

그냥 무한을 수라고 선언하고 끝내 버리면 될 일 아니냐고 생각할지도 모르겠다. 이 부분을 이해하려면 수학의 작동 방식을 이해해야 한다. 마치 사전에서 단어를 하나 찾았더니 그 설명 속에 당신이 모르는 또 다른 단어가 등장하고, 다시 그 단어를 찾아보니 또 다른 모르는 단어가 나오는 경우처럼 난감하게 느껴질지도 모르겠다. 어쨌든 무한을 이해하려면 수를 이해해야 한다. 그리고 수를 이해하려면 수학을 이해해야 한다. 그리고 여기에 하나 더. 수학을 이해하려면 논리를 이해해야 한다.

수학은 논리를 이용해서 대상을 연구하는 학문이다. 따라서 논리의 법칙을 따르는 대상만 연구할 수 있다. 수학적 대상이 어떤 존재인지 말할 때는 다양한 접근 방식을 취할 수 있다. 대상들을 일일이 나열해서 보여 줄 수도 있고, 그 특성을 밝힘으로써 보여 줄 수도 있다. 새가 어떤 존재인지 말할 때는 세상에 존재하는 모든 새를 엄청나게 긴 목록으로 적어 보여 줄 수도 있고, 아니면 〈새는 깃털, 날개, 부리를 가진 동물이다〉라고 그 특성을 말할 수도 있다. 두 번째 방법은 빠르기도 하거니와 우리가 아직 발견하지 못한 다른 새가 존재할 가능성도 열어 둘 수 있다.

이번에는 수학적 사례를 살펴보자. 〈플라톤 입체platonic solid는 정사면체, 정육면체, 정팔면체, 정십이면체, 정이십면체다〉라고 말할 수 있지만, 〈플라톤 입체는 모든 면, 모서리, 각도가 똑같은 볼록 입체다〉라고 말하거나, 더 정확히는 〈플라톤 입체는 면이 모두 합동의 정다각형으로 이루어지고, 각각의 꼭짓점에서 같은 수의 면이 만나는 볼록 정다면체다〉라고 말할 수도 있다. 첫 번째 경우에서는 그 존재들을 단순히 나열했는데 사실 이 경우는 개수가 많지 않아서 이런 방식도 가능하다. 하지만 두 번째 경우에서는 정이십면체가 무엇인지 기억할 필요 없이, 어떤 사물을 보고 그것이 플라톤 입체에 해당하는지 결정할 수 있도록 그 존재들의 특성을 기술해 놓았다.

어떤 수학적 대상은 앞서 새의 경우처럼 그 안에 포함되는 예가 너무 많아서 일일이 나열하기가 어렵다. 예를 들어 세상에 있는 수를 모두 나열할 수는 없다. 무한히 많기 때문이다. 그리고 세상에 존재하는 소수 prime number를 모두 나열할 수도 없다. 그런데 이번에는 이유가 다르다. 우리는 소수의 정확한 정체를 모른다(하지만 설사 안다고 해도 그것들을 모두 나열할 수는 없다. 소수 역시 무한히 많기 때문이다). 소수의 경우에는 〈1과 자기 자신으로만 나누어 떨어지는 임의의 수(그리고 1은 소수로 치지 않는다)〉로 특성을 정의할 수 있다. 그럼 이런 특성을 충족하는 모든 수를 목록으로 정리하는 것이 과제다.

무언가가 특정 유형의 수학적 대상이 아님을 보여 주려 할 때도 마찬가지로 두 가지 방법이 있다. 그 목록을 들여다보면서 그 무언가가 그 목록에 존재하지 않음을 확인하거나, 그 대상들의 특성을 파악한 후에 그 무언가가 그러한 특성을 가지고 있지 않음을 입증해 보이는 것이다. 예를 들어 구체가 플라톤 입체가 아니란 것은 쉽게 확인할 수 있다. 한마디로 플라톤 입체 목록에 들어 있지 않기 때문이다. 하지만 어떤 수가 소수인지를 소수의 목록을 들여다보고 확인할 수는 없다. 그런 목록이 존재하지 않기 때문이다. 그 대신 어떤 수가 소수처럼 행동하는지, 즉 1과 자기 자신만으로 나누어 떨어지는지 확인해야 한다. 일례로 6의 경우 2로도 나누어 떨어지기 때문에 소수가 아님을 알 수 있다. 만약 우리가 숲에서 새로운 동물을 찾아냈는데 그 동물을 새라고 보아야 할지, 말아야 할지 결정하려면 그 동물이 새의 특성과 맞아떨어지는지 판단해야 한다. 그래서 어느 시점에서 생물학자들은 새를 정의하는 특성이 무엇인지 결정해야 했다. 그리고 마찬가지로 수학자들도 수를 정의하는 특성이 무엇인지 결정해야 했다.

사실 일정 크기까지는 소수의 목록이 나와 있다. 따라서 너무 큰 수만 아니면 그 수가 소수인지 목록에서 확인해 볼 수 있다. 하지만 요즘에는 컴퓨터 성능이 좋아져서 혹시나 누군가 찾아볼 사람이 있을지 모른다는 희박한 가능성 때문에 거대한 목록을 저장하느니 차라리 컴퓨터로 그때그때 검사해 보는 쪽이 훨씬 편해졌다. 이 글을 쓰는 현재 알려진 소수 중에 가장 큰 수는 자릿수만 2200만 자리가 넘는다. 이 수는 길어도 너무 길기 때문에 그 수 하나를 저장하기도 버거워 보인다. 하물며 그 수에 앞서서 존재하는 모든 소수를 저장하는 일은 엄두가 안 날 일이다. 그래서 지금까지 알려진 모든 소수를 목록으로 보관하고 있는 사람은 없다.

새와 마찬가지로 수도 종류가 다양하다. 어떤 수는 다른 수보다 더 흔히 접할 수 있고, 어떤 수는 다른 수보다 더 잘 알려져 있다. 수 중에 가장 숫자가 많은 수는 우리가 제일 자주 접하거나 생각하는 수가 아니라는 점도 뒤에서 확인하게 될 것이다. 우선 제일 쉽게 눈에 띄는 종류부터 시작하자. 이 수는 아마도 우리가 제일 자주 생각하는 수일 것이다. 바로 숫자를 셀 때 사용하는 수다.

## 자연수

가장 기본이 되는 수는 어린아이들이 1, 2, 3, 4, …… 등으로 숫자를 세면서 사용법을 처음으로 익히는 바로 그 수다. 가장 자연스러운 수라고 해서 수학에서는 이것을 자연수natural number라고 부른다. 방금 내가 이 수에 대해 너무 뻔한 설명을 한 것 같다. 당연히 1, 2, 3, 4, …… 이런 순서로 그냥 쭉쭉 이어지는 거 아닌가? 하지만 예전에 숫자 세는 법을 한 번도 배운 적이 없다면 숫자를 이어가는 법을 어떻게 알 수 있을까? 다음 숫자가 $4\frac{1}{2}$이 아니라 5라는 것을 어떻게 알까? $4\frac{1}{2}$은 이런 유형의 수에 포함되지 않는다는 것을 어떻게 알까?

사실 이것은 꽤나 심오한 질문이다. 그다음 수가 5라는 것을 우리가 아는 이유는 그냥 그런 것이라고 배웠기 때문이다. 하지만 5가 대체 뭘까? 어떻게 하면 모든 자연수의 이름을 일일이 다 익히지 않고 자연수의 특성을 파악할 수 있을까?

수학자들은 기본적으로 자연수를 숫자를 계속 셀 때 나오는 수로 파악한다. 이제 우리는 이 내용을 좀 더 정확히 다듬기만 하면 된다. 그렇게 다듬는 이유는 논리의 법칙을 따르게 만들기 위함이다. 〈숫자를 계속 셀 때 나오는 수〉는 논리의 법칙을 따르지 않는다. 사실 〈계속 센다는 것〉의 의미도 알 수 없다. 이것을 수학적인 내용으로 만들려면 여기서 애매모호한 부분을 덜어 내야 한다.

그래서 〈센다〉라는 말 대신 〈1을 더한다〉라고 말한다. 자연수는 무언가에 계속 1을 더해서 나오는 수다. 그럼 어디서부터 시작해야 할까? 어딘가 출발점이 있어야 한다. 출발점 없이는 어디도 갈 수 없다. 그럼 1에서 시작하자.

자연수는 1에서 시작해 계속 1을 더해서 나오는 수다. 사실 0을 자연수에 포함시킬 것이냐를 두고 논란이 있다. 하지만 이 때문에 큰 차이가 나지는 않는다. 그냥 0에서 시작해서 계속 1을 더해 나가도 된다.

0이 자연수냐, 아니냐를 두고 아주 열을 내는 사람들이 있다. 하지만 나는 이것이 그저 단어와 이름을 어떻게 붙이느냐의 문제에 불과하다고 생각한다. 수학적으로 보면 원하는 곳 어디서나 시작해서 계속 1을 더해 나갈 수 있다. 어떤 수학자는 0이 쓸모가 많은 수이기 때문에 0이 아주 좋은 출발점이라 생각한다. 0이 쓸모가 있다는 말에 고개를 저을 사람은 없다고 본다. 하지만 사람들은 실제로 0을 〈자연수〉 중 하나로 볼 것이냐, 말 것이냐를 두고 의견이 엇갈리고 있다. 나는 이것은 수학의 문제가 아니라 용어 정의의 문제일 뿐이라 말하고 싶지만, 이런 진술조차 논쟁을 초래할 수 있다. 용어를 정의하는 문제도 수학의 일부라고 생각하는 사람들이 있기 때문이다. 내 개인적인 생각으로는 0을 자연수로 볼 것이냐 말 것이냐 하는 문제에 관한 논란 때문에 수학이라는 학문 분야 전체에 흥미를 잃고 떨어져 나갈 사람도 있을 것 같다. 하지만 이것이 너무 중요한 문제라고 생각하는 사람이 있다 보니 내가 그것이 별로 중요하지 않다고 하면 아마도 항의 메일을 받게 될 것이다. 이미 전에도 대화를 나누다가 마지막에 가서 이 문제로 내게 언성을 높이는 사람을 만나 본 적이 있다.

자연수를 〈1부터 시작해서 계속 1을 더할 때 나오는 것〉이라고 정의하면 자연수는 이렇게 이어진다.

$$
\begin{array}{l}
1 \\
1+1 \\
1+1+1 \\
1+1+1+1 \\
1+1+1+1+1 \\
\vdots
\end{array}
$$

자연수를 매일 이런 식으로 불러야 한다면 너무 고역이다. 그래서 사람들은 이런 수에 새로운 이름을 붙여 주었다. 이런 이름은 일종의 약칭이다. 그럼 〈1 더하기 1 더하기 1 더하기 1〉 대신에 그냥 〈4〉라고 말하면 되니까 훨씬 편해진다. 수학에 다양한 용어가 존재하는 이유는 그냥 장황한 것을 간편하게 부를 방법이 생기기 때문이다. 하지만 이런 이유로 수학 분야에 복잡한 전문 용어들이 엄청나게 많이 존재하는 것처럼 비칠 수 있다. 〈일, 이, 삼, 사〉를 복잡한 전문 용어라 생각하는 사람은 없겠지만, 사실 그것은 오랫동안 사용하다 보니 너무 익숙해진 전문 용어라서 그렇다. 당신도 나와 비슷한 분야의 일을 하는 사람이었다면 처음에 이 분야에 발을 딛었을 때는 주변 사람들의 입에서 튀어나오는 온갖 약자에 머리가 어지러웠을 것이다. 하지만 그것도 잠시, 몇 달 지난 후에 보면 이미 여러분 입에서도 다른 사람들처럼 그런 약자들이 자연스레 튀어나오게 된다.

새로운 분야의 일을 시작할 때는 익숙해져야 할 약자들을 모두 정리해 놓은 편리한 목록을 제공받기도 한다. 하지만 나올 수 있는 모든 수에 일일이 약자로 이름을 지어 줄 수는 없는 노릇이다. 그래도 기존의 이름으로부터 새로운 이름을 구축하는 원리를 개발할 수는 있다. 외국

어를 배우던 때를 기억하면 이런 원리를 떠올릴 수 있을지도 모르겠다. 일반적으로 1부터 10까지의 숫자는 암기해야 한다. 그리고 10과 20 사이의 어딘가에서 어떤 논리적인 패턴이 생겨 나오기 시작한다. 영어의 경우에는 15 이후부터 이런 현상이 일어난다. 16은 〈sixteen〉, 17은 〈seventeen〉, 18은 〈eightteen(실제로는 t가 한 번만 나온다)〉, 19는 〈nineteen〉 등등(13은 〈thirteen〉, 15는 〈fifteen〉으로 모두 이런 패턴과 맞아떨어진다고도 할 수 있지만 철자가 이상해진다). 스페인어에서도 16부터 어떤 패턴이 드러나지만 프랑스어는 17까지 기다려야 한다. 독일어에서는 13까지만 기다리면 되고, 광둥어에서는 11부터 바로 패턴이 시작된다. 11부터는 〈십-일, 십-이, 십-삼, 십-사……〉 이런 식으로 부르기 때문이다.*

일단 20까지 배우고 나면 보통 20, 30, 40, 50, 60, 70, 80, 90, 100에 해당하는 단어만 배우면 된다. 이 단어들이 따르는 패턴은 언어에 따라 엄격할 때도 있고, 덜 엄격할 때도 있다. 영어에서는 이 수들이 대충 의미는 통하지만 철자가 좀 이상한 단어로 구성되어 있다. 독일어에서는 20 이후로는 꽤 훌륭한 패턴을 가지고 있다. 그리고 프랑스어에서는 외국인을 헷갈리게 만드는 현상이 나타난다. 70 위로는 〈육십-십(70), 육십-십일(71), 육십-십이(72)〉 이런 식으로 진행하고, 90 위로도 비슷하게 나아가기 때문이다(스위스에서 쓰는 프랑스어는 조금 다르다. 여기서는 칠십을 나타내는 〈septante〉라는 단어가 따로 있다).

광둥어는 여기서도 마찬가지로 더욱 직관적이다. 20, 30, 40 등을 그냥 〈이-십, 삼-십, 사-십〉 등으로 부른다. 힌두어 강사 제이슨 그룬바움

* 우리말도 이런 경우에 해당한다.

에게 듣기로 힌두어에는 1부터 100까지 수에 각각 완전히 별개의 이름이 존재한다고 한다. 그래서 그 수를 모두 암기하는 학생에게는 보너스 점수를 준다고 한다.

100 이후로는 보통 다양한 자릿수에 해당하는 단어만 배우면 된다. 영어에서는 〈thousand(천)〉, 〈million(백만)〉, 〈billion(십억)〉, 〈trillion(조)〉 등의 자릿수가 등장한다[광둥어에는 〈만(ten thousand)〉을 지칭하는 단어는 있지만 〈백만〉을 지칭하는 단어는 없다. 그래서 백만을 말하려면 〈백-십-천〉이라고 해야 한다. 이렇게 말하려면 머리가 핑핑 돌 것 같다].

그 이후로는 자릿수를 표현하는 단어가 점점 바닥나기 시작한다. 하지만 사실 그런 큰 수를 표현해야 할 경우도 많지 않다. 십만의 백만 배의 십억 배의 1조 배인 수보다 큰 구체적인 수를 지칭해야 할 경우가 살면서 얼마나 있겠는가? 분명 나에게는 그런 수를 사용해야 할 경우가 한 번도 없었다. 다만 과장된 표현을 하느라 미국 대학교에 들어가는 비용이 〈질리언〉* 달러, 〈가빌리언〉** 달러라는 표현은 써본 적이 있다.

하지만 그런 엄청나게 큰 수는 엄연히 존재한다. 단지 그 수를 지칭할 단어가 없을 뿐이다. 사람이 붙여 준 이름이 있든, 없든, 존재하는 동물은 분명 존재하는 것과 마찬가지다. 어쩌면 해왕성이 더 적절한 비유인지도 모르겠다. 해왕성은 발견해서 이름을 붙여 주기 전에도 수학적 논증을 통해 그 존재를 추론하고 있었다. 우리는 1조보다 큰 수가 존재한다는 것을 안다. 1을 무한히 계속 더해 나갈 수 있기 때문이다. 사실 우리가 이름 붙여 준 그 어떤 수보다도 큰 수가 존재한다는 것을 어렵지

* zillion. 엄청나게 큰 수를 지칭하는 표현이지만 어떤 정확한 수량을 지칭하지는 않는다.

** gabillion. 현존하는 단어로는 표현할 수 없이 큰 수를 의미한다.

않게 증명할 수 있다.

> 거시기라는 수가 우리가 이름 붙인 가장 큰 수라고 해보자. 하지만 우리는 그 거시기에 언제든 1을 더할 수 있고, 그럼 이 수는 거시기보다 커진다.

이것을 보니 영화 「마지막 수업Être et avoir」에 나오는 흐뭇한 장면이 떠오른다. 이 영화는 특별한 선생님 조지스 로페즈와 네 살에서 열 살까지의 사내아이들로 구성된 학급 하나밖에 없는 프랑스 시골 마을 학교의 이야기다. 어느 날 사내아이 하나가 개구쟁이 짓을 하다 손에 온통 잉크를 묻힌다. 로페즈는 이 남자아이를 데려가서 손을 씻겨 주는데 야단을 치는 대신 수에 대해 묻기 시작한다. 선생님이 아이에게 제일 큰 수가 무엇이라 생각하느냐고 묻는데 아이는 그 수를 안다고 자신한다. 처음에 아이는 100이 분명 제일 큰 수일 거라 생각한다. 그러자 선생님이 부드러운 목소리로 101은 어떠냐고 묻는다. 이런 대화가 계속 이어지다가 결국 그 소년은 이런 대화가 영원히 이어질 수 있음을 깨닫고 놀라움에 눈이 휘둥그레진다.

(영화가 큰 성공을 거둔 것이 결국 법정 소송으로 이어진 것은 참 안타까운 일이다. 영화 제작자 측에서 로페즈 선생님의 특별한 교육 방법을 이용해서 막대한 돈을 벌었던 모양이다. 그렇게 벌어들인 돈 중 로페즈 선생님에게 돌아가야 할 돈이 얼마나 되는지를 두고 대중의 의견이 엇갈렸다. 결국 법원에서는 그리 많지 않은 액수로 판결을 내렸다. 어떤 사람은 사심 없는 스승이 되어야 할 사람이 욕심을 부린다며 로페즈 선생님을 비난했다. 많은 사람들의 삶을 바꾸어 놓은 그런 헌신적인 선생

님이 많은 돈을 벌 자격이 없다고 평가받는다는 현실이 슬프다.)

## 무한은 자연수가 아니다

지금까지 우리는 1에서 시작해서 반복적으로 1을 더해 나가면 모든 자연수를 만들 수 있음을 확인했다. 하지만 이런 식으로 아무리 가도 무한에 도달하지 못한다는 것을 어떻게 알 수 있을까? 여기에 답하려면 모든 자연수의 본질을 조금 더 정확하게 표현할 필요가 있다.

자연수는 다음과 같은 수다.

* 1이거나
* $n+1$인 수(여기서 $n$ 그 자체는 자연수)

따라서 2는 자연수다. $1+1$이기 때문이다. 3 또한 자연수다. $2+1$이고, 2가 자연수이기 때문이다. 10이 자연수임을 밝히려면 이런 과정을 9번 진행하면 된다. 조금 지루하긴 하지만 결국에는 그런 결론을 이끌어 낼 수 있다.

$\infty$이 이런 자연수가 아님을 증명할 수 있을까? $\infty$이 분명 1은 아니다. 따라서 첫 번째 조항은 배제할 수 있다. 그럼 두 번째 조항은 어떨까? $\infty = n+1$을 만족시키는 자연수 $n$이 존재할까? 여기서 문제는 그럼 $n$이 $\infty - 1$이 되어야 한다는 점이다. 하지만 $\infty$에서 1을 뺀 값은 여전히 $\infty$이다. 따라서 $\infty$이 자연수라면 $\infty$은 자연수라는 결론이 나온다. 이래서는 순환 논법에 빠지므로 아무런 도움이 안 된다.

여기까지 수고를 했는데도 아직 무한이 자연수가 아님을 증명하지 못했다. 그저 무한을 당연히 자연수라 볼 수는 없다는 것만 밝혀냈다. 하지만 여기서 잠시 멈춰 서서 우리가 하려는 일이 얼마나 불가능한 일인지 생각해 보자. 우리는 무한이 무엇인지 모른다. 그리고 무한이 무엇인지도 모르는데 그것이 어떤 특정한 것이 아님을 입증하기란 거의 불가능하다.

아니, 가능하려나?

우리는 무한을 정확히 어떻게 정의해야 하는지는 모르지만 일단 무한을 정의하고 나면 그것이 어떻게 행동해야 하는지에 대해서는 조금 알고 있다.

* 무한에 1을 더해도 더 커지지 않아야 한다.
* 무한에 자기 자신을 더해도 더 커지지 않아야 한다.
* 무한에 자기 자신을 곱해도 더 커지지 않아야 한다.

그럼 이제 우리가 정의하려는 무한과 같은 방식으로 행동하는 자연수는 존재할 수 없다는 것을 입증해 보자.

나는 수학적 대상을 일단 머릿속으로 생각해 내면, 모순을 일으키지 않는 한 그것은 존재하는 것이라고 즐겨 말한다. 지금 우리는 무한이라는 무언가를 〈상상〉해 냈다. 그리고 그것이 우리가 보기에는 말이 되는 것 같은 이런 방식을 따라 행동한다고 〈상상〉해 냈다. 그런데 안타깝게도 이 무한은 모순을 일으킨다! 여기서 우리는 무한을 자연수라고 했을 때 발생하는 모순을 이용해서 무한이 자연수가 아님을 증명하려 한다. 즉 무한을 자연수라고 가정한 다음 무언가 일이 단단히 잘못 틀어지는 것을 입증해 보이려 한다는 말이다.

이제 우리는 자연수에 대한 사실을 몇 가지 알고 있다. 이를테면 다음과 같은 것들이다.

* 자연수는 어떤 순서로 더해도 상관없다. 항상 같은 결과가 나오기 때문이다. 예를 들면 3 + 2 = 2 + 3이다.
* 자연수에서 자연수를 뺄 수 있다(아직 음수를 소개하지 않았으니까 음수가 나오지 않도록 조심만 하면).
* 등식의 양변에 똑같은 일을 해도 등식은 여전히 성립한다.

이제 무한의 바람직한 첫 번째 속성을 이용해서 이 사실들을 무한에 적용해 보자. 먼저 다음의 속성을 살펴보자.

$$1 + \infty = \infty$$

이제 양변에서 ∞을 빼면 다음의 식이 나온다.

$$1 = 0$$

이것은 한마디로 말이 안 된다. 여기서는 등식의 양변에서 똑같은 값을 빼도 등식이 성립한다는 개념 하나만 적용해 보았을 뿐인데 벌써 거짓이 나왔다. 여기서 유도되는 논리적 결론은 등식의 양변에서 무한을 빼는 것이 정당하지 않다는 것이다. 등식의 양변에서 자연수를 빼는 것은 항상 정당해야 하기 때문에 따라서 무한은 자연수가 될 수 없다는 결론이 나온다.

왠지 순환 논법에 빠지는 듯한 기분이 드는가?

꼬마 아이와 놀다가 애정을 담아 이렇게 얘기했다고 상상해 보자. 「아유, 내 귀여운 토끼 같으니라구!」 그럼 꼬마가 이렇게 대답할지도 모른다. 「난 토끼 아니에요!」 그럼 아이들과 귀엽기는 하지만 실없는 대화를 나누는 경향이 있는 대부분의 어른들처럼 당신도 이렇게 우긴다. 「넌 토끼 맞아!」 그럼 아이가 이렇게 반기를 들 수도 있다. 「하지만 나는 털북숭이 꼬리가 없잖아요!」

사실 지금 이 아이는 모순을 유도해 명제를 증명하는 귀류법을 사용한 것이다.

내가 토끼라고 가정해 봐요.
그럼 나는 털북숭이 꼬리가 있어야 해요.
하지만 나한텐 그런 꼬리가 없어요.
따라서 나는 토끼가 아니에요.

이와 비슷한 방법으로 우리는 무한이 자연수가 아님을 입증해 보였다.

무한이 자연수라고 가정해 보자.
그럼 등식의 양변에서 무한을 뺄 수 있어야 한다.
하지만 등식의 양변에서 무한을 뺄 수 없다.
따라서 무한은 자연수가 아니다.

그렇다고 이것이 무한이 수가 아니라는 의미는 아니다. 그저 무한이 자연수가 아니라는 것을 의미할 뿐이다. 얼마 전 나는 네 살짜리 조카와 그 조카의 친구 사이에서 벌어진 논쟁을 중재하러 나섰다. 조카의 친구가 말했다. 「무한은 수가 아니야. 우리 아빠가 그랬단 말이야. 우리 아빠는 과학자라서 모르는 게 없어.」 내 조카는 똑똑하게도 더 쉽게 반박할 수 있는 쪽에 초점을 맞추어, 친구의 아빠가 모르는 것이 없다는 주장이 거짓임을 입증해 보였다. 그리고 나는 내 조카에게 수학자들은 과학자들이 모르는 무언가를 알고 있음을 설득하는 데 초점을 맞추었다. 에헴!

# 4. 다시 멀어지는 무한의 정체

「아직 다 안 왔어요?」 먼 길을 갈 때면 열에 아홉 정도는 꼬마 아이들 입에서 이런 불평이 흘러나온다. 아이들은 시간을 다르게 경험하기 때문에 10분만 지나도 끔찍하게 긴 여행으로 느낄 수 있다. 이런 아이들을 데리고 몇 시간 정도 길을 가야 하는 경우라면 어른들 입장에서는 참 난감한 일이다.

얼마 전 나는 한 모래 언덕으로 산책을 갔다가 미시건호의 물가를 따라 헤엄쳐서 돌아온 적이 있다. 그런데 물가가 내 시야를 벗어나 굽어져 있었기 때문에 처음 출발했던 지점에 거의 다 왔나 보다 싶으면 또다시 물가가 펼쳐지기를 여러 번 반복했다. 결국 나는 얼마나 오래 수영했는지 감을 잡으려고 머릿속으로 노래를 부르기 시작했다.

수학은 가끔 그 어디도 도달하지 못하고 쳇바퀴만 도는 과정처럼 느껴질 때가 있다. 무언가 새로운 것을 알아냈다 싶으면 그때마다 몰랐던 수많은 것들이 새로 드러나기 때문이다. 그리고 자기가 어디서부터 왔는지 파악하기도 쉽지 않다. 일단 무언가를 이해하고 나면 그것이 예전에는 얼마나 어려운 부분이었는지 기억하기가 좀처럼 쉽지 않기 때문이다. 나는 수학에서 제자리걸음을 하고 있다고 느낄 때가 많다. 내가 이미 알고 있는 것들은 모두 쉬워 보이고, 아직 모르는 것은 모두 어려워 보이기 때문이다(어렵지 않았다면 내가 이미 알고 있을 테니까).

이제 자연수로는 아직 무한에 도달하지 못했음을 알게 됐으니 수의 여행을 계속 이어 나가야겠다. 아이는 세는 법을 배운 후에는 바로 이어서 〈안 세는 법uncount〉, 즉 뺄셈을 배워야 한다. 아이는 수에 대해 배워갈수록 차츰 더 많은 유형의 수에 대해 알게 된다. 이 경우 보통 수의 역사적 발전 과정을 따라 배우게 되는데 수천 년 동안 점진적으로 이루어진 수학적 발견이 단 몇 년의 학과 과정으로 압축된다. 교육의 힘이란 것이 이렇게 놀랍다.

하지만 무한이 무엇인지, 혹은 무엇이 아닌지 확실하게 이해하려면 이런 수의 유형들을 좀 더 꼼꼼히 살펴보아야 한다. 다른 경우와 마찬가지로 어려운 질문을 시작한 경우가 아니면 이런 수준까지 이해할 필요가 없다. 〈무한이란 무엇인가?〉가 그런 어려운 질문에 해당한다. 무언가의 정의에 대해 생각하며 그렇게 많은 시간을 들이는 것이 헛되고, 무미건조하고, 현학적으로 보일 수도 있겠지만 나는 그것을 무언가 흥미진진한 내용을 밝혀내는 과정이라 생각하길 좋아한다. 이런 과정을 거치고 나면 이 개념이 어떤 식으로 작동하는지 밝혀낼 수 있다. 나는 식당에 가서 맛있는 음식을 먹고 나면 어떻게 만든 음식인지 당장 확인하고 싶어진다. 그리고 멋진 여행을 다녀오면 우리가 갔던 곳이 어디인지 지도에서 확인하고 싶어진다. 이 모든 수의 정체가 무엇인지 조사하는 것도 이와 똑같은 행동이다. 앞으로 우리는 새로운 유형의 수가 좀 더 미묘한 부분까지 표현할 수 있는 수에 대한 열망으로부터 생겨나며, 이미 존재하던 유형의 수로부터 구축되어 나온다는 사실을 살펴보게 될 것이다.

## 낡은 수로부터 새로운 수 만들기

수학자들은 추가적인 수고를 최대로 줄이면서 기존의 것으로부터 새로운 것을 만들어 내기를 좋아한다. 얼핏 게을러서 그런가 싶은 생각이 들겠지만, 나는 지력(知力)을 보존하려는 노력이라 생각하고 싶다. 우리의 뇌는 유한하고, 지력도 유한하다. 정말로 그 힘이 필요해질 때를 대비해서 아껴 놓아야 한다.

수학자가 등장하는 이런 농담이 있다.

> 수학자에게 냄비와 계란을 주며 계란을 삶으라고 한다. 그럼 수학자는 냄비에 물을 받아 계란을 삶는다. 이번에는 물이 가득 들어 있는 냄비와 계란을 주면서 계란을 삶으라고 한다. 그럼 수학자는 냄비에 든 물을 따라 버리고 이렇게 말한다.「이렇게 하면 기존의 문제로 환원됩니다.」

기존의 것으로부터 새로운 것을 구축하는 것은 뇌의 지력을 아끼는 것 말고도 다른 이점이 있다. 이것은 서로 다른 개념들 사이의 상관관계를 이해하게 해주고 만물이 어떻게 이가 맞물려 돌아가는지 이해할 수 있게 도와준다. 베이크트 알래스카* 요리법에서 이 요리의 목적이 케이크, 아이스크림, 머랭을 함께 요리하는 것이라고 말해 주지 않는다고 상상해 보자. 이미 베이크트 알래스카가 무엇인지 모르는 사람은 이게 대체 뭐 하자는 소리인지 헷갈릴 것이다.

우리는 자연수에서 시작해서 점점 더 복잡한 유형의 수를 구축해 나

* Baked Alaska. 케이크에 아이스크림을 얹고 머랭을 씌워 오븐에 재빨리 구워 낸 디저트.

갈 수 있다. 이 수들은 점진적으로 자연스러움이 줄어들다가 나중에는 너무도 부자연스러워서 〈무리수irrational number〉, 〈허수imaginary number〉 등으로 불리게 된다. 수학자들은 새로운 개념에 일상생활에서 쓰는 단어를 붙이기를 좋아한다. 그래야 새로운 개념이 어떤 특성을 가지고 있는지 힌트를 줄 수 있기 때문이다. 추상적인 개념에 우리가 이해할 수 있는 어떤 특성을 부여해 주면 그 개념이 조금이나마 친숙하게 느껴진다. 나는 〈허수〉라는 이름에는 무언가 사랑스러운 구석이 있다고 생각한다. 그리고 〈프라임 아이디얼〉*이 내 귀에는 칼을 대면 신선한 육즙이 터져 나올 것만 같은 소고기 스테이크 같은 느낌이 든다. 물론 나한테만 해당하는 이야기일 것이다(프라임 아이디얼은 내가 여기서 말하는 내용과는 전혀 상관이 없다. 그냥 들리는 어감이 그렇다는 얘기다).

자연수로부터 다음에 구축할 새로운 유형의 수는 정수integer다. 여기에는 모든 자연수, 그리고 모든 자연수의 음수 버전이 포함된다(그리고 0을 자연수에 포함시키지 않았다면 0도). 이 수는 대상끼리 서로 뺄 수 있는 능력에 대한 욕구로부터 생겨났다(과연 사람들에게 그런 욕구가 있는지는 모르겠지만). 아직 음수를 배우지 않았던 어린 시절에 뺄셈 때문에 낙담했던 기억이 있는 사람도 있을 것이다. 어쩌면 덧셈을 할 때는 원칙상 그 어떤 수도 더할 수 있지만 뺄 때는 큰 수에서 작은 수만 뺄 수 있다는 말을 듣고 낙담했을지도 모르겠다(솔직히 나는 어린 시절에는 사실상 모든 것에 낙담하고 있었다). 수학자들 역시 이런 사실에 낙담했었다. 임의의 수에서 다른 임의의 수를 뺄 수 있으려면 자연수의 음수 버전이 필요하다. 그래서 정수가 등장한다. 정수가 있으면 자연수만 있

* prime ideal. 소(素)아이디얼이라고 한다. 환론(環論)의 중심 개념인 아이디얼ideal에서 파생된 개념이다.

을 때보다 더 많은 것을 할 수 있다는 점에서 정수는 자연수보다 더 낫다고 할 수 있다.

수학은 기존의 세상에서는 무언가를 할 수 없다는 사실에 낙담한 수학자에 의해 발전하는 경우가 많다. 그럼 이런 사람들은 그것을 할 수 있는 새로운 세상을 발명해 낸다. 나는 우리 수학자들을 상습적 규칙 파괴자라고 생각하고 싶다. 우리는 무언가를 할 수 없다는 규칙을 만나자마자 그것을 할 수 있는 세상을 만들어 낼 수 있을지 확인하고 싶어한다. 보통 수학이라고 하면 산더미처럼 많은 규칙을 따라야 하는 학문이라고들 생각하는데, 그런 통념에 비추면 내가 방금 말한 개념이 뜻밖일 수 있겠다.

정수의 세상을 만들기 위해 우리가 제일 먼저 요구해야 할 것은 0이다(만약 자연수에 이미 0이 포함되어 있지 않은 경우라면). 0은 〈0을 그 어떤 수에 더해도 아무 일도 일어나지 않는다〉라는 속성을 가진 아주 특별한 수다.

$$0+1=1$$

$$0+2=2$$

$$0+3=3$$

$$\vdots$$

$n$의 값과 상관없이 $0+n=n$

그다음으로 요구해야 할 부분은 덧셈을 뒤집을 수 있어야, 혹은 〈무효화undone〉할 수 있어야 한다는 것이다. 이것은 상품 구매에 적용되는 환불 정책과 비슷하다. 무언가를 샀다가 마음이 바뀌어도 물건을 교환할 수 없다면 무언가를 살 때마다 불안해질 것이다. 내가 매일 변덕스럽게 물건을 환불한다는 소리는 아니다. 그저 환불이 가능하다는 사실을 알고 있으면 마음이 놓인다는 얘기다.

일단 값을 더하기는 했는데 다음에 마음이 바뀌어 그 수를 환불하고 싶다면 어떻게 해야 할까? 그 값을 빼면 된다. 이것을 다르게 생각하면 음수를 다시 더하는 것이라고도 할 수 있다. 마치 가게에 가서 환불하면 물건 가격이 음수로 적힌 영수증을 내어 주는 것과 비슷하다. 그럼 신용카드 청구서에 음수의 금액이 청구되는데, 이것은 사실상 그만큼의 금액을 청구서에서 뺀다는 의미다.

뺄셈을 조금 더 이해할 필요가 있다. 지난 장에서 무한에 문제를 일으킨 것이 바로 뺄셈이었기 때문이다. 거기서 우리는 등식의 양변에서 무한을 빼는 것이 부당하다는 사실을 발견했다. 이것은 무한이 무엇이 될 수 있고, 무엇이 될 수 없는지 말해 주는 중요한 단서다. 무한의 의미를 해독할 수만 있다면 말이다.

수학적으로 모든 수는 덧셈에 대한 역원(逆元, additive inverse)을 갖는다고 말한다. 덧셈에 대한 역원이란 원래의 수를 지우는, 즉 다시 0으로 되돌리는 수를 말한다. 어떻게 하면 1을 0으로 되돌릴 수 있을까? 1을 빼면 된다. 혹은 말을 바꿔서 $-1$을 더하면 된다. 2를 어떻게 하면 0으로 되돌릴까? $-2$를 더하면 된다. 그럼 $n$을 어떻게 하면 0으로 되돌릴 수 있을까? $-n$을 더한다.

모든 수가 덧셈에 대한 역원을 가질 것을 요구하는 것은 모든 레고 캐릭터가 헬멧을 쓰고 있을 것을 요구하는 것과 비슷하다. 당신이 응석받이 아이라면 당신이 그런 요구를 하자마자 부모님이 모든 레고 캐릭터에 씌워 줄 레고 헬멧을 사줄 것이다. 수학에는 일반 사람들이 잘 모르는 한 가지 재미있는 사실이 있다. 응석받이 아이가 아니라도 수학에서는 당신이 요구하는 것은 무엇이든 가질 수 있다는 점이다. 당신이 덧셈에 대한 역원을 요구하는 순간…… 짜잔! 수의 덧셈에 대한 역원을 갖게 된다. 이런 것 때문에 수학 연구가 참 재미있다. 수학에서는 머릿속으로 생각할 수 있는 것이라면 무엇이든 가질 수 있다. 단, 한 가지 조건이 있다. 당신이 갖게 된 새로운 장난감에 뒤따라올 논리적 결론을 모두 감당해야 한다는 것이다. 당신이 응석받이 아이라 사자를 한 마리 사 달라고 하면 부모님이 사자를 사주실지도 모른다. 하지만 그 사자가 당신을 잡아먹을 수도 있다. 당신이 수학 연구를 하는 데 0과 1을 같은 값으로 놓고 싶어 견딜 수 없다면 그래도 상관없다. 하지만 그 결과 다른 모든 수도 마찬가지로 0과 같은 값이 되어야 한다. 그럼 당신의 세상은 무너지고 만다. 수학이라는 굶주린 사자에게 잡아먹히는 꼴이다.

당신이 0을 2나 다른 값과 같은 값으로 놓고 싶다면 그래도 상관없다. 다만 그럼 당신은 〈나머지 연산modular arithmetic〉이라는 순환 세상에 들어가게 된다. 0=12로 놓으면 그것이 바로 우리가 시계로 시간을 말하는 방식이다. 그리고 0=360으로 놓으면 그것이 바로 각도기로 각도를 재는 방식이다.

어쨌거나 응석받이 수학자인 우리는 모든 수가 덧셈에 대한 역원을 가져야 한다고 결정할 수 있다. 그럼…… 짜잔! 모든 수에 덧셈에 대한 역원이 생긴다. 다른 것은 생기지 않는다. 그냥 덧셈에 대한 그 역원들만 생긴다. 이것을 정수라고 한다. 그리고 이것이 구성된 방식을 살펴보면 이 정수가 정확히 다음의 것들로 구성되어야 한다는 것을 알 수 있다.

* 0
* 임의의 자연수 $n$
* $-n$, 여기서 $n$은 임의의 자연수

이것을 더 알아보기 쉽게 정리해 보면 다음과 같다.

$$\cdots\cdots \quad -4 \quad -3 \quad -2 \quad -1 \quad 0 \quad 1 \quad 2 \quad 3 \quad 4 \quad \cdots\cdots$$

그럼 4를 빼는 것을 기술적으로 정의하면 −4라는 수를 더하는 것이라 할 수 있다. 왠지 더 복잡하게 들리지만, 수학자의 입장에서 보면 오히려 덜 복잡해진 셈이다. 뺄셈이라는 새로운 연산을 정의할 필요 없이 새로운 수에 기존의 연산(덧셈)을 적용하면 되기 때문이다.

무한이 이 새로운 수 안에 들어 있을까? 그래 보이지는 않는다. 하지만 어떻게 확신할 수 있나? 사실은 자연수에서 효과를 보았던 귀류법을 그대로 이용해서 증명해 보일 수 있다. 정수는 우리가 자연수에서 사용했던 것과 똑같은 규칙을 따라야 하기 때문이다. 바로 등식의 양변에서 똑같은 것을 빼도 정당하다는 규칙이다. 이것이 무한에는 해당하지 않는다는 것을 알고 있으므로 무한은 정수가 아니다. 이렇게 해서 무한에 대한 사냥은 계속 이어진다.

기술적으로 말하면 우리는 새로운 유형의 구조를 요구할 때마다 무언가를 〈자유롭게〉 만들어 내고 있는 것이다. 자연수를 만들 때 우리가 요구했던 것은 1을 더할 수 있는 능력이었다. 무언가를 더할 수 있는 수학적 세상을 기술적인 용어로는 가환 모노이드commutative monoid라고 한다. 자연수는 한 대상에 대한 자유 가환 모노이드free commutative monoid다. 우리가 원하는 것은 무엇이든 더할 수 있게 한다는 의미다. 〈자유로운〉 부분은 거기에 추가적인 규칙이나 제약이 존재하지 않는다는 점이다. 그저 우리가 원하는 만큼의 덧셈과 더 많은 덧셈만 존재한다. 정수를 만들 때 우리는 뺄 수 있는 능력을 요구했다. 이것을 기술적으로 말하면 한 대상에 대해 자유 가환 모노이드를 만드는 것이다. 가환군commutative group은 우리가 사물을 더하고 뺄 수 있는 수학적 세상에 붙여 준 기술적인 용어다.

## 분수

우리는 정수를 가지고 무한에 닿아 보려 했지만 성공하지 못했다. 그럼 다른 접근 방법이 필요하다. 무언가를 무한한 조각으로 나누어서 무한까지 오르는 것은 어떨까? 학교에서 이렇게 배웠던 기억이 날지도 모르겠다. 「0으로는 나눌 수 없어요. 그럼 무한이 나오니까.」 혹시 그렇게 하면 무한을 손에 넣을 수 있을까? 무언가를 0으로 나누면? 무한을 $\frac{1}{0}$ 같은 분수로 정의할 수 있지 않을까? 안타깝게도 이것 역시 효과가 없다. 결국 이런 주장에도 어느 정도 일리가 있다는 것을 뒤에서 확인하게 되겠지만, 이 일리라는 것이 다음과 같은 등식의 형태를 취하지는 않는다.

$$\frac{1}{0} = \infty$$

이보다는 훨씬 미묘한 구석이 있다.

케이크 하나를 0명의 사람에게 나누어 준다고 해보자. 각각 케이크를 얼마나 가져가게 될까? 이 질문은 말이 되지 않는다. 사람이 아무도 없기 때문이다. 이렇게 답할 수도 있다. 〈모든 사람이 각각 열 개의 케이크를 가져간다!〉 왜냐면 사람이 아무도 없기 때문에 0명의 사람 모두 케이크를 각각 열 개씩 가져가도 문제가 되지 않기 때문이다. 물론 0명의 사람이 모두 각각 케이크를 스무 개씩 가져간다고 해도 된다. 아예 각각 40개의 케이크와 63마리의 코끼리를 가져간다고 대답해도 상관없다. 어차피 가져갈 사람이 없으니까. 이래서는 1 나누기 0을 무한의 합리적인 정의라 하기 어렵다.

이 경우 그 답이 무한이 아니라면 0으로 나눌 수 없다는 얘기를 왜 하는 것일까? 수학에서는 보통 〈이것은 왜 할 수 없지?〉라고 묻는 것은 잘못된 질문일 때가 많다. 〈이것은 왜 할 수 있지?〉라고 물어야 옳다. 증명이란 것이 부담스러운 이유는 자신이 하는 모든 행동을 논리적으로 정당화해야 한다는 의미이기 때문이다. 모든 수학은 바로 이런 논리적 정당화를 통해 구축된다. 무언가를 논리적으로 정당화할 수 없다면 그것은 수학이라 부를 수 없다. 그저 무언가를 하지 말아야 할 이유를 찾지 못했다고 해서 그것을 해야 될 이유를 찾아냈다는 의미는 아니다(실제 삶에서는 내가 무언가를 하려면 그것을 해야 할 이유도 필요하지만, 그것을 하지 말아야 할 이유도 없어야 한다. 내가 수학을 하는 이유는 수학을 사랑하기 때문이지 수학이 쓸모가 있어서가 아니다. 하지만 수학이 쓸모없는 것이라면 그것이 내게는 수학을 하지 말아야 할 이유가 됐을 것이다).

어쨌거나 이 모든 것을 이해하려면 나누기의 진정한 의미가 무엇인지 확인해 보아야 한다. 기본 연산 +, −, ×, ÷ 중에서 제일 까다로운 것은 분명 나눗셈이다. 학교에서도 보통 제일 늦게 배우고, 대개 무언가를 나누어 준다는 개념으로 소개할 가능성이 크다. 그리고 그다음으로는 별다른 설명도 없이 나눗셈은 곱셈의 〈반대〉라고 가르칠 때가 많다. 3에서 시작해서 거기에 4를 곱하면 12, 그리고 이것을 다시 4로 나누면 3으로 돌아간다.

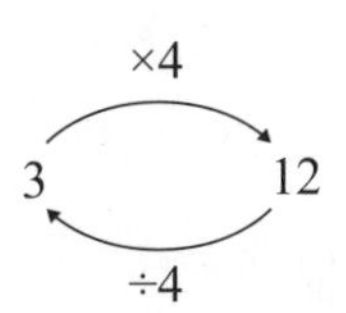


이것을 보고 앞에서 덧셈을 뒤집어서(무효화해서) 음수를 만들었던 것이 떠오를지도 모르겠다. 그래야 한다. 덧셈 대신 곱셈을 뒤집을 뿐 과정은 똑같으니까 말이다.

덧셈에서와 마찬가지로 여기서도 임의의 수에 곱해도 아무런 변화를 만들지 않는 수를 찾아야 한다. 그 수는 1이다. 그 이유는 다음과 같다.

$$1 \times 2 = 2$$
$$1 \times 3 = 3$$
$$1 \times 4 = 4$$
$$\vdots$$
$n$값에 상관없이 $1 \times n = n$

그래서 0을 〈덧셈에 대한 항등원additive identity〉이라고 부르는 것처럼 1을 〈곱셈에 대한 항등원multiplicative identity〉이라고 한다.

이제 우리는 ⟨곱셈에 대한 역원multiplicative inverse⟩에 대해 생각해 볼 준비가 됐다. 어느 수의 곱셈에 대한 역원은 그 수를 뒤집어 다시 1로 되돌려 놓는 수를 말한다. 2에다 무엇을 곱하면 1로 되돌려 놓을 수 있을까? 그 정답은 $\frac{1}{2}$이다. 3에 무엇을 곱하면 1로 되돌려 놓을 수 있을까? 정답은 $\frac{1}{3}$이다. $n$에다 무엇을 곱하면 1로 되돌려 놓을 수 있을까? 정답은 $\frac{1}{n}$이다.

자연수로부터 어떻게 정수를 만들었는지 기억하는가? 우리는 응석받이 아이처럼 모든 자연수가 덧셈에 대한 역원을 가져야 한다고 고집을 부렸었다. 어쩌면 당신은 이제 모든 정수가 곱셈에 대한 역원을 가질 것을 요구하고 싶은 생각이 들지도 모르겠다. 정 원한다면 그래도 된다. 하지만 조심하자. 수학의 사자가 나타나 모든 것을 잡아먹을지도 모른다. 0의 곱셈에 대한 역원을 요구하는 것은 커다란 실수니까 말이다.

0의 곱셈에 대한 역원을 요구할 때 일이 어떻게 틀어지는지 살펴보자. 아직은 그 값이 무엇인지 모르니까 이 역원을 $x$라 하자. 우리는 그냥 0에다 이 수를 곱하면 1로 되돌려 놓을 수 있다는 것만 알고 있다. 즉 다음의 등식이 성립한다.

$$0 \times x = 1$$

하지만 잠깐! $0 \times x$는 항상 0이다.

사실 이것을 증명하려면 약간의 수고가 필요하다. 기본적으로는 0+0=0이니까 $(0+0)x=0x$이지만 분배 법칙에 의해 좌변은 $0x+0x$와 같고,

따라서 $0x+0x=0x$가 된다. 이제 양변에서 $0x$를 뺀다. 그럼 좌변은 $0x$가 남고, 우변에는 0이 남는다. 따라서 $0x=0$이다.

따라서 이것을 대입하면 다음의 방정식이……

$$0 \times x = 1$$

이런 등식으로 변한다.

$$0 = 1$$

맙소사! 이번에도 마찬가지로 말도 안 되는 진술이 튀어나왔다. 이것의 교훈은 0의 곱셈에 대한 역원을 요구해서는 안 된다는 것이다. 만약 이런 역원이 존재한다면 $0=1$이 되고, 그럼 모든 것이 0과 같다는 결론이 뒤따라 나오기 때문이다.

마지막으로, 어떤 수를 빼는 것은 사실 그 수의 덧셈에 대한 역원을 더하는 것과 같다고 한 것을 기억하는가? 그와 마찬가지로 어떤 수로 나누는 것은 사실 〈그 수의 곱셈에 대한 역원을 곱하는 것〉과 같다. 따라서 2로 나누는 것은 사실 $\frac{1}{2}$을 곱하는 것이고, 3으로 나누는 것은 사실 $\frac{1}{3}$을 곱하는 것이다. 그럼 0으로도 나눌 수 있을까? 그러려면 0의 곱셈에 대한 역원으로 곱해야 하는데, 방금 앞에서 0은 분명 곱셈에 대한 역원을 가질 수 없다고 결론을 내린 바 있다. 그럼 0은 곱셈에 대한 역원이 없기 때문에 0으로 나눌 방법도 없다. 그리고 0으로 나눌 방법이 없기 때문에 무한을 $\frac{1}{0}$이라고 정의할 수도 없다. 그런 것이 아예 존재하지도 않기 때문이다. 사실 더 정확히 말하면 그런 것이 존재할 수도 없다. 따라서 음수에서 했던 것처럼 머릿속 상상만으로 그것을 존재하게 만들 수는 없다.

## 유리수 만들기

분수를 전문 용어로는 유리수라고 한다. 영어로는 〈rational(이성적인) number〉라고 하는데, 둘러앉아 서로 아주 논리적이고 이성적인 대화를 나누는 수라는 의미가 아니라, 우리가 앞에서 구축했던 정수들 간의 비율ratio을 취해서 만들어지는 수라는 의미다.

자연수에서 정수를 구축하기는 꽤 쉬웠다. 모든 수의 덧셈에 대한 역원을 취하기만 하면 끝이었으니까 말이다. 정수로부터 유리수를 구축하기는 조금 더 복잡하다. 먼저 0을 제외한 모든 수의 곱셈에 대한 역원을 요구하는 데서 시작한다. 하지만 이렇게 해서는 $\frac{1}{2}$, $\frac{1}{3}$, $\frac{1}{4}$이나 그 음수 버전만 만들어질 뿐, $\frac{4}{5}$ 같이 분자에 1이 아닌 다른 수가 들어가는 수는 나오지 않는다. 그런 수를 얻으려면 응석받이 아이처럼 또다시 무언가를 요구해야 한다. 여기서는 모든 것을 다른 모든 것과 곱할 수 있을 것을 요구한다. 정수의 덧셈에서는 이것을 요구할 필요가 없었다. 음수를 요구하는 것만으로도 이미 덧셈에서 나올 수 있는 모든 답이 마련되었기 때문이다. 하지만 가능한 모든 곱셈에 대한 역원을 요구하는 것만으로는 곱셈에서 나올 수 있는 모든 답이 자동적으로 나오지 않는다. 그냥 곱셈에 대한 역원만 집어넣으면 $\frac{1}{n}$(여기서 $n$은 임의의 정수)밖에 나오지 않는다. 그럼 다음과 같은 수가 나올 것이다.

$$\cdots\cdots \quad -4 \quad -3 \quad -2 \quad -1 \quad 0 \quad 1 \quad 2 \quad 3 \quad 4 \quad \cdots\cdots$$

$$\cdots\cdots \quad -\frac{1}{4} \quad -\frac{1}{3} \quad -\frac{1}{2} \quad -\frac{1}{1} \qquad \frac{1}{1} \quad \frac{1}{2} \quad \frac{1}{3} \quad \frac{1}{4} \quad \cdots\cdots$$

윗줄에서 두 수를 아무 것이나 골라서 곱해도 윗줄에 있는 또 다른 수가 나온다. 그리고 아랫줄에 있는 두 수를 아무 것이나 골라서 곱하면 아랫줄에 있는 또 다른 수가 나온다. 하지만 윗줄에 있는 수와 아랫줄에 있는 수를 곱하면 양쪽 줄 어디에도 없는 수가 나온다.

따라서 곱셈을 할 수 있으려면 윗줄과 아랫줄의 수를 곱해서 나오는 값까지도 모두 요구해야 한다. 이것으로 모든 유리수가 확보되었다. 이것을 다음과 같이 요약할 수 있다.

유리수는 모든 분수 $\frac{a}{b}$를 말한다. 여기서

* $a$와 $b$는 정수다
* $b$는 0이 아니다
* $ad=bc$이면 $\frac{a}{b}=\frac{c}{d}$다.

마지막 항목은 $\frac{1}{2}$와 $\frac{2}{4}$를 다른 수로 생각할까 봐 넣은 것이다.

여기까지 꽤 애를 쓰기는 했는데 무한에는 전혀 가까워지지 않았다. 무한이 유리수가 아님을 증명할 때도 앞에서 한 것과 똑같은 논리를 이용할 수 있다. 유리수 역시 등식의 양변에서 무언가를 똑같이 빼도 정당하다는 규칙을 준수해야 하기 때문이다. 유리수를 구축해 보았지만 무한의 정체를 밝히는 데는 실패했다. 수학의 해안선이 굽이쳐 돌아갈 때마다 번번이 우리 시야를 벗어나고 있다.

## 무리수

무리수를 영어로는 〈irrational(비이성적인) number〉라고 한다. 하지만 여기서도 마찬가지로 〈irrational〉이라는 단어의 의미는 비이성적이라는 의미가 아니라 비율ratio을 취한 수가 아니라는 의미다. 〈소수점 아래로 무한히 이어지는 수〉, 〈제곱근〉 같은 것을 무리수라고 배웠을 것이다. 하지만 이 두 가지는 일리가 있기는 해도 엄밀히 말하면 둘 다 참이 아니다.

소수점 아래로 무한히 이어지는 수를 예로 들어 보자. $\frac{1}{9}$을 소수로 전개하면 0.11111111111……이 나온다. 사실 이 1이 〈무한히〉 이어진다. 하지만 $\frac{1}{9}$은 분명 두 정수의 비율로 나타낸 유리수다. 여기서 소수 전개가 무한히 이어지는 이유는 소수 전개의 밑수base로 10을 임의로 선택했기 때문이다.* 그리고 10과 9는 서로 잘 어울리지 않는다. 반면 10과 5는 아주 잘 어울린다. 그래서 $\frac{1}{5}$은 깔끔하게 0.2라는 값이 나온다. 여기서 〈잘 어울린다〉라는 표현은 사실 〈공약수〉가 있다는 의미다.

> 만약 9를 밑수로 해서(즉 9진수로 표시해서) $\frac{1}{9}$을 전개한다면 군더더기 없이 깔끔하게 0.1이 나온다. 그리고 3을 밑수로 해서 전개한다면 깔끔하게 0.01이라는 값이 나올 것이다.

〈무한히 이어진다〉라는 표현 뒤에 숨어 있는 진실은 무리수는 소수

* 즉 10진수로 표시했기 때문이다.

전개가 반복 없이 무한히 이어진다는 것이다. 이것을 증명하는 건 아주 재미도 있고(말하자면 대학교 해석학 수준에서) 만족스러운 부분도 있다. 하지만 어떤 수가 유리수인지 아닌지 실제 확인하는 용도로 사용하기에는 절망적인 방법이다. 설사 소수 전개를 백만 자리까지 할 수 있다고 해도(한잠도 안 자고 꼬박 일주일 정도는 걸릴 것이다) 이백만 자리, 더 나아가 십억 자리, 1조 자리 이후로 반복 구간이 나타나지 않는다고 어떻게 확신할 수 있겠는가?

〈제곱근〉이 무리수라는 표현도 문제가 있다. 4의 제곱근은 2인데 2는 아무리 눈 씻고 봐도 유리수다. 그리고 무리수 중에는 $\pi$나 $e$ 같은 것도 있는데 이것을 어떤 쓸모 있는 수의 제곱근이라고 하기는 어렵다. 물론 $\pi$는 $\pi^2$의 제곱근이지만 이것으로는 $\pi$가 무리수라는 것을 확인하는 데 도움이 되지 않는다. 〈정수의 비율로 표현할 수 없는 수〉가 〈무리수〉의 유일하게 올바른 정의인 이유도 이 때문이다.

어쩌면 당장 손을 번쩍 들고 $\pi=\frac{22}{7}$라고 주장할 사람도 있을지 모르겠다. 하지만 $\pi$의 값으로 자주 등장하는 이 유명한 분수는 $\pi$의 근사치일 뿐이고, 전자계산기가 나오기 전 시절에나 쓸모가 있었다. 이제 스마트폰 계산기에는 아예 $\pi$ 버튼이 함께 나오기도 한다. $\pi$와 $\frac{22}{7}$는 소수점 두 번째 자리, 즉 3.14까지만 일치한다. 일상생활에서 $\pi$ 값이 필요할 때는 이 정도 정확도면 충분하다(대부분 케이크를 만들면서 재료를 계량할 때). 하지만 수학적으로 같은 값이라고 볼 수는 결코 없다. 사실 케이크를 만들 때는 $\pi$ 값을 얼추 3으로 잡고 해도 아무런 문제가 없다.

아마 어떤 수가 두 정수의 비율로 표현될 수 없다는 것을 증명하기는 아예 불가능하리라 생각할지도 모르겠다. 하지만 $\sqrt{2}$ 같은 수에서는 이런 부분을 꽤 간단하고 기발하게 증명할 수 있는 방법이 있다. 반면 $\pi$나 $e$ 같은 수는 증명이 훨씬 복잡한 것이 사실이다.

어떻든 간에 이런 것들은 무리수의 정체를 밝히는 데 도움이 되지 않는다. 그냥 무리수는 〈정수의 비율로 표현할 수 없는 모든 것〉이라 말할 수는 없다. 그럼 코끼리도 무리수라는 의미가 될 테니까 말이다. 〈정수의 비율로 표현할 수 없는 모든 수〉라고 할 수도 없다. 수가 대체 무엇인데? 나는 위에서 아무 생각 없이 $e$라는 수를 언급했는데 $e$가 무엇일까? 그럼 $f, g, h$도 수인가? $\pi$가 수라면 $\alpha$도 수인가?

무리수를 구축하기는 굉장히 어렵다. 그래서 이 부분에 대한 논의는 뒤에서 무한히 작은 것에 대해 이야기할 때까지 미루려고 한다. 하지만 기본 개념은 앞에서 한 것과 똑같다. 우리는 우리가 할 수 있었으면 하는 무언가를 응석받이 아이처럼 요구한다. 그리고 그렇게 하기 위해 필요로 하는 모든 것을 얻게 된다. 문제는 이것이다. 우리가 할 수 있었으면 하는 것이 대체 무엇인가? 그 답은 대충 이런 내용이다. 〈유리수 사이에 나 있는 모든 틈새를 채우기.〉 사실 임의의 두 유리수 사이에는 항상 틈새가 존재한다. 정수를 수직선 위에 표시할 수 있다.

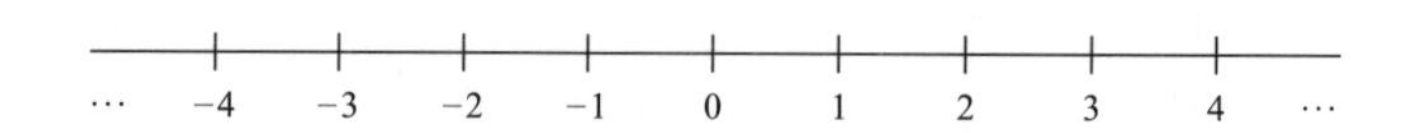


그리고 우리는 이 정수들 사이에 유리수가 존재한다는 것을 안다.

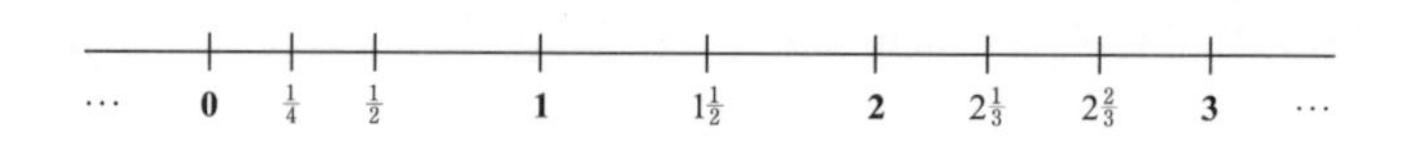


하지만 유리수를 모두 채운 후에도 여전히 틈새가 남아 있게 된다. 아직은 그 틈을 어떻게 채울지 설명할 능력이 안 되지만, 그것을 설명하고

나면 다음과 같은 놀라운 일이 일어난다.

* 임의의 두 유리수 사이에는 무리수가 존재한다.
* 임의의 두 무리수 사이에는 유리수가 존재한다.

이렇게 말해 놓고 보니 정수 수직선을 따라 깔끔하게 교대로 등장하는 홀수, 짝수와 살짝 비슷해 보인다. 하지만 정말로 직관에 어긋나는 부분은 다음에 등장한다.

무리수는 유리수보다 많다.

어떻게 그럴 수가? 무리수와 유리수가 교대로 등장한다면서 어떻게 어느 한쪽이 다른 쪽보다 더 많을 수가 있단 말인가? 그 대답은 이렇다. 이것은 우리가 무한에 대해 생각하기 때문에 나타나는 또 다른 불가사의한 일이다. 이 경우 우리는 무한히 많은 것(수)에 대해 생각하고 있을 뿐만 아니라 무한히 가까이 붙어 있는 것들에 대해서도 생각하고 있다. 짝수와 홀수의 경우 임의로 6 같은 짝수를 하나 콕 짚으면 그 바로 옆에 있는 홀수가 무엇인지 정확하게 알 수 있다. 5와 7이다. 하지만 유리수와 무리수의 경우 이 수들은 너무 가까이 붙어 있어서 어느 주어진 유리수 바로 옆에 있는 무리수가 무엇인지 절대로 콕 짚어서 말할 수 없다. 어떤 수를 대더라도 그보다 더 가까운 다른 수가 존재한다.

1이라는 수에서 시작한다고 해보자. 제일 먼저 나오는 1보다 큰 유리수는 무엇일까? 그런 것은 존재하지 않는다. 어떤 수 $x$가 그 수라고 주장하면 그보다 1에 더 가까운 $\frac{1+x}{2}$가 존재한다. 이 값은 1과 $x$의 평균과 같기 때문에 1과 $x$의 중간 지점에 해당한다. 따라서 이 수는 1보다는 크지만 x보다는 작다. 그리고 이 수는 여전히 유리수다. $x$가 유리수라면 $1+x$도 유리수이고, 이 값을 2로 나눈 값도 여전히 유리수이기 때문이다. 이런 식으로 계속 거리를 쪼개 가며 유리수로 1에 더 가깝게 다가갈 수 있다. 이 수들은 값이 점점 더 작아지지만 여전히 1보다는 크다. 남은 초콜릿 케이크 조각을 계속해서 두 쪽으로 쪼개도 케이크가 결코 완전히 사라지지는 않는 것처럼, 당신도 결코 1에 도달하지 못한다. 그리고 당신이 마지막으로 구한 수와 1 사이에는 여전히 다른 유리수가 남아 있을 것이다.

이것을 컴퓨터 스크린 위에서 수직선을 반복적으로 확대하는 과정이라 생각할 수도 있다. 정수 수직선에서 6이라는 수를 확대해 들어가면 결국에는 스크린 위에 6이라는 정수만 남게 확대할 수 있다. 나머지 정수들은 화면 밖으로 떨어져 나갈 테니까 말이다. 반면 모든 틈을 채워 넣은 수직선에서 확대를 하면 아무리 확대해 들어가도 유리수와 무리수가 여전히 남아 있을 것이다. 따라서 실제로는 유리수와 무리수가 교대로 나타난다고 말할 수 없다. 그보다 훨씬 기묘하다.

유리수와 무리수를 합쳐서 실수real number라고 한다. 그리고 우리가 지금까지 얘기한 이 확대 속성을 실수 안에서 유리수와 무리수의 조밀성density이라고 한다. 유리수가 실수의 전부는 아니지만 실수 안에서 너무나 조밀하게 존재하기 때문에 아무리 확대해서 들여다보아도 유리수로부터 벗어날 수 없다. 무리수도 마찬가지다. 일단 무한히 작은 거리에 대해 좀 더 이해하고 나면 15장에서 이 부분을 다시 살펴보겠다.

여기서 다룬 내용 중에 무한의 정체를 밝히는 데 도움이 될 부분이 있을까? 없다. 실수에서도 마찬가지로 등식의 양변에서 같은 값을 빼는 것이 정당하기 때문에 무한이 실수라면 0=1이라는 성가신 모순이 다시 발생한다. 따라서 무한은 실수가 아니다.

이쯤이면 이제 당신도 등식의 양변에서 똑같은 값을 빼는 것이 정당하지 않게 되는 수의 유형을 따로 만들어 내지 않는 한 무한에 대한 사냥은 완전히 무의미해지리라는 점을 깨닫기 시작했는지도 모르겠다. 대체 어떤 수가 그럴 수 있을까? 지금까지는 새로운 유형의 수를 찾아낼 때마다 빼기, 나누기, 틈을 채우기 등 더 많은 일을 할 수 있는 능력을 요구함으로써 그렇게 했다. 더 많은 일을 할 수 있게 해달라고 요구할 때마다 우리는 더 많은 구성 요소가 갖추어진 세상에 발을 딛었다. 더 많은 조리법으로 요리할 능력을 요구하면 더 많은 재료를 갖춘 부엌이 필요해지는 것과 마찬가지다.

하지만 이상하게도 우리에게 정말로 필요한 것은 할 수 있는 것이 더 적은 세상이다. 등식의 양변에서 똑같은 값을 빼는 것이 정당하지 않은 세상을 필요로 하기 때문이다. 가끔 여행을 가려고 짐을 싸다 보면 계획 잡은 활동이 너무 많아서 거기에 필요한 옷을 여행 가방에 한가득 욱여넣을 때가 있다. 강의, 하이킹, 콘서트, 파티에 늘 똑같은 옷을 입고 나타나는 수학자가 되고 싶지는 않으니까 말이다. 하지만 신발까지 이것저것 쓸어 담다 보면 결국에는 여행 가방을 들 수 없을 지경까지 간다. 이래서야 무엇을 하는 것은 고사하고, 어디 갈 수도 없다. 수를 다루다 보니 어느새 수에서도 이런 지경에 도달하고 말았다. 이제 우리는 모든 것을 던져 버리고 처음부터 다시 시작해야 한다.

# 5. 무한까지 세기

한번은 평소처럼 집으로 걸어오다가 흥미로운 옷 가게가 눈에 띄었다. 새로 건물 짓는 것을 못 보았는데 이상하다 싶어 문을 연 지 얼마나 되었는지 물어보았다. 십 년이나 되었다고 했다.

전에도 그 앞을 분명 수천 번 정도는 지나갔을 텐데, 그때는 보지 못하다가 왜 하필 그날 갑자기 가게가 눈에 들어왔는지 알 수 없다. 가끔은 익숙하다고 생각하는 곳에서도 조금 더 천천히 가거나, 바라보는 관점에 살짝 변화만 주면 완전히 다른 것이 눈에 들어오는 경우가 있다. 이번에는 수를 바라보는 관점을 살짝 바꿔 보려고 한다. 그럼 무한이 금방 눈에 들어오게 될 것이다.

우리는 무한까지 세는 것을 시도해 보았는데 효과를 보지 못했다. 그런데 놀랍게도 우리가 실패했던 이유는 너무 복잡하게 접근했기 때문이다. 아이들은 처음에 숫자 세는 법을 배울 때 1씩 반복적으로 더하면서 배우지 않는다. 손가락으로 세면서 배운다.

이것은 내가 꼬깔콘을 즐겨 먹는 방법과 아주 비슷하다고 감히 말할 수 있다. 꼬깔콘을 손가락마다 끼운 후에 하나씩 입으로 빼서 먹는 것이다.

손가락으로 세는 것은 보통 단순한 셈법이라 여겨진다. 암산으로 세는 법을 아직 못 배운 꼬마 아이들이나 사용하는 것이라고 말이다. 나는 이것을 다른 관점에서 바라보고 싶다. 손가락으로 세기는 대단히 심오하고, 훨씬 효율적이고, 우리를 무한으로 이끌어 줄 방법이다. 우리 손가락 자체는 무한에 도달하지 못하겠지만, 적어도 이 개념만큼은 우리를 무한으로 이끌어 준다.

손가락으로 세기에서 정말 멋진 점이 무엇이냐면 어느 주어진 순간에 자기가 어디까지 왔는지 파악하고 있을 필요도 없고, 순서를 따라갈 필요도 없다는 것이다. 그냥 손가락 하나를 당신이 세고 있는 각각의 대상에 할당하고 손가락이 모두 접히면(즉 당신이 열 개를 세려고 하고 있다면) 거기서 멈추기만 하면 된다. 적어도 내가 보기에 이것은 대단히 효율적인 방법이다. 내가 몇까지 셌는지 기억할 필요가 없어 지력을 아낄 수 있고, 그 지력으로 다른 일을 할 수 있으니까 말이다. 이를테면 내가 4까지 셌다는 것을 기억하는 대신 그냥 그 숫자만큼의 손가락을 접어 놓기만 하면 된다. 그럼 내 머리는 그 시간에 다른 복잡한 일을 할 수 있다. 내가 말도 안 되는 소리를 한다고 생각할지도 모르겠다. 수학자라는 사람이 수학자가 수를 세는 데 신통치 못하다는 실없는 농담이나 하고 있다니?

툭하면 그런 일이 벌어지는 상황이 있다. 나는 커피를 함께 즐기는 친구가 있다. 커피를 탈 때는 커피 메이커에 커피 네 스푼을 넣는다(나는 사람당 커피 두 스푼 정도로 타는 것을 좋아한다). 그리고 나는 분위기를 깨지 않으려고 커피 스푼을 세면서 친구와 대화를 계속 이어가려고 한다. 그럼 보통 두 스푼이나 세 스푼 정도에서 나는 어디까지 셌는지 까먹고 만다. 그럼 커피를 넣다 말고 내가 두 스푼을 넣었는지, 세 스푼을 넣었는지 몰라서 당황한다. 대화를 이어가는 뇌 영역이 숫자를 세는 뇌 영역과 간섭을 일으키나 보다. 하지만 머리로 세는 대신 손가락으로 세면 실수하는 법이 없다(분위기 깨는 것을 신경 쓰지 않는 사람은 대화가 중단돼도 신경 쓰지 않고, 수학적인 것을 크게 따지지 않는 사람은 커피의 양이 정확하지 않아도 신경 쓰지 않는 것 같다. 하지만 나는 분위기를 깨고 싶지도 않고, 수학적으로도 엄격하고 싶다!).

효율성이라는 측면에 대해서는 이쯤하자. 내가 손가락으로 세기가 심오하다고 생각하는 또 다른 이유가 있다. 우선, 10을 수학적으로 정의해 보자. 10이란 무엇일까? 앞에서 우리는 10이 다음과 같이 정의된다고 했다.

$$1+1+1+1+1+1+1+1+1+1$$

하지만 〈10〉이라는 개념을 미리 알고 있지 않았다면 어떻게 10개를 셀 수 있을까?

10은 우리의 손가락의 숫자와 짝이 맞는다. 그리고 우리의 손가락과 짝이 맞는 다른 사물의 집합과도 짝이 맞는다. 전혀 수학에 어울리는 소리 같지가 않다고 느낄 사람도 있겠다. 그렇지 않은가? 하지만 사실 수학자들이 마침내 수를 엄격하게 정의할 여유가 생겼을 때 사용한 방법이 바로 이것과 거의 비슷한 방법이었다(손가락에 대해 언급하지는 않았지만).

열 개의 대상을 세는 방법은 다음과 같다. 열 마리 뱀을 세고 싶다고 해보자. 내 친구가 보여 준 숙제의 질문이 이랬다. 내 친구의 아이가 다양한 〈실제 상황〉이 등장하는 〈실생활〉 수학 질문을 숙제로 받아 왔다고 했다. 거기 나온 문제가 뱀을 세는 것이었다.

먼저 10이 〈우리가 갖고 있는 손가락의 숫자〉를 나타낸다고 하자. 그다음에는 각각의 손가락에 이름을 붙인다. 그럼 실제로 손가락을 사용하는 대신 손가락 이름을 소리 내어(혹은 머릿속으로) 불러서 뱀을 손가락과 어떻게 짝지었는지 기억할 수 있다. 손가락 이름을 톰, 스티브, 피터, 닉, 리처드, 에밀리, 도미닉, 존, 네일, 앨리사로 부를 수도 있지만, 일, 이, 삼, 사, 오, 육, 칠, 팔, 구, 십으로 불러도 좋겠다. 그다음에는 이 이름들을 다시 뱀에게 붙여 준다. 각각의 이름마다 뱀이 한 마리씩 존재한다면 뱀과 손가락이 짝이 맞음을 알 수 있다. 이 정교한 과정을 이 그림으로 요약할 수 있다.

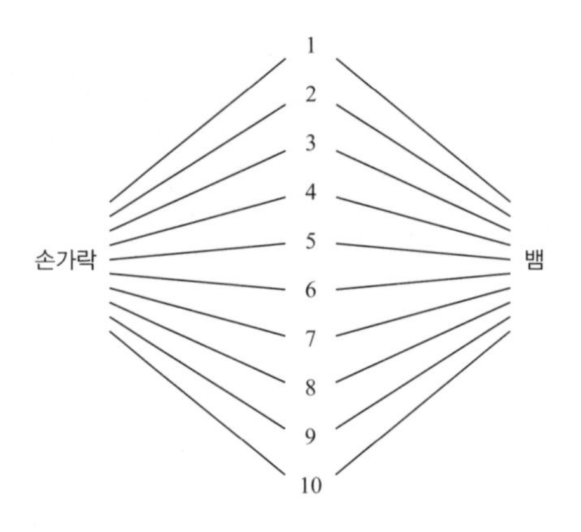


이 그림은 우리가 중간에 어떻게 추가적인 단계를 삽입했는지 보여준다. 뱀을 손가락과 직접 짝짓는 대신 처음에는 손가락을 이름과 짝짓고, 그다음에는 다시 이 이름을 뱀과 짝지었다.

물론 이렇게 하는 한 가지 이유는 10을 넘어서까지 세야 할 때가 종종 생기기 때문이다. 10이 넘으면 손가락이 부족해진다. 그럼 발가락을 사용하거나, 손가락을 이진수 10자리 수로 사용해 볼 수도 있다. 그럼 손가락으로 1,023까지 셀 수 있다. 이것은 7장에서 설명하겠다.

하지만 중간 단계를 건너뛰면 나뿐만 아니라 대화를 나누며 커피를 타는 데 어려움을 느끼는 내 뇌를 위해서도 기발하고, 효율적이고, 유용한 방법이 된다. 식당에 열여섯 명 자리를 예약해 놓았는데 친구들이 자리에 앉지 않고 모두 잡담을 나누면서 탁자 주변을 서성거리고 있다고 해보자. 이래서는 사람이 몇 명이나 왔는지 파악하기가 쉽지 않다. 하지만 사람들을 모두 자리에 앉혀 놓고 몇 자리나 비어 있는지 확인해 보면 인원수 파악이 훨씬 수월하다. 이 경우는 당신이 사람들을 직접 세어 본 것이 아니다. 그냥 사람들과 의자가 짝이 맞는지만 확인해 보았다.

이것이 숫자 세기의 수학적 버전이다. 이상한 말이라고 생각할지도 모르겠다. 센다는 것 자체가 이미 본질적으로 수학적인 행동이 아니던가? 여기서 의미하는 바는 이것이 수학에서 센다는 개념을 엄격하게 정의하는 방법이란 뜻이다.

## 엄격함에 대하여

여기서 잠시 하던 논의를 멈추고 주제를 바꿔서 수학적 엄격함에 대해 얘기해 볼까 한다. 수학자들이 아무런 결론도 내리지 못한 채 경쟁이론에 대해 주저리주저리 논쟁만 벌이지 않고, 무엇이 옳고 그른지에 대해 의견 일치를 볼 수 있는 것은 바로 수학적 엄격함 덕분이다. 수학은 논리의 규칙 위에 세워졌다. 이는 엄격하게 논리의 규칙에 따라 행동하는 대상만을 이용하면 논리의 규칙을 엄격하게 적용하는 한 의견 불일치가 생길 일이 없다는 아이디어를 바탕으로 하고 있다.

하지만 논리에 따라 행동하지 않는 대상을 이용하면(인간이나 구름

같이) 서로 다른데도 모두 옳은 정답이 여러 개 발생할 수 있다. 그리고 엄격하지 못한 논리 규칙을 적용할 때도 다른 결과가 나올 수 있다. 일반적으로 세상은 엄격한 논리를 따라 행동하지 않는다. 아이에게 쿠키를 하나 준 다음, 다시 또 하나 더 주면 아이에게는 쿠키 2개가 아니라 0개가 남을 것이다(배 속에 들어간 쿠키도 세지 않는 한).

수학은 애매모호한 것들을 걷어 내고 논리에 따라 모호함 없이 조작할 수 있는 것들만 남기는 과정에서 시작한다. 그리고 그 후로는 그것들을 논리에 따라 조작해서 어떤 일이 일어나는지 확인한다. 이 과정은 큰 좌절감을 줄 수 있다. 너무도 당연해 보이는 것인데도 모호함을 걷어 내기가 아주 어려운 경우들이 있기 때문이다. 그렇다면 대체 뭣 때문에 이런 일을 하는 것일까?

이렇게 하는 이유 중 하나는 당연하지 않은 것에 접근하기 위함이다. 직관적으로 당연해 보이지 않는 것이면 거기에 도달할 다른 방법을 찾아내야 한다. 그런 사례 중 하나가 바로 무한이다. 우리는 이치에 맞는 방식을 이용해 무한을 다룰 방법을 찾아내려 했지만 쉽지 않았다. 지금까지 모든 시도는 결국 0=1이라는 무의미한 결론으로 이어졌다. 그래서 우리는 이제 유한한 수에 대한 접근 방식을 다시 생각해서 무한에 대해서도 생각할 수 있게 해줄 방식을 찾아보려 한다. 우리가 수에 대한 접근 방식 중에서 제일 당연하고 기본적이라 생각했던 것에 대해 다시 생각해 보자. 바로 숫자 세기다.

### 주머니로 세기

숫자 세기는 본질적으로 어떤 집합의 대상들을 수를 정의하는 또 다른 〈공식〉 집합의 대상들과 짝짓는 과정이다. 이미 앞에서 10을 우리 손가락으로 정의하고(우리 손가락이 〈10〉을 정의하는 공식 집합이다), 다른 집합의 대상들을 우리 손가락과 나란히 짝지을 수 있으면 그것을 10으로 셀 수 있음을 확인한 바 있다.

각각의 수에 대해 하나씩 공식 집합을 지정할 수 있다. 예를 들어 〈23〉에 대한 공식 주머니를 지정할 수 있다. 그럼 23은 〈그 주머니 안에 들어 있는 대상의 개수〉로 정의되고, 23개의 대상을 세야 하는 사람은 누구든 그 대상들을 주머니 속의 대상들과 짝지어 보면 된다. 이것은 아주 바보 같고 억지스러워 보이지만 이것을 킬로그램의 실제 정의와 한번 비교해 보자. 1킬로그램은 파리 근처의 한 금고에 들어 있는 공식 금속 덩어리의 질량으로 정의한다. 주머니로 세는 방법과 크게 다를 것이 없다.

수학이 실제로 존재하는 공식 주머니를 가지고 수를 정의하지는 않는다. 수학은 실질적인 대상이 아니라 추상적인 대상이기 때문이다. 그래서 수학은 수를 〈추상적인〉 공식 주머니를 가지고 정의한다. 이 주머니들이 추상적인 이유는 물리적으로 존재하지 않고 개념으로서 존재하기 때문이다. 그리고 수학에서는 이것을 주머니라고 부르지 않고, 〈집합 set〉이라 부른다. 하지만 이것을 주머니로 생각해도 상관없다.

우리가 처음에 생각해 볼 주머니는 0개의 대상이 들어 있는 주머니, 즉 빈 주머니다. 0을 〈이 주머니 안에 들어 있는 대상의 수〉라고 정의하자. 이 주머니 위에 큼직하게 〈0〉이라고 써놓아도 좋겠다.

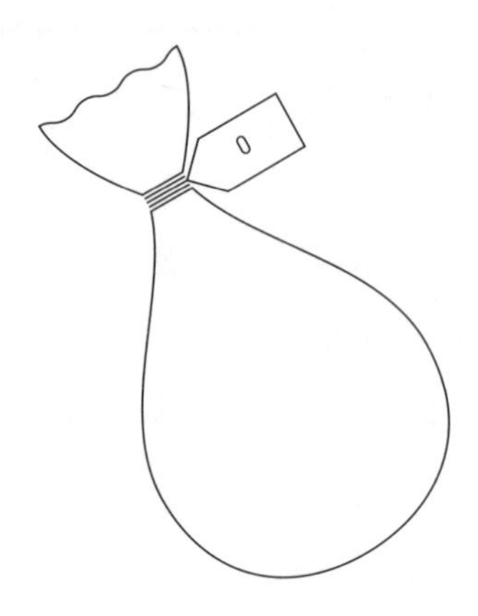


이번에는 대상이 하나 들어 있는 주머니를 만들어야겠다. 주변을 둘러보자. 여기에 쓸 수 있는 대상이 무엇이 있을까? 지금 우리가 갖고 있는 것이라고는 빈 주머니밖에 없으니 그것으로 하자. 그럼 우리는 빈 주머니 하나가 들어 있는 주머니를 만든다. 이것이 1이라는 수를 정의한다. 이 주머니에 큼직하게 〈1〉이라고 써놓자.

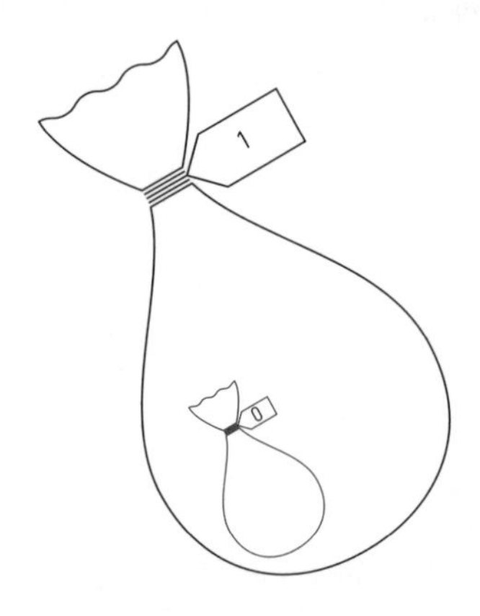


이제는 대상이 두 개 들어 있는 주머니를 만들어야 한다. 그런데 사실 우리 바로 앞에 두 개의 대상이 놓여 있다. 〈0 주머니〉와 〈1 주머니〉다. 그럼 이 두 가지가 들어 있는 주머니를 만들고 그 위에 큼직하게 〈2〉라고 써놓자.

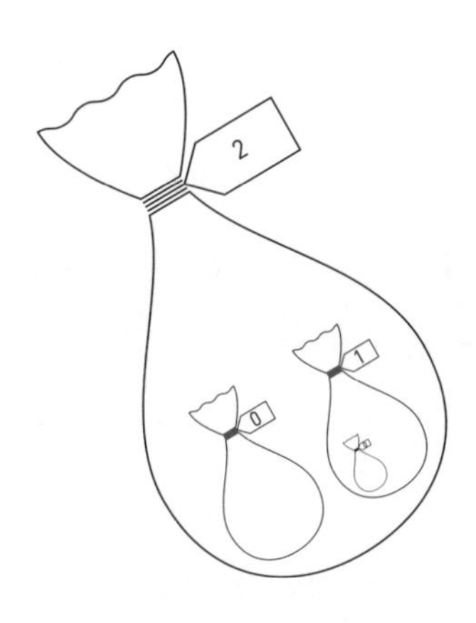


여기서 헷갈리기 쉽다. 2 주머니에 주머니가 총 3개 들어 있는 것이 아니냐고 따지고 싶은 사람도 있을 것이다. 하지만 당신은 안쪽 주머니들의 내부를 들여다볼 수 없다. 그냥 이 주머니들을 각각 하나의 대상으로 보고 그 안에 무언가가 들어 있을지 모른다는 사실은 무시해야 한다. M&M 초콜릿 중에는 큰 봉지 안에 다시 작게 포장된 봉지가 들어 있는 제품이 있다. 이 경우에는 각각의 소포장 안에 들어 있는 초콜릿을 세지 않고 큰 주머니 안에 들어 있는 소포장 봉지의 숫자만 셀 수 있다.

여기 3 주머니 그림이 있다.

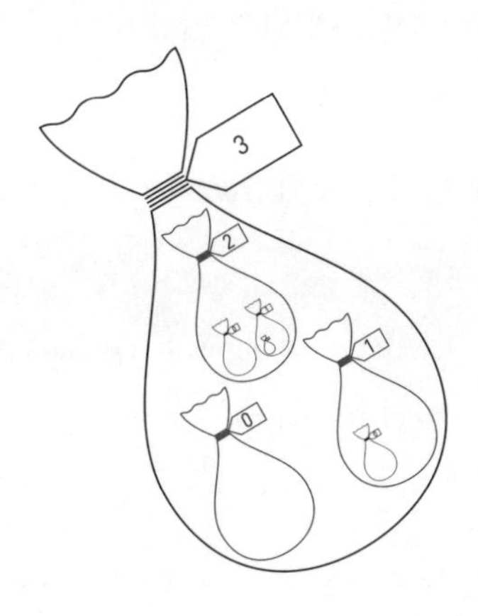


초콜릿 얘기가 나온 김에 한마디 하면, 주머니를 자갈이나 동전처럼

더 실용적인 대상으로 채우지 않는 이유가 무엇인지 궁금할지도 모르겠다. 그 해답은 이런 대상이 셈을 하기에는 더 실용적인지는 모르나 수학의 추상 세계에는 이런 것이 존재하지 않기 때문이다. 여기서 우리에게 주어진 출발점은 주머니, 즉 집합밖에 없다. 따라서 이 집합의 개념만을 이용해서 수학 세계 전체를 구축해야 한다. 이것이 바로 집합론이라고 하는 접근 방식이다. 수학의 토대에 접근하는 다른 방식들도 존재하지만 무한을 엄격하게 정의하는 방법을 제시해 준 것이 바로 이 집합론이다.

일단 0개의 대상, 1개의 대상, 2개의 대상, 3개의 대상 등등이 들어 있는 〈공식〉 주머니를 확보했으니 다른 주머니에 대상이 얼마나 많이 들어 있는지 세려면 이 새로운 주머니에 든 대상과 공식 주머니에 든 대상을 짝지어 보면 된다. 이 대상들을 짝지을 때는 신중해야 한다.

① 새로운 주머니에 든 모든 대상은 각각 공식 주머니 속에 있는 대상 하나와 짝이 맞아야 한다.
② 새로운 주머니 안에 들어 있는 대상 두 개가 공식 주머니 속 대상 하나와 짝을 지을 수는 없다.
③ 공식 주머니에 든 대상을 빠짐없이 모두 이용해야 한다.

이것은 「댄싱 위드 더 스타Dancing with the Stars」에서 프로 댄서들을 명사들과 짝지어 주는 것과 비슷하다.

① 모든 명사를 한 명의 프로 댄서와 짝지어 주어야 한다.
② 한 명이 넘는 명사를 한 명의 프로 댄서와 짝지을 수는 없다.

③ 프로 댄서를 남김 없이 모두 이용해야 한다.

이렇게만 하면 명사들의 수가 프로 댄서들의 수와 같다는 것을 확인할 수 있다. 반면 명사 두 명을 한 명의 프로 댄서와 짝지을 수 있게 하면 명사의 수가 프로 댄서보다 많을 수 있고, 프로 댄서 중에 사용되지 않는 사람이 있다면 프로 댄서가 명사보다 많을 수 있다. 물론 꼭 그렇다고 할 수는 없다. 명사와 프로 댄서의 수가 같지만 명사 두 명을 한 명의 프로 댄서와 짝지어 주고, 프로 댄서 한 명은 아무것도 안 하고 앉아만 있을 수도 있다. 이것을 그림으로 확인하면 좀 더 분명해진다.

| | | |
|---|---|---|
| 토머스 에번스 | ⟶ | 이베타 루코시우트 |
| 캐럴라인 플리체 | ⟶ | 트리스탄 맥매누스 |
| 앨리슨 해먼드 | ⟶ | 알하츠 스코야넥 |
| 스콧 밀스 | ⟶ | 조앤 클리프턴 |
| 레이철 스티븐슨 | ⟶ | 케빈 클리프턴 |
| 시몬 웨브 | ⟶ | 크리스티나 리하노프 |
| 마크 라이트 | ⟶ | 캐런 하우어 |
| | | 트렌트 위든 |

이 그림을 보면 모든 명사들이 정확히 한 명의 프로 댄서들과 짝이 지어졌지만 프로 댄서 한 사람 트렌트 위든은 파트너가 없는 것을 알 수 있다. 따라서 일일이 세어 보지 않아도 이 목록에 나열된 명사들보다 프로 댄서의 숫자가 더 많다는 결론을 내릴 수 있다.

하지만 트렌트 위든은 여전히 파트너가 없는 상태에서 몇몇 명사들이 모두 캐런 하우어 한 명과 짝지어진다면 직접 세어 보지 않고는 명사가 많은지, 프로 댄서가 많은지 알아내기 어려울 것이다.

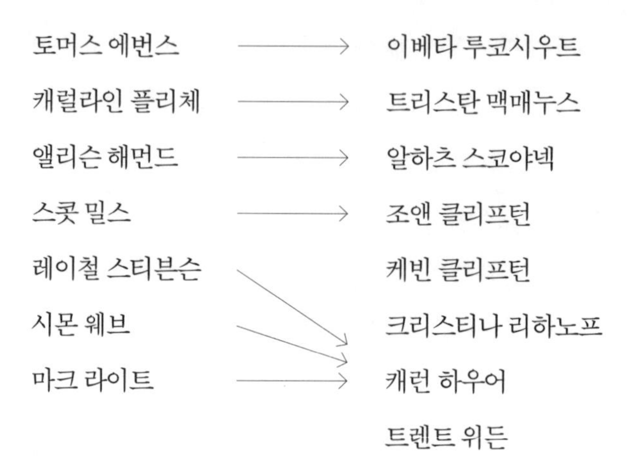


이렇게 대상들을 짝지으는 것을 수학에서는 함수function라고 부른다. 당신에게 두 개의 집합이 있다고 해보자. 명사로 이루어진 집합은 C(celebrity), 프로 댄서로 이루어진 집합은 P(Pro)라고 부르자. 집합 C에서 집합 P로의 함수가 성립하려면 위에 나온 첫 번째 조건을 만족시키면서 집합 C에 있는 대상들을 집합 P의 대상으로 짝지을 수 있어야 한다. 그 첫 번째 조건이란 바로 C에 있는 모든 대상이 집합 P에 정확히 하나씩 파트너를 갖는다는 것이다.

그 나머지 조건들은 특별한 함수만 만족시키는 특별한 속성들이다. 〈한 명이 넘는 명사를 한 명의 프로 댄서와 짝지을 수는 없다〉라는 두 번째 조건을 만족시키면 〈단사injectivity〉라고 한다. 그리고 〈프로 댄서를 남김 없이 모두 이용해야 한다〉라는 세 번째 조건을 만족시키면 〈전사surjectivity〉라고 한다. 이 세 가지 조건을 모두 만족시킬 때 이것을 한쪽의 모든 사람이 각각 반대쪽의 한 사람과 남김 없이 모두 정확하게 짝이 지어지는 완벽한 일대일 짝짓기로 생각할 수 있다. 그 누구도 한 명이 넘는 사람과 파트너가 되지 않고, 남는 사람도 없다. 그럼 이런 그림이 나올 것이다.

| | | |
|---|---|---|
| 토머스 에번스 | ⟶ | 이베타 루코시우트 |
| 캐럴라인 플리체 | ⟶ | 트리스탄 맥매누스 |
| 앨리슨 해먼드 | ⟶ | 알하츠 스코야넥 |
| 스콧 밀스 | ⟶ | 조앤 클리프턴 |
| 레이철 스티븐슨 | ⟶ | 케빈 클리프턴 |
| 시몬 웨브 | ⟶ | 크리스티나 리하노프 |
| 마크 라이트 | ⟶ | 캐런 하우어 |

이것을 전문 용어로는 전단사 함수bijection function 혹은 전단사라고 한다.

〈두 명의 프로 댄서를 한 명의 명사와 짝지을 수는 없다〉, 〈명사를 모두 이용해야 한다〉 같은 추가적인 조건이 왜 필요하지 않은지 궁금해졌을지도 모르겠다. 이런 조건은 함수의 정의 그 자체인 첫 번째 조건에 모두 내재되어 있기 때문이다. 함수에서와 마찬가지로 「댄싱 위드 더 스타」에서도 명사와 프로 댄서들은 서로 다른 역할을 담당한다. 이것을 다른 방식으로 생각해서 자판기와 비슷하다고 생각할 수도 있다. 왼쪽에 있는 대상들은 당신이 제품을 선택할 때 누르는 버튼이다. 그리고 오른쪽 대상들은 당신이 구입할 수 있는 제품이다. 버튼 몇 가지가 모두 똑같은 제품과 연결되어 있을 수는 있다. 실제로 음료수 자판기를 보면 아무 버튼이나 눌러도 모두 콜라가 나오는 경우가 있다. 하지만 똑같은 버튼을 눌렀는데 서로 다른 제품이 나올 수는 없다. 그럼 어떤 제품이 나올지 확신할 수 없어서 황당스러울 것이다. 물론 이런 종류의 자판기도 만들려면 만들 수 있지만 우리가 지금 얘기하려는 것과는 종류가 달라진다.

대상들을 짝짓는 이런 개념이 뒤에서 무한의 정당한 정의를 처음으로 제시해 줄 것이기 때문에 좀 더 수학적인 상황에서 이것이 어떻게 작동하는지 살펴보도록 하자. 함수에 대한 이야기를 전문적으로 들어가면 아주 건조하지만, 이것을 짝짓기 그림으로 그려 볼 수도 있다. 그림을 이용하면 상황이 어떻게 돌아가는 것인지 느낌을 잡는 데 도움이 된다. (물론 전문적인 접근 방식은 건조하기는 해도 애매모호한 부분을 걷어 내고 실수하지 않게 막아 주기 때문에 수학자 입장에서는 훨씬 낫다. 안타깝게도 수학은 느낌보다는 그냥 건조한 내용을 이용해야만 설명될 때가 종종 있다.)

* 여기 「댄싱 위드 더 스타」 사례와 아주 비슷한 짝짓기 그림이 있다. 하지만 여기서는 사람 대신 숫자가 등장한다.

$$\begin{array}{ccc} 1 & \longrightarrow & 4 \\ 2 & \longrightarrow & 8 \\ 3 & \longrightarrow & 12 \\ & & 16 \end{array}$$

좀 더 정확히 표현하자면 C는 1, 2, 3을 포함하는 집합이다.

P는 4, 8, 12, 16을 포함하는 집합이다.

이 함수는 집합 C에 들어 있는 각각의 수를 취해서 그 값의 4배가 되는 수와 짝을 짓는다. 따라서 1은 4와, 2는 8과, 3은 12와 짝지어진다. 하지만 16은 아무 일도 하지 않고 그냥 앉아 있다. 이 함수는 세 번째 조건을 충족하지 않는다. 즉, 전사 함수가 아니다. 앞의 사례에 나온 트렌트 위든처럼 16이 파트너가 없는 것에서 이 부분을 확인할 수 있다.

* 여기 두 명의 〈명사〉가 한 명의 〈프로〉와 짝지어지는 사례가 있다.

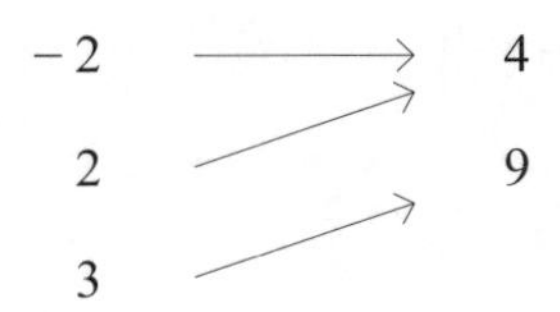


C는 −2, 2, 3을 포함하는 집합이다.

P는 4와 9를 포함하는 집합이다.

함수는 C에서 수를 취해서 그 제곱이 되는 값과 짝을 지어 준다. 따라서 −2는 4와, 2 역시 4와, 그리고 3은 9와 짝지어진다. 여기서는 −2와 2가 모두 P의 똑같은 대상과 짝지어졌다. 따라서 이 함수는 두 번째 조건을 충족하지 않는다. 즉 단사 함수가 아니다. 두 개의 화살표가 같은 곳을 향하고 있는 것에서 이 부분을 확인해 볼 수 있다.

* 여기 〈명사〉와 〈프로 댄서〉가 완벽하게 짝이 맞는 사례가 있다.

1 ⟶ 5

| | | |
|---|---|---|
| 2 | ⟶ | 6 |
| 3 | ⟶ | 7 |

C는 1, 2, 3을 포함하는 집합이다.

P는 5, 6, 7을 포함하는 집합이다.

함수는 C에서 수를 취해서 그보다 4가 큰 수와 짝지어 준다. 따라서 1은 5와, 2는 6과, 3은 7과 짝지어진다. 두 개의 화살표가 한곳을 가리키는 경우가 없고, 오른쪽 수 중에 할 일 없이 노는 수가 없음을 알 수 있다. 이 경우 C와 P의 수들이 완벽하게 짝이 맞다. 이것은 각각의 집합에 분명 똑같은 수의 대상이 들어 있다는 의미다. 손가락과 뱀을 짝지었을 때처럼 말이다.

* 이번에는 조금 용기를 내서 이것을 일부 무한 집합에 적용해 보자.

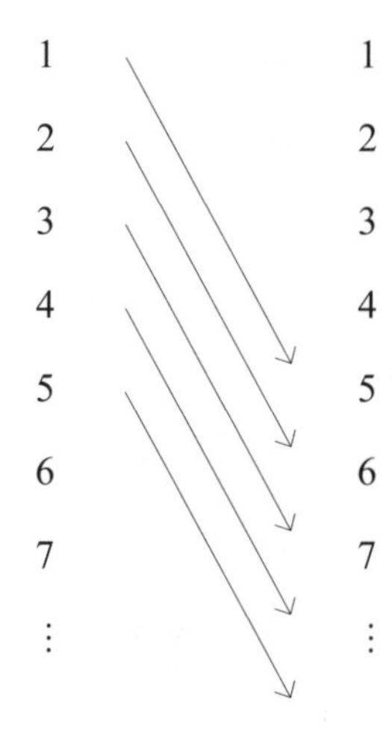


여기서 C는 모든 자연수의 집합이다.

P도 역시 모든 자연수의 집합이다.

함수는 C에서 수를 취해 P에서 그보다 4만큼 큰 수와 짝지어 준다. 위에 나온 마지막 예제와 같다. C에 들어 있는 두 수가 P에서 똑같은 수와 짝지어지는 경우가 없다는 것은 여전하지만 이번에는 P에 든 몇몇 수가 짝 없이 남는다. 바로 1, 2, 3, 4다. 따라서 이 함수는 단사 함수지만 전사 함수는 아니다.

* 여기 모든 자연수를 짝수하고만 짝짓는 함수가 있다. 힐베르트 호텔의 모든 투숙객들에게 방 번호를 2배로 올려서 방을 옮기도록 했을 때와 비슷한 상황이다.

$$
\begin{array}{ccc}
1 & \longrightarrow & 2 \\
2 & \longrightarrow & 4 \\
3 & \longrightarrow & 6 \\
4 & \longrightarrow & 8 \\
5 & \longrightarrow & 10 \\
6 & \longrightarrow & 12 \\
7 & \longrightarrow & 14 \\
\vdots & & \vdots
\end{array}
$$

C는 모든 자연수의 집합이다.

P는 모든 짝수 자연수의 집합이다.

함수는 C에서 각각의 수를 취해서 거기에 2를 곱한 수와 짝지은다. 두 개의 화살표가 같은 곳을 가리키는 경우가 없고, P에 든 모든 수가 사용되고 있다. 따라서 이것은 또 하나의 완벽한 일대일 짝짓기다.

* 이번에는 2층짜리 힐베르트 호텔 사람들을 1층짜리 힐베르트 호텔로 대피시키는 경우와 비슷한 사례를 살펴보자. 〈명사〉 쪽의 빨간 수와 파란 수, 그리고 〈프로 댄서〉 쪽의 보라색 수에서 시작한다.

| 빨강 | 파랑 | | 보라 |
|---|---|---|---|
| | 1 | ⟶ | 1 |
| 1 | | ⟶ | 2 |
| | 2 | ⟶ | 3 |
| 2 | | ⟶ | 4 |
| | 3 | ⟶ | 5 |
| 3 | | ⟶ | 6 |
| | 4 | ⟶ | 7 |
| 4 | | ⟶ | 8 |
| ⋮ | | | ⋮ |

이제 C는 자연수가 두 벌 들어 있는 집합이다. 모든 자연수가 빨간색과 파란색으로 두 개씩 들어 있다.

P는 모든 자연수가 보라색으로 하나씩만 들어 있는 집합이다.

이 함수는 2층짜리 힐베르트 호텔 투숙객들을 1층짜리 호텔로 대피시킬 때의 공식과 아주 비슷하게 작동한다. 빨간색 수 $n$은 보라색 수 $2n$과 짝짓고, 파란색 수 $n$은 보라색 수 $2n-1$과 짝짓는다. 그림을 보면(호텔에 대해 다루었던 내용에서도) 이것이 두 가지 조건을 모두 충족하는 것을 알 수 있다. 두 개의 화살표가 똑같은 보라색 수를 가리키는 경우가 없고, 보라색 수가 빠짐없이 모두 이용되고 있다. 따라서 이 함수 역시 완벽한 일대일 짝짓기다.

앞에 나온 몇 가지 그림들은 무한 집합들을 어떻게 짝지을 수 있는지 보여 주고, 무한 집합이라도 완벽한 일대일 짝짓기에 실패할 수 있음을 보여 주었다. 앞에서 완벽한 일대일 짝짓기가 이루어지면, 즉 두 집합 사이에 전단사 함수가 존재하면 두 집합에 속한 대상의 수가 같음을 확인할 수 있다고 말했다. 명사들을 프로 댄서들과 정확하게 일대일로 짝지을 수 있다면 굳이 한 명씩 다 세볼 필요 없이 두 집단에 속한 사람의 수가 같다는 것을 알 수 있다. 바로 여기에 기발한 아이디어가 담겨 있다. 즉, 일일이 하나씩 셀 필요가 없기 때문에 이 원리를 무한 집합에도 그대로 적용할 수 있고, 이것이 바로 무한의 정체를 파헤치는 열쇠라는 것이다. 이것이 바로 가산성이라는 수학적 개념이다.

## 가산성

셈을 하는 법이라고 하면 어린아이들이나 하는 행동처럼 들린다. 분명 모두들 아주 일찍부터 세는 법을 배울 것이다. 하지만 그렇다고 모든 것을 쉽게 셀 수 있다는 의미는 아니다. 일상에서도 여러 가지 다양한 이유로 세기 어려운 경우가 생긴다. 운동장에서 뛰어노는 아이들이나 들판에 풀어놓은 토끼들처럼 정신없이 움직이는 바람에 세기 어려울 수도 있다. 아니면 나무에 달린 이파리처럼 생긴 것이 다들 하도 비슷해서 어느 것을 셌는지, 안 셌는지 헷갈릴 수도 있다. 아니면 모래 알갱이처럼 너무 작거나 너무 많아서 세기 어려울 수도 있다. 당신은 수를 어디까지 세어 봤는가? 나는 이백을 넘긴 적이 있었는지 확신이 서지 않는다. 한번은 잠이 오지 않아 머릿속으로 양을 세어 본 적이 있다(다른 방법이 다 소용이 없어서 밑져야 본전이라는 생각으로 해봤다). 하지만 그때도 이백을 넘기지는 못한 것 같다. 잠이 오기도 전에 세는 것이 먼저 지겨워져 버렸다.

일상생활에서는 분명 무한을 셀 수는 없다. 그저 지겨워서만은 아니다. 무한까지 도달할 방법이 아예 없기 때문이다. 하지만 수학에서는 센다는 것이 〈하나, 둘, 셋, 넷……〉 이렇게 큰 소리로 수를 소리 내어 읽는다는 의미가 아니다. 수학에서 센다는 것의 의미는 당신이 세는 대상들을 공식 수 주머니official number bag 속 대상들과 짝을 지어 본다는 의미다. 그 핵심을 정리하면 다음과 같다.

* 1의 공식 수 주머니에는 1개의 대상이 들어 있다: 0 주머니
* 2의 공식 수 주머니에는 2개의 대상이 들어 있다: 0 주머니와 1 주머니
* 3의 공식 수 주머니에는 3개의 대상이 들어 있다: 0 주머니, 1 주머니, 2 주머니

이제 $n$ 주머니를 만드는 법을 알았으니 $n+1$ 주머니를 만들 수도 있다. 그냥 0 주머니, 1 주머니, 2 주머니…… 이런 식으로 $n$ 주머니까지 가져다가 공식 주머니에 모두 담는 것이다.

우리는 지금 여기서 한 수에서 다음 수로 넘어가는 방식, 즉 1을 더해 나가는 방식을 새로 정의했다. 이것을 〈기존의 모든 주머니를 새로운 큰 주머니에 넣는 것〉으로 정의했다. 이 시점에서 드르르르 드럼 연타 소리

정도는 울려 줘야 옳다. 우리는 방금 무한으로 들어가는 열쇠를 손에 쥐었고, 이제 그 열쇠로 비밀의 문을 여는 일만 남았기 때문이다. 그 방법은 다음과 같다.

우리는 모든 자연수 주머니를 정의했다. 그리고 기존의 모든 주머니를 하나의 새로운 대형 주머니에 집어넣는 과정을 계속해서 이어 나갈 것이다. 이 초대형 주머니에는 얼마나 많은 주머니가 들어 있을까? 모든 자연수마다 주머니가 하나씩 있으니, 무한히 많은 주머니가 들어 있다.

우리는 무한의 공식 수 주머니를 만들었다.
이것은 모든 자연수 주머니가 들어 있는 주머니다.

아니면 우리가 무한의 공식 수 주머니를 하나 만들어 냈다고 해야 할 것 같다. 이 주머니에는 무한히 많은 대상이 들어 있고, 그 각각의 대상에는 자연수로 딱지가 붙어 있다. 우리는 어떤 무한은 이 무한보다 더 크다는 것을 곧 보게 될 것이다. 대체 그것이 무슨 의미일까?

몇 번에 걸쳐 〈무한까지 세는 것〉에서 시작해 보자. 기억하자. 이것은 실제로 모든 자연수를 크게 소리 내어 말하며 세는 것이 아니다(인생은 그리 길지 않다). 이것은 전단사 함수를 이용해서 세려는 대상들을 우리의 무한의 공식 수 주머니의 대상과 짝을 지어 본다는 의미다. 사실 우리는 이미 힐베르트 호텔을 이용해서 몇 번 이것을 해보았다. 대상들을 무한의 수 주머니 속의 대상들과 짝지어 보는 것은 사람들을 정상적인 1층짜리 힐베르트 호텔로 대피시키는 것과 똑같은 과정이다. 두 사람을 한방에 대피시킬 수 없고, 빈방을 남겨 놓고 싶지도 않다.

2장에서 우리는 다양하게 투숙객들을 대피시켜 보았다. 그리고 2층짜리, 3층짜리, 심지어는 무한 층의 호텔 투숙객들도 대피시킬 수 있음을 확인했다. 사람들을 실제로 대피시키는 대신 이 투숙객들을 우리의 무한의 수 주머니 속의 대상과 짝 맞추기가 가능한지 확인해 볼 수도 있었을 것이다. 이것이 〈가산성〉이라는 수학적 개념이다. 무한 집합 속에 들어 있는 대상들이 우리의 무한의 공식 수 주머니의 대상들과 짝이 맞을 때 그 무한 집합을 〈가산성〉이 있다고 한다. 하지만 공식 수 주머니에 들어 있는 대상은 그냥 자연수다. 따라서 지금 하는 말의 의미는 무한 집합의 대상들이 자연수와 짝이 맞을 때, 혹은 공식적으로 표현하면, 자연수에 대한 전단사 함수가 성립할 때 그 무한 집합을 가산성이 있다고 부른다는 것이다. 이런 종류의 무한 집합을 가산 무한countably infinite이라고 한다. 그렇다. 뒤에서 불가산 무한uncountably infinite 집합도 살펴볼 것이다.

이제 무한에도 서로 다른 유형이 존재한다는 힌트를 얻었으니 무한을 쓰는 방법에 대해 좀 더 신중해질 필요가 있다. ∞이라는 기호는 그냥 유한이 아닌 모든 것을 뭉뚱그려 의미하는 옛날 기호다. 하지만 지금 우리는 무한의 개념을 아주 구체적으로 밝혔다. 여기서 말하는 무한은 모든 자연수를 포함하는 무한의 공식 수 주머니와 대응한다는 의미다. 수학자들은 이것을 그리스어 알파벳 마지막 글자인 $\omega$(오메가)라 부른다. 하지만 $\omega$는 그보다 점점 더 커지는 일련의 무한에서 시작에 불과하다.

## 놀랍게도 가산인 집합

한편으로는 그 무엇도 무한보다 클 수는 없다는 생각이 들 수 있다. 그리고 또 한편으로는 자연수로 이루어진 거대한 주머니에 무언가를 조금 더 집어넣으면 더 큰 주머니가 되지 않을까 싶기도 하다. 이 시점에서 우리는 〈더 많다〉, 〈더 적다〉라는 직관적 개념을 진지하게 다시 생각해 볼 필요가 있다. 무한과 관련된 영역에서는 상황이 그렇게 돌아가지 않기 때문이다. $\omega$ 주머니와 짝을 맞출 수 없는 무한 집합을 찾아내려 해도 막상 해보면 그리 쉽지 않다. 이러면 주머니가 더 커지겠지 싶어 온갖 일을 해보아도 여전히 가산으로 남아 있다.

모든 자연수의 집합을 가져다가 거기에 다른 것, 이를테면 코끼리를 한 마리 집어넣어 〈더 크게〉 만들어 보자. 이제 이것이 가산인지 확인하고 싶다. 이 대상들을 자연수와 정확하게 짝지을 수 있을까?

첫 번째 집합에 들어 있는 모든 자연수를 자기 자신과 짝지어 볼 수도 있다. 하지만 그럼 코끼리는 어디로 가야 할까? 이것은 별로 좋은 계획이 아니다. 대신 코끼리를 1과 짝지어 주고, 다음에는 모든 수를 자기보다 1 큰 수와 짝지어 준다. 그럼 1은 2와 , 2는 3과, 이런 식으로 짝이 지어진다. 이렇게 하면 코끼리를 비롯해서 모든 것을 자연수와 짝지어 줄 수 있다. 그리고 공식 주머니 안의 모든 자연수가 사용된다.

이것은 힐베르트 호텔에 새로운 손님이 도착했을 때 나머지 모든 투숙객들에게 방을 한 칸씩 옮기라고 했던 상황과 아주 흡사하다. 그리고 이것이 의미하는 바는 무한 집합에 대상을 하나 더 추가한다고 해도 실제로는 더 이상 커지지 않는다는 것이다. 이것은 무한에 대해 직관적으로 이해하고 있는 기본 내용 중 하나다. 즉 〈무한 더하기 1은 무한이다〉. 이제 우리는 이것을 엄격하게 수학적으로 이해했다.

2층짜리 힐베르트 호텔은 자연수가 두 벌 들어 있다. 그리고 우리는 이미 이것이 자연수에 대해 전단사 함수 관계임을 입증해 보였다. 이것이 의미하는 바는 두 개의 가산 무한 집합을 합쳐도 거기서 나오는 거대한 집합은 여전히 가산 무한이라는 것, 즉 여전히 더 커지지 않는다는 것이다. 이렇게 해서 우리는 〈2 곱하기 무한은 무한이다〉라는 사실도 이해하게 됐다.

무한 초고층 힐베르트 호텔은 자연수의 집합이 가산 무한 개 모여 있는 것이다. 그럼에도 우리는 여전히 그 안에 들어 있는 모든 투숙객을 1층짜리 힐베르트 호텔로 대피시킬 수 있었다. 이것은 가산 무한 집합이 가산 무한 개만큼 있어도 실제로는 여전히 더 커지지 않는다는 것이다. 이로써 〈무한 곱하기 무한은 무한이다〉라는 사실도 이해하게 됐다.

실제로는 존재할 수 없는 호텔에 대해 생각하는 대신 다른 종류의 수에 대해 생각해 볼 수도 있다. 정수는 어떨까? 정수는 양수와 음수가 있기 때문에 기본적으로 자연수보다 두 배 크다. 분명 정수는 자연수보다 많지 않을까? 하지만 양수의 방 번호뿐만 아니라 음수의 방 번호도 있는 힐베르트 호텔이 있다고 해도 그 투숙객들을 마찬가지로 1층짜리 힐베르트 호텔로 대피시킬 수 있다. 우리가 이미 다룬 바 있던 2층짜리 힐베르트 호텔보다 조금도 어려울 것이 없기 때문이다. 이 경우는 2층 대신 음수의 방 번호가 붙었을 뿐이다. 마치 본관과 별관이 따로 있는 호텔처럼 말이다.

유리수는 어떨까? 유리수라면 당연히 자연수보다는 많지 않을까? 유리수는 수직선 위에 아주 촘촘히 자리잡고 있으니까 말이다. 하지만 사실은 유리수로 방 번호가 붙은 힐베르트 호텔이 있다고 해도 여전히 투숙객 대피가 가능하다. 다만 과정이 조금 복잡하고 몇 단계에 걸쳐 이루어질 뿐이다.

무엇보다도 우선 모든 유리수는 $\frac{a}{b}$(여기서 $a$와 $b$는 정수이고, $b$는 0이 아니다)로 적을 수 있음을 기억하자. 이제 양의 유리수를 다루는 것에서 시작해 보자. 먼저 방 번호 $\frac{a}{b}$에 있는 손님을 무한 초고층 호텔의 $b$층 $a$번 방으로 보내 모든 사람을 대피시킬 것이다. 우와, 똑똑한 걸? 그리고 이어서 이 무한 초고층 호텔에서 1층짜리 호텔로 다시 대피시킬 수 있다. 그럼 음수 방 투숙객들은? 이 사람들은 또 다른 무한 초고층 호텔로 대피시킨 다음, 거기서 다시 1층짜리 호텔로 대피시킨다. 그럼 1층짜리 무한 호텔 2개의 문제로 돌아왔다. 이 사람들을 어떻게 하나의 호텔로 대피시킬지는 너무 잘 알고 있다. 이것은 새로운 문제를 우리가 이미 해법을 아는 기존의 문제로 전환하는 전형적인 수학 과정에 해당한다.

유리수 호텔에서 무한 초고층 호텔로 이동할 때 초고층 호텔의 방 일부가 빈 방으로 남게 된다는 것을 눈치챘을지도 모르겠다. 예를 들어 $\frac{1}{2}$은 $\frac{2}{4}$와 같은 값이다. 따라서 일단 $\frac{1}{2}$방의 손님을 2층 1번 방으로 옮기고 나면 4층 2번 방으로 보낼 사람이 없다. 우리 함수가 전단사 함수가 아니라는 의미다. 하지만 사실 단사 함수이기만 하면 이것은 문제가 되지 않는다. 즉 모든 사람을 자기 방으로 대피시킬 수만 있다면 방이 일부 비어도 문제가 없다는 말이다. 나중에 언제라도 모든 투숙객들의 방 번호를 앞당겨 빈방을 채울 수 있다.

결국 정수와 유리수는 자연수보다 당연히 많을 것 같은데도 그렇지 않다. 하지만 그렇다고 모든 무한 집합의 크기가 다 똑같다는 의미는 아니다. 우리가 아직 실수가 얼마나 많이 존재하는지 살펴보지 않았음을 눈치챈 사람도 있을 것이다. 주머니에 유리수와 아울러 무리수까지 함께 집어넣으면 어떤 일이 생길까? 그제야 비로소 우리는 더 많은 대상을 갖게 된다. 다음 장에서는 이것을 이용해서 〈어떤 것은 다른 것보다 더 무한하다〉는 말이 안 되어 보이는 주장을 정당화할 것이다.

당신은 하얀 포말을 일으키며 소용돌이치는 강물을 보면 뗏목을 찾아 물 위로 뛰어들고 싶은 욕구를 느끼는가? 나는 진짜 강물이라면 그런 욕구를 느끼지 않겠지만 그것이 소용돌이치는 수학의 강이라면 그런 욕망을 느낀다. 내 몸이 실제로 이리저리 치이는 것은 별로 좋아하지 않지만 처음에는 불가능해 보이는 무언가를 이해하기 위해 몸부림치며 머리가 핑글핑글 돌아가는 느낌은 좋아한다. 무언가가 다른 것보다 더 무한하다는 사실은 하얀 포말을 일으키며 머리를 핑글핑글 돌게 만드는 수학의 강물의 한 줄기다. 이제 우리는 그 물결에 뛰어들 준비가 됐다.

# 6. 무한보다 더 큰 무한

아이들은 가끔 이런 식으로 말다툼을 한다.

「내 말이 맞아.」

「내 말이 더 맞아.」

「내 말이 백 배 더 맞아.」

「내 말이 만 배 더 맞아.」

「내 말이 억 배 더 맞아.」

「내 말이 무한 배 더 맞아!」

「내 말이 무한의 두 배 더 맞아!」

「내 말이 무한 제곱 배 더 맞아!」

하지만 우리는 〈무한의 두 배〉는 무한보다 전혀 크지 않으며, 무한에 무한을 곱한 무한 제곱도 무한보다 크지 않다는 것을 알아냈다. 그럼 마지막에 가서는 이 두 아이가 자기가 상대방보다 조금도 더 맞지 않다고 주장하고 있는 셈이 된다. 어느 한쪽이 자기가 무한 배 더 맞다고 주장했을 때 이 말싸움에서 상대방을 물리칠 수 있는 다른 방법이 없을까?

있다. 상대방의 무한보다 더 무한한 무한만 찾아내면 된다! 이제 자연수보다 더 무한할 수 있는 두 가지 방법을 살펴보자. 첫 번째 방법은 무리수를 세는 과정이 수반된다.

## 무리수가 유리수보다 많다

세상에는 이성적인 사람rational people보다는 비이성적인 사람irrational people이 더 많다. 아마 그럴 것이다. 사실 대부분의 사람은 살짝 비이성적이다. 내가 보기에는 이것이야말로 사람이 컴퓨터가 아닌 사람인 중요한 측면인 듯싶다. 평생 한 치도 어긋남이 없이 완벽하게 논리적으로 살기는 정말이지 어렵다. 감정은 이성적이지 않다. 입맛도 이성적이지 않다. 분명 당신도 다른 것보다 더 좋아하는 음식이 있을 것이다. 이런 것이 이성적으로 설명되는 경우도 있다. 예를 들어 내가 매운 고추를 싫어하는 이유는 입이 맵기 때문이다. 하지만 내가 계피를 싫어하는 이유는 무엇일까? 나로서도 알 수 없다. 그냥 싫다. 사람들은 이런 얘기를 들으면 완전히 비이성적인 일인 양 반응할 때가 많다. 솔직히 고백하면 나도 초콜릿을 싫어하는 사람을 보면 이런 반응이 나온다. 일단 이런 반응이 나오고 나서야 그것은 순전히 개인의 취향일 뿐이며 나처럼 계피를 싫어하는 사람보다는 초콜릿을 싫어하는 사람이 더 많다는 사실을 떠올린다. 어쨌거나 당신은 완전히 비이성적인 사람은 아니더라도 분명 완벽하게 이성적인 사람은 아닐 것이다. 우리가 일상적으로 사용하는 이런 단어는 수학에서 쓰는 단어에 비해 애매한 구석이 많다. 사실 수학의 목적 중 하나가 바로 이런 애매한 구석을 없애는 것이다. 물론 실제 세상에서 없앤다는 이야기는 아니다. 이것은 가능하지도, 바람직하지도 않다. 정체야 어찌 되었든 우리가 지금 생각하고 있는 그런 세상에서 없앤다는 이야기다.

무리수도 유리수보다 세상에 더 많다. 사실 무작위로 걸린 한 수가 유리수이기는 꽤 어렵다. 어떤 수가 두 정수의 비율로 표현될 수 있다는 것은 정말 기가 막힌 우연이다. 이게 무슨 말도 안 되는 소리인가 싶을 것이다. 아마도 내가 수학적으로 가능성이 높은 것을 사람의 입장에서 접할 가능성이 높은 것과 구분하고 있어서 그런 생각이 들었을 것이다.

만약 누군가가 길거리에서 당신을 붙잡고 어떤 수를 생각해 보라고 하면 당신은 거의 분명히 유리수를 생각해 낼 것이다. 아마도 양의 정수를 생각해 낼 가능성이 크지 않을까 싶다(물론 〈π〉라고 대답하는 사람도 있겠지만). 하지만 그렇다고 다른 유형의 수보다 양의 정수가 더 많아서 그런 것은 아니다. 그저 사람의 뇌가 그런 수에 더 익숙해서 그쪽으로 기우는 것이다. 어쨌거나 결국 이런 수는 〈자연수〉라고 불리게 됐다.

하지만 내가 지금 당신에게 당신이 고른 수를 반지름(센티미터 단위라고 해두자)으로 해서 원을 그려 보라고 하면, 그 원의 면적은 거의 분명히 무리수일 것이다. 반지름이 $r$인 원의 면적은 $\pi r^2$임을 명심하자. $\pi$는 확실히 무리수다. 따라서 지름이 정수나 유리수인 경우 그 원의 면적은 무리수가 나올 수밖에 없다.

유리수와 무리수를 곱하면 무리수가 나온다. 그와 마찬가지로 유리수와 무리수를 더해도 무리수가 나온다. 하지만 무리수와 무리수를 곱하면 양쪽 모두 나올 수 있다. 예를 들어 $\sqrt{2}\times\sqrt{2}=2$다. 2는 유리수다.

원의 면적을 유리수로 만들어 줄 원의 반지름을 생각할 수 있겠는가? 공식에 얼굴을 내밀고 있는 짜증 나는 $\pi$를 어떻게 없앨 수 있을까? 어떻게든 저 $\pi$를 지워야 할 것이다. 만약 반지름 $r$을 $\frac{1}{\sqrt{\pi}}$로 잡으면 $\pi r^2$이 다음과 같이 깔끔하게 정리된다.

$$\pi \times \left(\frac{1}{\sqrt{\pi}}\right)^2 = 1$$

하지만 내가 당신을 길거리에서 붙잡아 세우고 수를 하나 생각하라고 했을 때 당신이 $\frac{1}{\sqrt{\pi}}$이라고 대답할 것 같지는 않다(지금 이렇게 얘기해 놓았으니 나중에는 이 값을 대답할지도 모를 일이지만).

면적이 다른 유리수 값으로 나오게 하려면 어떻게 해야 할까? 유리수는 $\frac{a}{b}$($a$와 $b$는 모두 정수이고, $b$는 0이 아니다)로 표현할 수 있는 수라는 것을 기억하자. 그럼 이 분수 값이 원의 면적이 나오게 만들어 보자. 반지름 $r$을 다음과 같이 놓으면

$$r = \sqrt{\frac{a}{\pi b}}$$

면적은 다음과 같이 나온다.

$$\begin{aligned} \pi r^2 &= \pi\left(\sqrt{\frac{a}{\pi b}}\right)^2 \\ &= \frac{\pi a}{\pi b} \\ &= \frac{a}{b} \end{aligned}$$

결론을 말하자면 이 세상에는 유리수보다 무리수가 어마어마하게 많다. 다만 우리 머릿속에서는 거의 항상 유리수가 맴돌고 있을 뿐이다. 하지만 이 주장에서는 아주 엄격한 표현을 사용하지는 않았다. 나는 애매하게 〈아마도〉, 〈거의 분명히〉, 〈어마어마〉 같은 표현을 사용했다. 수학에서는 종종 어떤 감 때문에 이런 애매한 언어를 사용하면서 시작할 때가 많다. 그리고 나중에야 이것을 논리적인 수학적 논증으로 갈고 닦기 시작한다. 이렇게 갈고 닦는 것이 바로 우리가 다음에 할 일이다.

## 많아도 너무 많은 무리수

이제 무리수를 세어 보려 한다. 다만 우리는 무리수의 정체가 무엇인지 직접 풀어서 말할 방법이 없다. 무리수는 무리수가 무엇이 아닌지를 통해서 정의된다. 실수 중에 유리수가 아닌 것이 무리수다. 실수의 정체가 무엇인지(15장까지는 조금 애매한 부분이 남아 있을 테지만), 유리수의 정체가 무엇인지는 말할 수 있다. 그렇다면 무리수를 직접 세기보다는 배제 과정을 통해 무리수를 세는 편이 더 낫겠다. 우리가 말하려는 바는 기본적으로 다음과 같다. 〈우와. 실수는 정말 많군. 그런데 유리수는 그렇게 많지 않아. 따라서 유리수를 모두 버려도 남은 무리수가 어마무지하게 많겠네.〉 다만 이것보다는 좀 더 정확하게(혹은 엄밀하게) 표현하겠다.

무리수가 불가산임을 보여 주는 대신 실수가 불가산임을 입증하려고 한다. 우리는 이미 다음과 같은 사실을 알고 있다.

① 유리수는 가산이다.

② 가산 집합 두 개를 합쳐도 또 다른 가산 집합이 나온다(2층짜리 힐베르트 호텔의 경우처럼).

이것으로 만약 무리수가 가산 집합이라면 실수 역시 가산 집합이어야 한다는 것을 알 수 있다. 하지만 우리는 실수가 가산 집합이 아니므로 무리수도 가산 집합이 될 수 없음을 입증할 것이다.

이것은 우성 유전자와 열성 유전자의 관계와 비슷하다. 불가산 집합인 것이 우성이고, 가산 집합인 것이 열성이라고 생각해 보자. 그럼 가산 집합과 불가산 집합을 하나로 묶으면 불가산 집합이 나온다. 불가산 집합이 우성이기 때문이다. 이제 가산 집합을 알 수 없는 집합(무리수)과 합칠 경우, 그 결과를 안다면 알 수 없는 집합이 어느 쪽인지 추론할 수 있게 된다.

| 유리수 | 만약 실수가 | 무리수는 |
|---|---|---|
| 가산 집합(아는 사실) | 가산 집합이라면 | 가산 집합이다 |
| | 불가산 집합이라면 | 불가산 집합이다 |

## 실수는 불가산이다

실수의 정체를 뭐라 꼬집어 말하기는 어렵지만 지금 당장은 존재 가능한 모든 소수decimal number이고, 이 소수는 반복되든, 반복되지 않든 소수점 아래로 숫자가 무한히 이어질 수 있다고 해보자(사실 모든 소수는 그 끝에 0을 계속 집어넣으면 영원히 이어진다. 보통은 귀찮아서 그 0을 생략하는 것뿐이다). 우리는 소수점 아래로 숫자가 무한히 이어지는 것에 대해 생각하는 데 익숙하지 않기 때문에 이것이 실수의 완벽한 정의가 아닌 이유를 파악하기가 어려울 수도 있다. 사실 14장에서 다룰 무한히 작은 것에 대해 생각하기 전에는 이 부분에 대해 이야기를 나누기가 어렵다.

우리는 게오르크 칸토어가 생각해 낸 기발한 방법을 이용해서 소수점 아래로 끝없이 이어지는 이 소수들의 집합이 불가산임을 입증해 보일 것이다. 이 방법을 지금은 칸토어의 대각선 논법diagonal argument이라고 한다. 사실 우리는 0과 1 사이의 실수가 그 자체로 불가산임을 입증할 것이다(우리의 관심을 이들 수로만 한정하면 논증이 훨씬 간결해진다).

이 질문을 다른 식으로 풀어 보자. 우리는 다시 한 번 거대한 호텔의 투숙객들을 대피시키는 것에 대해 생각해 볼 것이다. 2장에서 실수 호텔이라는 개념에 대해 언급했었다. 이 호텔은 모든 실수에 대해 방이 각각 하나씩 배정되어 있다. 여기서는 그보다 조금 소박하게 진행하려 한다. 〈겨우〉 0부터 1 사이의 모든 실수에 대해 방이 하나씩 배정되어 있는 호텔을 다룰 것이다. 〈겨우〉라는 표현을 썼지만 이것은 여전히 초대형 호텔이고, 이런 호텔의 투숙객을 일반적인 힐베르트 호텔로 대피시킬 수 없음을 입증해 보일 첫 번째 호텔이다.

0과 1 사이의 수에 대해서만 생각하면 편리하다. 소수점 앞에 나오는 수에 대한 고민을 덜어 주기 때문이다. 이 호텔의 모든 방은 0.$xxx$로 시작해서 소수가 제각각 다른 값으로 영원히 전개된다(자기 방 번호를 말하는 데 얼마나 시간이 오래 걸릴지에 대해서는 생각하지 않도록 하자). 이제 이 호텔 사람들을 대피시키려 한다고 상상해 보자. 이것은 0과 1 사이의 모든 실수가 자연수와 완벽한 일대일 짝짓기가 가능한지 묻는 질문이다. 〈자연수와 일대일로 완벽한 짝짓기가 가능할 것〉, 이것이 바로 우리가 말하는 〈가산〉의 의미다.

몇 가지 시도로 시작해 보자.

그냥 사람들을 방 번호가 작은 순서대로 새로운 방으로 옮길 수는 없을까? 방 번호의 값이 가장 작은 방 사람부터 1번 방으로…… 이런 식으로 말이다. 이렇게는 되지 않는다. 가장 큰 수라는 것이 존재하지 않는 것처럼, 가장 작은 소수라는 것도 존재하지 않기 때문이다. 0.000000000001이 나올 수 있는 가장 작은 소수일까? 아니다. 중간에 0을 몇 개 집어넣으면 언제든 더 작은 수를 만들 수 있기 때문이다.

소수점 한 자리까지만 있는 소수에서 시작해서 그다음에는 소수점 두 자리까지만 있는 소수, 이런 식으로 계속 이어 나갈 수는 없을까? 결국 이런 수들의 숫자는 유한하다. 방 번호가 소수점 한 자리까지만 있는 방은 0.0, 0.1, 0.2, 0.3…… 0.9 이렇게 10개밖에 없다. 소수점 두 자리까지만 있는 방 번호는 몇 개나 있을까? 첫째 자리에 대해 10가지, 둘째 자리에 대해 10가지 선택이 가능하므로 $10 \times 10 = 100$개가 있다. 소수점 둘째 자리의 숫자가 0이면 위에 나온 수 중 하나와 똑같은 값이니까 이 단계에서 추가로 다루어야 할 방은 이 90개의 방이다.

| | | | | | | | | | |
|---|---|---|---|---|---|---|---|---|---|
| 0.01 | 0.11 | 0.21 | 0.31 | 0.41 | 0.51 | 0.61 | 0.71 | 0.81 | 0.91 |
| 0.02 | 0.12 | 0.22 | 0.32 | 0.42 | 0.52 | 0.62 | 0.72 | 0.82 | 0.92 |
| 0.03 | 0.13 | 0.23 | 0.33 | 0.43 | 0.53 | 0.63 | 0.73 | 0.83 | 0.93 |
| 0.04 | 0.14 | 0.24 | 0.34 | 0.44 | 0.54 | 0.64 | 0.74 | 0.84 | 0.94 |
| 0.05 | 0.15 | 0.25 | 0.35 | 0.45 | 0.55 | 0.65 | 0.75 | 0.85 | 0.95 |
| 0.06 | 0.16 | 0.26 | 0.36 | 0.46 | 0.56 | 0.66 | 0.76 | 0.86 | 0.96 |

| 0.07 | 0.17 | 0.27 | 0.37 | 0.47 | 0.57 | 0.67 | 0.77 | 0.87 | 0.97 |
|---|---|---|---|---|---|---|---|---|---|
| 0.08 | 0.18 | 0.28 | 0.38 | 0.48 | 0.58 | 0.68 | 0.78 | 0.88 | 0.98 |
| 0.09 | 0.19 | 0.29 | 0.39 | 0.49 | 0.59 | 0.69 | 0.79 | 0.89 | 0.99 |

소수점 셋째 자리까지 있는 번호의 방에 대해 똑같은 과정을 진행하면 방의 수가 더 많아지기는 하겠지만 여전히 그 수는 유한하다. 이렇게 하면 무언가 해결되는 것 같은 느낌이 들지만 문제가 있다. 이렇게 해서는 소수 전개가 어딘가에서 멈추는 방 번호의 사람들만 대피시킬 수 있다는 것이다. 소수점 아래로 수가 무한히 이어지는 번호의 방 사람들에게는 절대로 도달할 수 없다. 영원히 대피를 이어간다고 해도 그렇다. 어떤 수에 1을 계속해서 더하면 수가 점점 더 커지기는 하지만 그 과정을 영원히 이어가도 절대 무한에 도달할 수는 없는 것과 마찬가지다. 이런 식의 대피를 계속 진행하면 그저 대피시키는 방 번호의 소수 전개가 더욱더 길어질 뿐이다. 소수 전개 길이가 계속해서 한 자리씩 늘어나겠지만, 이 소수 전개는 결코 무한에 이를 수 없을 것이다.

이 논증이 왠지 설득력이 없다고? 대단히 훌륭한 지적이다. 이것은 수학적 논증이 아니기 때문이다. 따라서 이런 논증에 함부로 고개를 끄덕이지 말아야 한다. 하지만 칸토어의 대각선 논증은 물샐틈없이 철저한 수학적 논증이다. 우리는 아무리 노력해도 모든 사람을 1층짜리 힐베르트 호텔로 대피시키기가 불가능함을 보여야 한다. 아주 증명이 어려울 것 같다. 모든 대피 방법을 일일이 다 시도해 보고 그것이 소용없음을 입증해 보여야 할 것 같기 때문이다. 칸토어의 논증에서 기발한 부분은 모든 대피 과정을 일일이 해볼 필요가 없다는 점이다. 이 방법에서는 그냥 대피가 끝났다고, 이제 모든 사람이 1층짜리 힐베르트 호텔로 이동했다고 가정한 후에 그로부터 모순을 이끌어 낸다. 이제 우리는 어느 잘난 척하는 사람이 모든 투숙객을 대피시켰다고 주장해도 대피하지 못하고 남은 사람이 적어도 한 명은 있음을 입증해 보일 것이다. 이것의 수학적 의미는 우리가 모든 소수를 자연수와 짝지었다고 주장해도, 항상 자연수와 짝이 지어지지 않은 소수가 적어도 하나는 있다는 것이다.

여기 그 방법을 소개한다. 우선 1번 방으로 가서 문을 두드린다. 그리고 그 투숙객에게 그전에 있던 방의 소수 방 번호가 몇 번이었는지 묻는다. 소수 전개 전체를 묻지 않고 소수점 첫째 자리의 숫자만 물어보면 된다. 온라인 뱅킹에 접속할 때 비밀번호를 전부 물어보지 않고 일부 자리 글자만 물어보는 것과 비슷하다. 어쨌거나 그 숫자를 듣고서 거기에 1을 더한 숫자를 적는다. 따라서 예전 방의 첫 번째 숫자가 3이었다면 4를 적는다. 그리고 8이었다면 9를 적는다. 그리고 9인 경우는 10이라고 적지 않고(10은 숫자가 아니라 수니까) 0을 적는다. 이상한 소리로 들리겠지만 나를 믿고 따라오기 바란다.

이번에는 2번 방으로 가서 그 투숙객에서 예전 방 번호의 소수점 둘째 자리 숫자를 묻는다. 이번에도 역시 그 숫자에 1을 더해서 앞에서 적었던 숫자 다음에 적는다.

이번에는 3번 방으로 가서 투숙객에게 예전 방의 소수점 셋째 자리 숫자를 묻는다. 이번에도 역시 그 숫자에 1을 더해서 앞에서 적었던 숫자 다음에 적는다.

우리는 지금 새로운 소수 전개를 갖는 방 번호를 만들고 있다. 새로 $n$번 방에 들어온 사람에게 예전 방의 방 번호 소수점 $n$번째 자리 숫자를 묻고, 거기에 1을 더한 값이 새로운 소수 전개의 소수점 $n$번째 자리 숫자가 된다.

실제 현실에서 한다면 절대로 이 일을 마무리할 수 없겠지만 수학적 논증에서는 실제로 방문을 일일이 노크하며 다닐 필요가 없다. 우리가 여기서 구축하고 있는 수는 실제로 그 수를 적을 시간이 있느냐, 없느냐 여부에 상관없이 이미 존재하는 수다. 해왕성이 인간이 그 존재를 알기 전부터 존재해 왔듯이 말이다.

여기서 이런 질문을 던져 보자. 우리가 방금 사람들로부터 예전 방 번호 숫자를 물어 거기에 1을 더해 가며 만들어 낸 소수 전개에 해당하는 방 번호에 있던 사람은 지금 어디에 있는가? 이 사람은 자연수 몇 번 방으로 대피했을까?

1번 방에 있을 리는 없다. 새로운 소수 전개 번호는 1번 방 사람의 예전 방 번호와 첫째 자리가 다르기 때문이다. 2번 방에도 있을 수 없다. 새로운 소수 전개 번호는 2번 방 사람의 예전 방 번호와 둘째 자리가 다르기 때문이다. 3번, 4번, 5번, 그리고 임의의 방 번호 $n$에 대해서도 마찬가지다. 새로운 소수 전개 번호가 $n$번 방 투숙객의 예전 방 번호와 $n$번째 자리가 다르기 때문이다. 그렇다. 우리는 방금 어느 방으로도 대피하지 못한 사람을 발견했다. 이것은 모든 사람을 대피시켰다는 주장과 모순이므로 잘난 척하는 사람이 틀렸다. 모든 사람을 성공적으로 대피시키지 못한 것이다. 이 논증은 그 사람들이 어떤 대피 방법을 사용했든간에 상관없이 모두 유효하므로 완벽한 대피가 그 자체로 불가능하다는 것을 입증해 준다.

이것을 대각선 논법이라고 하는 이유는 그 소수를 격자에 옮겨 적으면 대각선을 따라 시선이 움직이기 때문이다. 대피해 들어온 방 처음 몇 개가 다음과 같다고 해보자.

| 새로운 방 번호 | 예전 방 번호 |
|---|---|
| 1 | 0.238795317... |
| 2 | 0.984718573... |
| 3 | 0.389716438... |
| 4 | 0.777362889... |
| 5 | 0.444317895... |
| 6 | 0.879000001... |
| 7 | 0.892225673... |
| 8 | 0.191919234 |

그럼 우리가 방마다 돌아다니며 물어본 예전 방 번호 숫자들은 여기서 굵은 글씨로 처리된 것들이다. 이 숫자들이 대각선을 따라 나열되어 있다.

| 새로운 방 번호 | 예전 방 번호 |
|---|---|
| 1 | 0.**2**38795317... |
| 2 | 0.9**8**4718573... |
| 3 | 0.38**9**716438... |
| 4 | 0.777**3**62889... |
| 5 | 0.4443**1**7895... |
| 6 | 0.87900**0**001... |
| 7 | 0.892225**6**73... |
| 8 | 0.1919192**3**4... |

이 경우 우리가 만들어 낸 새로운 수는 다음과 같이 시작할 것이다.

$$0.39042174\cdots\cdots$$

그리고 이 수의 $n$번째 자리 숫자를 들여다보면 이 사람이 임의의 $n$번 방에 투숙하지 않았다는 것을 입증할 수 있다. 실제로 $n$번 방에 투숙한 사람과 $n$번째 자리가 다르기 때문이다. 따라서 이 사람은 어느 방으로도 대피하지 못한 것이고, 잘난 척하는 사람들은 실패한 것이다.

이것으로 0과 1 사이의 실수가 불가산이라는 것이 입증된다. 당신이 이 실수들을 자연수와 완벽하게 짝을 맞추려 해도 적어도 하나의 실수는 빠질 수밖에 없는 운명인 것이다. 이것을 실수가 자연수보다 〈더 무한하다〉라는 의미로 생각할 수 있다.

자기가 무언가를 할 수 있다고 생각하는 잘난 척하는 사람들을 물리침으로써 무언가를 증명하는 이런 방법은 아주 교묘하고 쓸모가 있다. 뒤에서 무한히 작은 것에 대해 생각할 때 이 잘난 척하는 사람들은 다시 돌아와 우리를 시험에 들게 할 것이다.

### 결정 피로감

무언가가 또 다른 방식으로 자연수보다 더 무한할 수 있는데, 이 방식은 좀 더 미묘한 구석이 있다. 그리고 어쩌면 〈불가산〉이라는 단어와도 좀 더 닿아 있어 보인다. 우리는 실수 호텔의 투숙객들을 자연수 호텔로 대피시킬 수 없다. 누군가는 방이 없어 바깥에서 추위에 떨어야 할 운명이다. 하지만 또 다른 방식으로 투숙객 대피에 실패하는 경우가 있다.

우리가 결정 피로감decision fatigue에 빠질 때다. 2인용 방에 투숙객이 가득 차 있는 호텔이 있는데, 그곳의 투숙객을 1인용 방만 있는 호텔에 대피시켜야 한다고 상상해 보자. 그럼 1번 방의 두 사람은 1번 방과 2번 방으로, 2번 방의 두 사람은 3, 4번 방으로, 이런 식으로 $n$번 방의 두 사람을 $2n$과 $2n-1$번 방으로 대피시킬 수 있다. 겉으로 보기에는 2층짜리 호텔 투숙객을 1층짜리 호텔로 대피시키는 것과 비슷해 보인다. 하지만 이번에는 대피 안내문을 어떻게 적어야 할까?

> 현재 $n$번 방에 계시다면 두 분 중 한 분은 $2n$번 방으로, 그리고 다른 한 분은 $2n-1$번 방으로 대피하여 주시기 바랍니다.

사람들이 이렇게 말한다면? 「둘 중 누가 어느 방에 들어가야 하지?」 그럼 당신은 이렇게 말할 수 있다. 「나이 많은 사람이 $2n$번 방으로 가고, 어린 사람이 $2n-1$번 방에 가야지.」 하지만 짝수 방이 좋은 방이라 각각의 쌍 중 어린 사람이 반발한다면? 아니면 짝을 지은 사람들이 모두 나이가 서로 똑같다면? 그럼 각자 알아서 결정하라고 할 수도 있다. 그렇게 중요한 부분이 아니니까 말이다. 하지만 사람들이 결단력이 없어서 당신이 일일이 대신 결정해 주어야 할 상황이라면? 분명 말이 좀 안 되는 비유이기는 하지만 여기서 안내문을 적는다는 것의 의미는 사람들이 스스로는 아무런 생각도 할 필요 없이 그냥 안내문의 지시 사항만 기계적으로 따르면 되게 한다는 것이다. 만약 중간에 사람들이 어떤 결정을 내려야 하는 상황이 찾아온다면 수학적으로 볼 때 이것은 애매모호한 지시 사항이 되어 버린다. 바꿔 말하면 컴퓨터, 혹은 알고리즘이 따를 수 있는 과정이 아니라는 말이다.

이런 상황은 신발을 세는 것과 양말을 세는 것의 차이로 종종 설명된다. 당신이 무한히 많은 신발 짝을 갖고 있다고 해보자. 여기서 무한은 가산 무한을 말한다. 그럼 당신은 1, 2, 3, …… 등등으로 표시한 신발 상자에 신발들을 모두 정리해 담을 수 있다. 그럼 이것은 짝이 아니라 개개의 신발들도 가산이라는 의미일까? 만약 당신이 무한히 많은 양말 짝을 갖고 있다면 그때는 어떨까?

나는 내 신발이 몇 짝이나 되는지 세려고 하지 않는다. 신발이 얼마나 많은지 알면 충격을 받을지도 모르기 때문이다. 변명 아닌 변명을 하자면 나는 발이 진짜 큰 편이라 모양도 괜찮으면서 내 발에 맞는 신발을 찾기가 쉽지 않다. 뚱뚱했을 때는 발도 같이 컸기 때문에 신발이 내 발에 맞고, 모양도 봐줄 만하고, 가격도 너무 비싸지만 않으면 보이는 족족 사두는 습관이 생겼었다. 그때만 해도 이런 기준을 충족하는 신발이 많지 않았기 때문에 그런 신발을 모두 구입하는 것이 불가능한 일이 아니었다. 기본적으로 내게는 신발 구입의 알고리즘이 있었던 것이고, 그렇게 해도 졸업할 때 보니 내가 가진 신발은 네 짝밖에 되지 않았다(이 정도만 해도 내가 아는 몇몇 남자들보다는 많은 숫자다). 살을 빼고 나니 내 발도 함께 작아진 것을 알 수 있었다(발도 살이 찌는지 몰랐다). 그 차이는 겨우 한 사이즈의 절반 정도였지만 이 결정적인 절반 사이즈 덕분에 내 발은 큰 발에서 보통 발 크기 범주로 내려올 수 있었다. 하지만 신발을 살 때의 마음가짐은 그전과 똑같았다. 그렇다 보니 결국에는 엄청나게 많은 신발을 사들이게 된 것이다. 그래도 스포츠카를 충동 구매하는 것보다는 낫지 않느냐고 스스로를 위로한다. 요즘에는 신발을 살 때 그냥 알고리즘을 기계적으로 따르지 않고 스스로 결정을 내려야 한다.

하지만 내가 아무리 신발을 많이 산다고 한들, 여전히 그 수는 유한하다. 여기서 자연수로 번호가 매겨진 신발 상자에 깔끔하게 정돈되어 있는 무한히 많은 신발을 갖고 있다고 상상해 보자(내 신발들은 깔끔하게 정돈되어 있는 경우가 절대 없다).

이것은 신발 짝의 수가 가산 무한이라는 의미다. 그럼 신발의 수도 가산일까? 즉 개개의 신발들을 순서대로 정렬해서 신발 짝당 자연수를 하나 짝짓는 대신, 개별 신발마다 자연수를 하나씩 짝지을 수 있을까? 할 수 있다. 2층짜리 힐베르트 호텔과 똑같다. 매번 왼쪽 신발부터 시작하기로 결정한다면 다음과 같이 이어진다.

1번 왼쪽 신발, 1번 오른쪽 신발, 2번 왼쪽 신발, 2번 오른쪽 신발, 3번 왼쪽 신발, 3번 오른쪽 신발, ……

이것을 수학적으로 표현하면 다음과 같다.

* $n$번 신발 짝 왼쪽 신발은 $2n-1$번으로 간다.
* $n$번 신발 짝 오른쪽 신발은 $2n$번으로 간다.

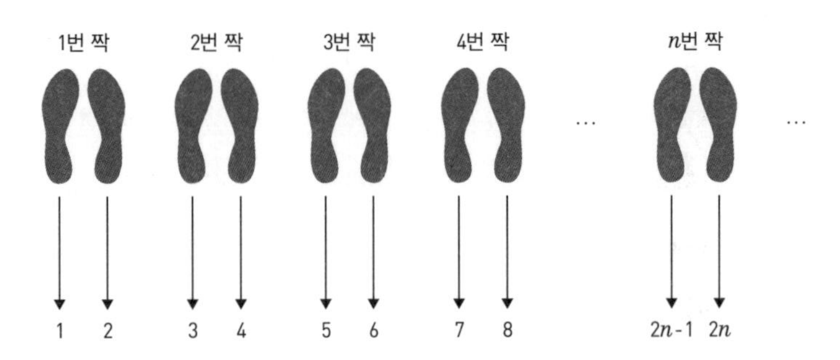

이것은 빨간색과 파란색의 자연수를 보라색 자연수와 짝짓던 예제와 비슷하다. 여기서는 파란색 대신 〈왼쪽 신발〉, 빨간색 대신 〈오른쪽 신발〉로 바뀌었을 뿐이다.

이번에는 이것을 양말에 적용해 보자. 우리에게 무한히 많은 양말 짝이 있고, 이 양말 짝들이 신발 짝처럼 1번 짝, 2번 짝 등등으로 정돈되어 있다고 가정해 보자(나는 양말에는 신발만큼 관심이 없어서 내 양말들은 짝을 맞추느라 고민할 필요 없게 모두 똑같은 검정색으로 통일했다). 이제 개별 양말들을 줄 세워 정돈할 수 있을까? 언뜻 보면 신발의 경우와 똑같지 않나 생각이 들 것이다. 하지만 한 가지 문제가 있다. 왼쪽 양말과 오른쪽 양말이 따로 있지 않다는 것이다. 양쪽 양말 모두 똑같이 생겼다. 그렇다면 어느 쪽을 먼저 나열할지 어떻게 특정할 수 있을까? 그럴 수는 없다. 하지만 그냥 임의로 하나를 찍어서 먼저 나열하면 되지 않겠느냐고 생각할 수도 있다. 물론 각각의 양말 짝에 대해 따로따로 그런 결정을 내려야만 한다. 신발의 경우도 왼쪽 신발을 먼저 나열하기로 임의로 결정한 것은 사실이지만 그 경우에는 어느 쪽 신발을 먼저 나열할지 딱 한 번만 임의의 결정을 내린 것이다. 하지만 양말의 경우는 모든 양말 짝에서 일일이 어느 양말을 먼저 나열할지 새로 임의의 결정을 내려야 한다. 그래서 결정 피로감의 문제와 마주치게 된다. 수학 버전의 결정 피로감이라고나 할까?

결정 피로감 이론은 작은 결정이든(〈아침 식사로 뭘 먹지?〉), 큰 결정이든(〈어느 집을 사야 할까?〉) 결정을 내리는 것이 사람을 피곤하게 만들고, 하루에 내려야 할 결정이 많아질수록 그로 인해 더 피곤해진다는 이론이다. 결정을 내리는 것은 어려운 일이다. 유불리를 따져 볼 수는 있지만 결국 결정하기 위해서는 어떤 논리적 비약이 필요하다. 순전히 논리만을 통해서 결정에 도달할 수는 없다. 그것이 가능한 경우라면 그것은 결정이 아니라 추론deduction이라 해야 옳다.

양말 짝의 예제에서처럼 이것도 수학적 버전이 존재한다. 그 개념은 이렇다. 우리는 한 번의 임의적 선택을 할 수 있다. 그리고 두 번, 세 번, 혹은 임의의 유한한 횟수만큼 선택을 할 수도 있다. 하지만 무한히 많은 횟수에 걸쳐 임의의 선택을 할 수 있을까? 양말 예제의 경우에서 이것은 모든 양말을 한 줄로 나열하는 공식을 쓸 수 있느냐, 없느냐의 문제로 귀결된다. 기술적으로 말해서 양말들이 가산이 되려면 모든 양말의 집합으로부터 자연수로 가는 함수를 만들어야 한다(개개의 양말을 힐베르트 호텔로 대피시키듯이). 하지만 어떻게 하면 그 함수는 바로 이것이라고 말할 수 있을까? 두 양말을 구분해 줄 특성이 없는 상황에서 각각의 양말 짝 중 어느 양말이 먼저 나와야 하는지 어떻게 가려 줄 수 있을까?

양말 짝을 그냥 무작위로 양손에 하나씩 집어 들고서 왼쪽 손에 집어 든 것을 무조건 먼저 나열해야겠다 생각할 수도 있다. 하지만 조금 미묘하기는 해도 여전히 수학에서는 이것을 충분한 지시 사항으로 쳐주기 힘들다. 결국 따지고 보면 사실 〈결정〉이란 말은 적절한 단어가 아니다. 사실 이것은 〈선택choice〉의 문제다. 당신이 양말을 무작위로 집어 든다고 해도 어느 수준에서 보면 당신은 어느 손으로 어느 양말을 잡을지 선택해야 하기 때문에 무한한 횟수에 걸쳐 일일이 다 선택을 해야만 한다.

이것이 가능한 일인지는 수학에서 아직 정확하게 해결되지 않았다. 여전히 수학자들에게 걱정거리를 안겨 주는 까다롭고 미묘한 문제로 남아 있다. 이것을 〈선택 공리Axiom of Choice〉라고 한다. 공리란 증명 없이 그냥 참으로 받아들이기로 결정한 기본 가정으로서, 이것을 기본 구성 요소로 삼아 그로부터 다른 모든 것이 유도되어 나온다. 공리를 이렇게도 생각할 수 있다. 공리를 참이라고 말하는 것이 아니라, 이 공리들이 참이 되는 세상을 그냥 창조한 후에 거기서 어떤 일이 일어나는지 관찰하는 것이라고 말이다.

선택 공리는 임의의 선택을 무한히 하는 것이 가능하다는 공리다. 선택 공리가 참인 세상에서는 개개의 양말이 가산이다. 하지만 선택 공리가 참이 아닌 세상에서는 불가산이다. 그와 비슷하게 호텔에 2인용 방이 무한히 있을 때 나이가 더 많은 사람과 더 젊은 사람이 있다는 사실(모두 똑같은 나이가 아니라면)을 이용하면 한 쌍의 사람 중 어느 쪽을 어느 방으로 대피시킬지 계속 선택할 필요가 없게 만들 수 있다.

수학자들은 선택 공리가 모든 상황에 적용되는지 여부는 별로 신경 쓰지 않지만, 어느 주어진 상황에서 당신이 그 공리를 사용해야 하는지, 아닌지 여부는 신경 쓴다. 이 공리를 사용할 때마다 매번 그 사실을 지적할 필요를 느낀다니 이것만으로도 충분히 골치가 아프다. 마치 후진할 때마다 삑삑거리기 시작하는 트럭 같다.

그럼 이로 인해 무언가를 불가산으로 만드는 또 다른 방식이 생겨난다. 너무 많아서가 아니라 너무 구분이 불가능해서 생기는 불가산이다. 실내에서 사람들의 숫자를 셀 때는 나도 이런 경우를 겪는다. 예를 들면 내가 아직 잘 모르는 새로운 학생들이 들어와 있는 교실 같은 경우다. 당신도 이런 경험이 있었으면 싶다. 그래야 이것이 나만의 문제가 아니라는 소리를 듣게 될 테니까 말이다. 만약 모두가 이미 가로, 세로로 줄을 딱 맞춰서 앉아 있다면 문제가 없다. 그냥 몇 줄인지 세어 보면 끝이니까. 하지만 학생들이 모두 아무렇게나 어질러진 의자에 앉아 있다면 인원을 세기가 훨씬 어려워진다. 다음에 누구를 세야 할지 계속 결정해야 하기 때문이다. 보통 아홉에서 열 명 정도까지는 문제가 없다. 하지만 그 수를 넘어서면 누구를 셌는지, 그다음에는 누구를 세야 하는지 헷갈리기 시작한다. 이런 일을 무한히 많은 사람을 대상으로 한다고 상상해 보라. 삶이 유한해서 시간이 부족하다는 점을 빼고 생각해도 너무 어려울 것이다.

셈도 못하는 수학자에 대한 농담은 여러 가지가 나와 있지만 사실 센다는 것은 흔히 우리가 아이가 세는 법을 배웠다고 말할 때 생각하는 것보다 훨씬 심도 있는 주제다. 대화를 나누면서 커피 스푼을 세다가 헷갈리는 얘기에서 시작해서 불가산 무한 집합이라는 주제에 이르기까지, 이들 주제에 대한 생각은 수학자들이 다양한 개념들을 발전시킬 수 있는 비옥한 토양이 되어 주었다. 실수가 자연수보다 더 많다는 것은 확인했으니 다음 장에서는 실수를 세서 실수가 실제로 얼마나 더 많은지 확인해 보려고 한다. 여기서 얻은 통찰은 그다음 장에서 우리를 무한보다 더 큰 무한이 등장하는 무한의 계층 구조로, 그리고 마침내 자기 말이 〈무한 배〉 더 맞기를 바라는 아이에게 귀띔해 줄 정답으로 이끌어 줄 것이다.

# 7. 무한 너머까지 세기

최근에 나는 뉴멕시코 산타페 근처의 천연기념물 텐트락스Tent Rocks에 다녀왔다. 나는 좁은 협곡 속의 원뿔 모양 암반층을 따라 리오 그란데 계곡의 장관이 굽어보이는 메사 정상 산등성이까지 드라마틱한 하이킹을 했다. 이것은 아주 흡족할 만한 운동이 되어 주었고, 위로 오르는 내내 텐트락스의 숨 막히는 풍경을 가까이서 접할 수 있었다. 그리고 마지막에는 지평선 끝까지 전망이 탁 트여 있는 산등성이에 도달하는 것으로 클라이맥스를 이루었다. 오르는 동안 두려움에 휩싸이는 순간도 몇 번 있었다. 나는 그리 용감한 사람이 아닌데 급경사 바위를 보면 더럭 겁이 났다. 우리가 걷는 곳이 특히나 가파르고 바위가 금방이라도 꺼질 듯 느슨하게 느껴지면 내가 발을 아무 데도 단단히 딛지 못한 느낌이 들었다. 하지만 일단 산 정상에 오르고 나니 잠시 성취감이 몰려왔고, 그 순간 거기가 끝이 아님을 깨닫게 됐다. 그곳은 봉우리가 아니라 산등성이였기 때문에 그 등성이를 따라 계속 걸을 수 있었다. 가파른 바위 절벽이 양쪽 아래로 뻗어 내려가고 있었다. 계속 이렇게 등성이를 따라 걸어 볼까 생각도 했지만 이 정도면 충분히 용감했다는 생각이 들어 다시 내려왔다.

무한에 오르는 동안 여러분도 이런 기분이 들었을지 모르겠다. 어쩌면 더 이상 발을 단단하게 딛을 곳이 하나도 없다는 느낌이었는데 마침내 무한에 도달했으니 이 정도로 마무리하고 싶다는 생각이 들지도 모르겠다. 하지만 나는 바위를 탈 때보다 수학을 할 때 훨씬 더 용감해지기 때문에 여기서 멈추지 않고 계속 가보려고 한다. 실수가 자연수보다 더 무한하다는 것을 입증해 보이기는 했는데, 대체 얼마나 더 무한한 걸까? 한 무한에서 그보다 큰 무한까지는 얼마나 차이가 날까? 한번 세어 보기로 하자.

물론 실수를 모두 나열하고 일일이 세면서 얼마나 많은지 확인할 수는 없다. 그 대신 앞 장에서 했던 것처럼 대상을 세어 보려고 한다. 추상적으로 말이다. 실수가 어떻게 구성되어 있는지 생각한 후에 실수와 자연수 사이의 관계를 찾아내서 이 둘이 얼마나 차이가 나는지 확인하겠다. 그럼 우선 이런 추상적인 셈이 어떻게 이루어지는지 익숙해지도록 크기가 작은 집합을 세어 보자.

### 추상적인 세기

다음과 같이 선택할 수 있는 코스 메뉴가 있다고 상상해 보자.

오늘의 수프

∞

레몬 버터 소스를 곁들인 연어구이

혹은

으깬 감자를 곁들인 허브 닭구이

∞

초콜릿 케이크

혹은

혹은 레몬 타트

그럼 선택할 수 있는 저녁 식사는 몇 가지나 되는가? 목록을 적어서 구체적인 방법들을 모두 세어 볼 수 있다.

① 연어와 케이크

② 연어와 타트

③ 닭고기와 케이크

④ 닭고기와 타트

이렇게 메뉴가 간단한 경우에는 목록을 만들기가 힘들지 않다. 하지만 코스가 총 열 가지가 있고, 모든 코스 메뉴마다 세 가지 선택이 있는 경우를 상상해 보자. 이런 경우에는 가능한 조합을 모두 세려면 시간이 꽤 오래 걸릴 것이다. 이때는 추상적인 셈을 이용하면 편해진다. 1, 2, 3, 4 등으로 번호를 매겨 나열하는 것보다는 추론을 통해 셈을 하는 것이다. 그 중간 단계로 이런 식으로 작게 가능성 트리를 그려 볼 수 있다.

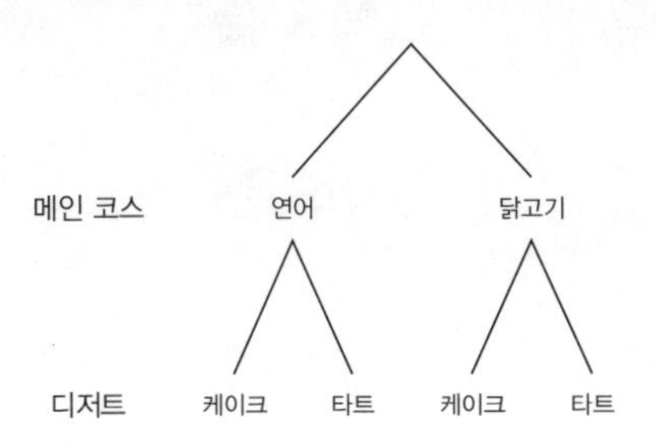

이 트리(나무를 거꾸로 뒤집어 놓은 모양이다)의 위쪽 단계에서는 메인 코스로 두 가지 선택이 가능하다. 아래쪽 단계에서는 메인 코스로 무엇을 선택했든 간에 디저트로 두 가지 선택이 가능함을 말해 주고 있다. 트리를 따라 내려오는 각각의 경로는 한 가지의 메뉴 조합에 해당하며, 총 4개의 경로가 존재한다. 하지만 이것을 추상적으로 이해할 수도 있다. 위쪽 단계에서 2가지 선택권이 있고, 아래쪽 단계에서도 2가지 선택권이 있으니까 가능한 총 선택권은 $2 \times 2 = 4$가지다. 여기까지 오면 이 2들을 더해야 하는지, 곱해야 하는지 헷갈릴 수도 있다. $2 + 2$도 똑같은 답이 나오기 때문이다. 하지만 여기에 선택 가능한 전체 요리도 집어넣어 다시 해보자.

오늘의 수프

혹은

야채 샐러드

∞

레몬 버터 소스를 곁들인 연어구이

혹은

으깬 감자를 곁들이 허브 닭구이

∞

초콜릿 케이크

혹은

혹은 레몬 타트

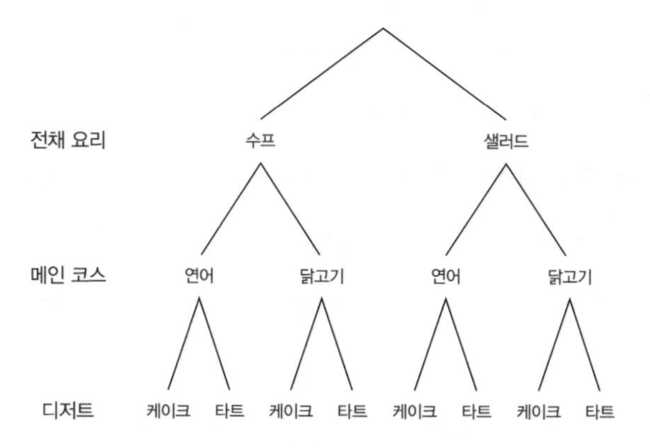


이번에는 제일 위쪽 단계 2가지 선택에 두 번째 단계의 2가지 선택, 그리고 거기에 제일 아래쪽 단계의 2가지 선택을 곱한다. 따라서 가능한 조합의 총 수는 $2 \times 2 \times 2 = 8$이다.

소수도 이와 비슷한 방식으로 셀 수 있다. 처음에는 그냥 0과 1 사이의 수에 대해서만 생각하고 이후로 모든 실수를 세는 단계까지 발전해 나가자. 기본적으로 우리는 앞에서 소수 호텔의 투숙객들을 소수 자리별로 대피시키려 했을 때 효과를 못 봤던 그 방법을 사용하는 중이다. 먼저 소수점 첫째 자리를 살펴보는 것으로 시작한다. 이것은 첫 번째 코스 메뉴와 비슷하다. 다만 이번에는 2가지 선택이 아니라 10가지 선택이 존재한다. 소수점 첫째 자리에 올 수 있는 숫자가 모두 10가지이기 때문이다. 소수점 한 자리만 있는 경우 나올 수 있는 10가지 수는 다음과 같다.

0.0, 0.1, 0.2, 0.3, 0.4, 0.5, 0.6, 0.7, 0.8, 0.9

소수점 두 자리까지 있는 수의 경우는 한 코스당 10가지 선택권이 마련되어 있고, 총 2가지 코스가 마련된 메뉴와 비슷하다. 따라서 여기서는 모두 $10 \times 10 = 100$가지 가능한 조합이 있다. 분기 트리 형태로 생각해 보면 여기서 첫 번째 단계에는 모두 10개의 가지가 뻗어 나오고, 그 각각의 가지에 다시 10개의 가지가 붙어서 그 끝에는 100개, 혹은 $10^2$개의 나뭇잎이 붙어 있게 된다. 앞 장에서 우리는 소수점 두 자리까지 있는 경우 나올 수 있는 100개의 수가 다음과 같음을 확인했다.

| 0.00 | 0.01 | 0.02 | 0.03 | 0.04 | 0.05 | 0.06 | 0.07 | 0.08 | 0.09 |
|---|---|---|---|---|---|---|---|---|---|
| 0.10 | 0.11 | 0.12 | 0.13 | 0.14 | 0.15 | 0.16 | 0.17 | 0.18 | 0.19 |
| 0.20 | 0.21 | 0.22 | 0.23 | 0.24 | 0.25 | 0.26 | 0.27 | 0.28 | 0.29 |
| 0.30 | 0.31 | 0.32 | 0.33 | 0.34 | 0.35 | 0.36 | 0.37 | 0.38 | 0.39 |
| 0.40 | 0.41 | 0.42 | 0.43 | 0.44 | 0.45 | 0.46 | 0.47 | 0.48 | 0.49 |
| 0.50 | 0.51 | 0.52 | 0.53 | 0.54 | 0.55 | 0.56 | 0.57 | 0.58 | 0.59 |
| 0.60 | 0.61 | 0.62 | 0.63 | 0.64 | 0.65 | 0.66 | 0.67 | 0.68 | 0.69 |
| 0.70 | 0.71 | 0.72 | 0.73 | 0.74 | 0.75 | 0.76 | 0.77 | 0.78 | 0.79 |
| 0.80 | 0.81 | 0.82 | 0.83 | 0.84 | 0.85 | 0.86 | 0.87 | 0.88 | 0.89 |
| 0.90 | 0.91 | 0.92 | 0.93 | 0.94 | 0.95 | 0.96 | 0.97 | 0.98 | 0.99 |

이제 이것을 임의의 소수점 $n$자리로 일반화할 수 있다. 그럼 $n$가지 코스가 마련된 메뉴, 혹은 $n$단계로 가지를 치는 트리가 될 것이다. 소수점 $n$자리까지 있는 수에서는 10가지 선택이 $n$번 등장한다. 즉 $10^n$가지 가능성이 있다.

이번에는 우리의 신념을 살짝 비약해 보자. 소수점 자리수가 무한인 수에서는 〈10의 무한 제곱〉 가지의 가능성이 존재한다고 말이다. 신념을 살짝 비약한다고 말하기는 했지만 사실 이것은 조금 더 커진 집합론이다. 우리는 지금 실수를 세려 한다. 이것은 실수와 짝이 맞는 대상이 담긴 공식 주머니를 찾으려 한다는 것과 같은 말이다. 자연수에서 그랬던 것처럼 그냥 〈그것은 바로 실수의 집합이다〉라고 말하고 끝내면 되지 않나 생각할지도 모르겠다. 하지만 이것을 자연수와의 관계로 풀어낼 수 있다면 이해하는 데 더 큰 도움이 될 것이다. 〈10의 무한 제곱〉이 아주 크게 잘못된 표현은 아니지만 이것을 집합으로 해석해서 더 만족스러운 해답을 얻으려면 이진법을 이용하는 편이 더 낫다.

## 잠시 이진법에 대하여

이진법binary system은 십진법decimal system과 달리 0, 1, 2, 3, …… 9까지의 숫자를 쓰지 않고 0과 1이라는 숫자만을 이용하는 수 체계다. 0과 1만을 이용해서도 얼마나 많은 정보를 담을 수 있는지 정말 놀라울 따름이다. 기본적으로 컴퓨터는 마치 세상 모든 것이 그냥 온/오프 스위치에 불과하다는 듯 온전히 이진법 수 체계를 바탕으로 운영된다. 이런 스위치가 어마어마하게 달려 있다. 몇 개 안 되는 온/오프 스위치만 가지고도 서로 다른 구성을 아주 많이 만들어 낼 수 있다.

스위치가 2개인 경우에는 4가지 구성이 가능하다.

| 스위치 1 | 스위치 2 |
|---|---|
| 오프 | 오프 |
| 오프 | 온 |
| 온 | 오프 |
| 온 | 온 |

스위치가 3개면 8개의 구성이 나온다.

| 스위치 1 | 스위치 2 | 스위치 3 |
|---|---|---|
| 오프 | 오프 | 오프 |
| 오프 | 오프 | 온 |
| 오프 | 온 | 오프 |
| 오프 | 온 | 온 |
| 온 | 오프 | 오프 |
| 온 | 오프 | 온 |
| 온 | 온 | 오프 |
| 온 | 온 | 온 |

이것은 앞에서 본 2가지 코스 메뉴, 3가지 코스 메뉴와 아주 비슷하다. 스위치를 가지고 하면 이제 트리를 이런 식으로 만들 수 있다.

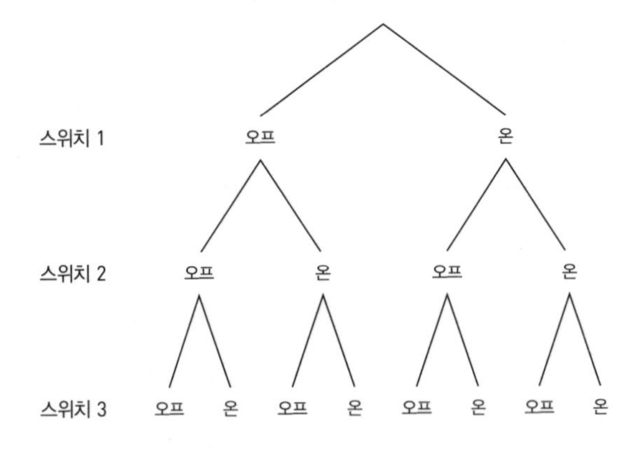


이 8개의 끝점은 각각 세 개의 스위치에서 나올 수 있는 8가지 구성 중 하나를 가리킨다. 우리는 그냥 그림 위쪽에서 주어진 끝점까지 경로

를 따라 내려오면서 우리가 〈오프〉 가지를 지나가는지, 〈온〉 가지를 지나가는지만 읽어 내면 된다.

보통 수학에서 이것을 트리(나무)라고 부르기 때문에 우리도 이 그림을 트리라고 불러 왔다. 하지만 조금은 말이 안 되는 소리다. 일반적으로 나무는 바닥에서 시작해서 위를 향해 자라니까 말이다. 수학에서는 종종 트리가 위에서 시작해서 아래로 자란다. 대부분 우리는 읽어 〈올라가기〉보다는 읽어 〈내려가기〉 때문에 그렇다. 때로는 옆으로 눕혀서 그리기도 한다.

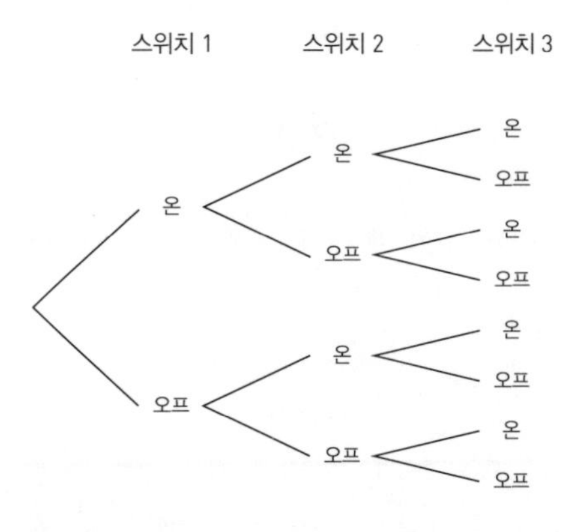


수학 트리를 어느 쪽이 위로 가게 그리더라도 사실 아무런 문제가 되지 않는다는 것을 이해했기를 바란다. 도표가 어느 방향을 향하고 있든 우리가 부호화하는 정보는 여전히 똑같다. 이것을 개략도schematic diagram로 불러도 좋겠다. 대상들이 어떻게 맞물려 있는지를 물리적인 방식이 아닌 추상적인 방식으로 개략해서 보여 주고 있기 때문이다. 수학이 추상화될수록 대상이 추상적으로 맞물리는 양상이 더욱 미묘하고 중요해지기 때문에 도표가 점점 더 많이 등장한다. 더군다나 말로 설명하는 것보다는 도식을 이용해야 상황이 더 간결하게 요약될 때가 많다.

무한 초고층 힐베르트 호텔에서 투숙객을 대피시키는 방법을 그림으로 설명했을 때처럼 말이다.

기초적인 수학은 대부분 직선 위에서 일어난다. 예를 들면 이런 덧셈이나,

$$3+2=5$$

혹은 이런 방정식이다.

$$2x+3=7$$

기호들이 모두 아주 얌전하게 한 줄 위에 놓여 있다. 물론 방정식을 풀 때는 몇 줄로 풀어서 써야겠지만.

$$2x=7-3$$
$$2x=4$$
$$x=2$$

뒤에서는 수학의 수준이 올라가다 보면 새로운 차원을 얻게 된다는 것을 보게 될 것이다. 우리가 생각하는 대상이 형태를 갖고 있는 경우에는 그냥 그 대상들을 일직선 위에 나란히 늘어놓는 것보다 더 다양한 방식으로 짜맞출 수 있다. 직소 퍼즐 맞추기나 레고로 복잡한 형태를 만드는 것과 비슷하다. 누군가에게 레고로 자동차 만드는 법을 그림이 아니라 말로 설명한다고 해보라. 그림 한 장이 천 마디 말을 대신한다는 말처럼, 수학 도표는 상황을 훨씬 신속하고 생생하게 설명할 수 있다.

트리 도표를 보면 우리가 새로운 스위치를 더할 때마다 모든 끝점을 그다음 단계에서 두 개의 가지로 쪼개야 한다는 것을 알 수 있다. 그건 그렇고, 끝점은 가지 끝에 있다고 해서 종종 이파리를 뜻하는 〈리프leaf〉로 불린다. 나무가 거꾸로 뒤집혀 있는데도 말이다.

우리가 스위치를 더할 때마다 나올 수 있는 구성의 수가 두 배로 많아진다. 스위치가 4개인 경우에는 $2 \times 2 \times 2 \times 2$, 즉 $2^4$개의 구성이 가능하고, $n$개의 스위치에 대해서는 $2^n$개의 구성이 가능하다는 의미다. 이것은 소수점 $n$자리까지 있는 소수를 셀 때와 아주 비슷하다. 다만 그때는 매 단계마다 10개의 숫자 중 하나를 선택했지만 여기서는 코스 메뉴를 고를 때처럼 2가지 선택권만 있다는 점이 다르다.

이진법 체계는 일련의 온/오프 스위치처럼 작동한다. 이것은 십진법과 아주 비슷하다. 다만 여기서는 십, 백, 천 등의 단위 대신 이, 사, 팔 등의 단위를 사용한다는 점이 다르다. 사람들은 이진법 소수에 대해서는 잘 모르지만 이진법 정수에 대해서는 그래도 웬만큼 아는 편이다. 예를 들어 네 자리로 표시된 십진수와 이진수를 다음과 같이 비교해 볼 수 있다.

| | 첫째 자리 | 둘째 자리 | 셋째 자리 | 넷째 자리 |
|---|---|---|---|---|
| 십진수 | $\times 10^3$ | $\times 10^2$ | $\times 10$ | $\times 1$ |
| 이진수 | $\times 2^3$ | $\times 2^2$ | $\times 2$ | $\times 1$ |

따라서 십진수 1101은 다음과 같이 전개할 수 있는 반면,

$$(1 \times 1000) + (1 \times 100) + (0 \times 10) + 1$$

이진수 1101은 다음과 같이 전개할 수 있다.

$$(1\times8)+(1\times4)+(0\times2)+1$$

이 값을 십진수로 표시하면 13이다.

십진수에서는 네 자리 수는 1부터 9,999, 즉 $10^4-1$까지의 그 어떤 수라도 표시할 수 있는 반면, 이진수에서의 네 자리 수는 $2^4-1=15$까지의 수만 표시할 수 있다.

이래 놓으니 이진수가 조금은 시시해 보일 수도 있겠다. 특히나 5장에서 내가 이진수를 이용하면 손가락으로 1,023까지 셀 수 있다고 약속까지 해놓았는데 말이다. 이진법과 십진법 모두 장단점이 있다. 이진법을 이용하면 간단한 온/오프 스위치를 이용해서 모든 것을 부호화할 수 있는 반면, 십진법을 이용하는 경우에는 각각의 자리가 서로 다른 열 가지 정보 조각, 즉 0부터 9 사이의 숫자를 담을 수 있어야 한다. 상황에 따라서는 컴퓨터처럼 사용할 수 있는 숫자의 개수를 위한 용량은 넉넉한 반면, 그 숫자들이 들어갈 수 있는 서로 다른 자릿수의 용량은 작은 경우가 있다. 반면 예를 들어 책에 찍히는 ISBN 코드 같은 경우는 코드를 인쇄할 공간은 제약되어 있는 반면, 각각의 자리에는 아주 다양한 숫자가 들어갈 수 있다. HTML 색깔 코드의 경우는 십육진수를 이용해서 적기 때문에 공간을 훨씬 절약할 수 있다. 각각의 자리에 들어갈 수 있는 숫자의 종류가 16가지나 된다는 말이다. 여기서 사용되는 숫자는 0, 1, 2, 3, 4, 5, 6, 7, 8, 9, A, B, C, D, E, F다.

나는 생일 촛불을 켤 때 이진법을 즐겨 사용한다. 양초가 7개 있으면 많아야 일곱 살까지밖에 표현하지 못할 것 같다. 하지만 이 초를 이진법으로 사용해서 켜진 촛불은 〈온〉 혹은 1을, 꺼진 촛불은 〈오프〉 혹은 0을 나타내게 하면 128세까지 모든 사람의 나이를 표시할 수 있다. 이 정도면 현재 지구상에 살아 있는 모든 사람의 나이가 해당된다.

손가락을 이진법으로 이용해서 1,023, 즉 $2^{10}-1$까지 셀 수 있다는 것도 사실이다. 그 방법은 다음과 같다. 각각의 손가락은 두 가지 가능한 위치가 있다. 편 것과 접은 것이다. 편 것은 1을, 접은 것은 0을 나타낸다. 그럼 이제 우리에겐 10자리 수가 생겼고, 10자리 이진수를 이용하면 0부터 1,023까지 모든 수를 표현할 수 있다. 다음의 그림은 한쪽 손만 이용했을 때 표현할 수 있는 0부터 31까지의 수를 보여 주고 있다.

여기 위의 손가락 그림에 해당하는 다섯 자리 이진수가 있다.

| | | | | | | | |
|---|---|---|---|---|---|---|---|
| 00000 | 00001 | 00010 | 00011 | 00100 | 00101 | 00110 | 00111 |
| 01000 | 01001 | 01010 | 01011 | 01100 | 01101 | 01110 | 01111 |
| 10000 | 10001 | 10010 | 10011 | 10100 | 10101 | 10110 | 10111 |
| 11000 | 11001 | 11010 | 11011 | 11100 | 11101 | 11110 | 11111 |

꽤 흡족한 방법이지만 손가락으로 10까지 세는 일반적인 방식과 달리 어느 정도의 집중력이 필요하다. 그래서 안타깝지만 이 방법은 당신의 정신적 능력을 해방시키는 데 그리 도움이 되지는 않을 것 같다. 나 같으면 다른 사람과 대화를 나누면서는 이런 방법으로 얼마 세지 못하리라 확신이 든다(방금 실제로 시도해 봤는데 10까지 가니까 실수가 나왔다).

사실 정말로 정신을 집중하고 손가락도 자유자재로 잘 움직일 수 있다면 3을 밑수로 해서 손가락을 사용할 수 있다. 각각의 자리가 세 가지 가능성을 표현할 수 있어야 한다는 의미다. 이렇게 하면 다른 손가락들과는 별도로 각각의 손가락을 절반만 구부릴 수 있어야 한다. 그럼 각각의 손가락이 세 가지 가능성을 취할 수 있어 0, 1, 2를 표현할 수 있다. 약지는 편 상태에서 중지만 반만 접은 상태와, 완전히 접은 상태로 만들어 보라. 꽤 까다롭다.

지금까지는 모두 정수에 관한 내용이었지만 정수뿐만 아니라 소수에도 이진법을 쓸 수 있다. 십진수에서 소수를 쓸 때는 소수점 아래로 이어지는 자리가 $\frac{1}{10}$, $\frac{1}{100}$, $\frac{1}{1000}$ 등으로 이어진다. 예를 들어 다음의 수는,

$$0.3526$$

사실은 이런 의미다.

$$(3 \times \frac{1}{10}) + (5 \times \frac{1}{100}) + (2 \times \frac{1}{1000}) + (6 \times \frac{1}{10000})$$

하지만 이진법 소수에서는 첫째 자리는 $\frac{1}{2}$, 다음 자리는 $\frac{1}{4}$, $\frac{1}{8}$, $\frac{1}{16}$ 등

등으로 이어진다. 따라서 다음의 이진수는,

$$0.1101$$

사실 다음과 같은 의미다.

$$(1 \times \frac{1}{2}) + (1 \times \frac{1}{4}) + (0 \times \frac{1}{8}) + (1 \times \frac{1}{16})$$

이것을 일반적인 십진법 소수로 나타내면 0.8125다. 이진법에서 나올 수 있는 소수를 온/오프 스위치를 구성할 때 했던 것처럼 트리로 나타낼 수 있다.

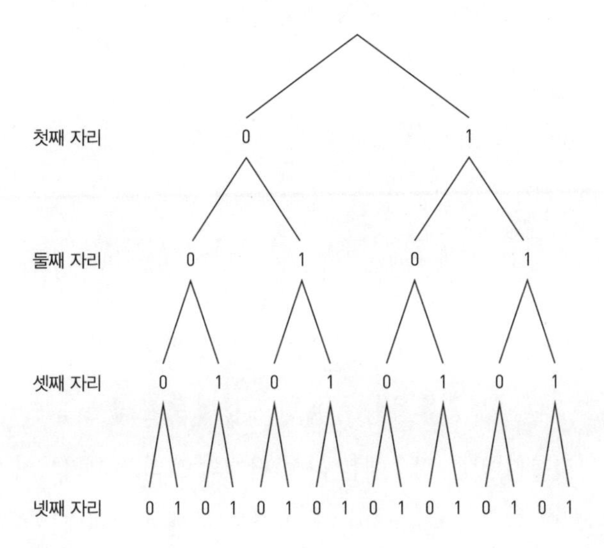


이 그림에서는 〈오프〉와 〈온〉 가지branch를 0과 1 가지가 대신하고 있다. 생일 케이크 촛불에서 꺼진 촛불과 켜진 촛불로 0과 1을 나타냈던 것과 살짝 비슷하다. 지금은 네 자리만 다루고 있으므로 가지 치기도

4단계에 걸쳐 일어난다. 이것을 일반적인 십진법 소수에서 할 수도 있었겠지만 그런 경우 매 단계마다 모든 끝점으로부터 가지가 열 개씩 뻗어 나와야 하기 때문에 트리를 그리기가 금방 불가능해진다.

이제 각각의 리프는 이진법 소수를 나타낸다. 트리의 꼭대기에서 리프까지 이어지는 경로를 차근차근 밟아 내려가면서 가지에 달려 있는 0과 1을 읽어 들이면 그 이진법 소수 값이 무언인지 알 수 있다. 따라서 첫 번째 리프는 0.0000, 두 번째 리프는 0.0001 등으로 이어진다. 다음 그림은 이것을 모두 표시한 것이다.

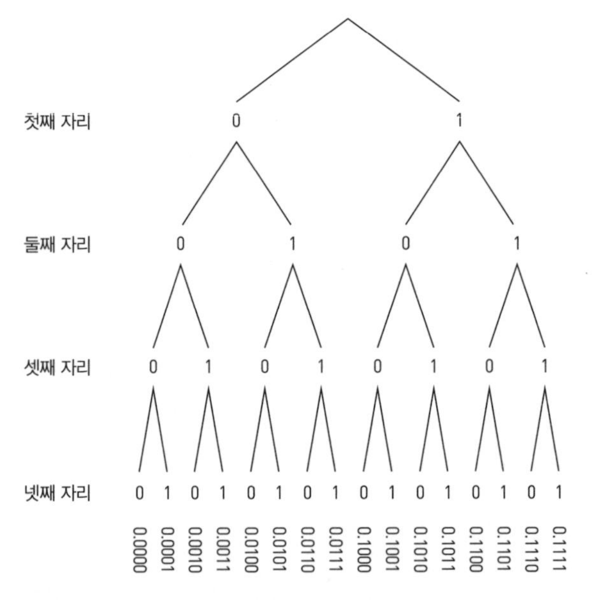


다섯 자리까지 있는 경우에는 다섯 단계의 트리, $n$자리까지 있는 경우는 $n$단계의 트리가 나올 것이다. 그리고 무한히 전개되는 이진법 소수의 경우에는 〈무한히 많은 단계의 트리〉가 나올 것이다. 이것은 살짝 이상한 개념이다. 수의 최종 값은 트리의 끝점인 리프로 표시되어야 하기 때문이다. 하지만 트리가 무한히 이어지는 경우라면 끝점이 아예 나오지 않을 것이다. 이런 이유 때문에 수를 끝점이 아니라 트리를 가로지르는 경로로 생각하는 것이 더 타당해 보인다. 앞에서 우리는 아무 리프나 골라서 꼭대기로부터 경로를 따라가 보면 그 수가 어떤 값을 나타내는지 확인할 수 있음을 살펴보았다. 설사 정확한 끝점이 없다 하더라도 (트리가 무한히 이어지기 때문에) 끝점 대신 트리를 가로지르는 경로에 대해 생각하면 된다.

일반적인 이진수가 십진수 체계로 표시할 수 있는 모든 수를 표현할 수 있듯이(사용하는 자릿수는 많아지겠지만). 이진법 소수도 모든 십진법 소수를 표현할 수 있다. 마찬가지로 이 경우도 자릿수는 더 길어진다. 따라서 무한 트리를 가로지르는 경로들은 〈영원히 이어지는 모든 소수〉, 즉 실수에 대응된다. 그럼 이제 다음과 같이 신념을 비약할 수 있다.

* $n$단계까지 있는 트리는 자기를 관통하는 경로가 $2^n$개 존재한다.
* 단계가 무한한 트리는 자기를 관통하는 경로가 〈2의 무한 제곱〉개 존재한다.

우리는 아직 소수에서 소수점 앞에 오는 잠재적인 정수 부분을 다루지 않았지만 그 부분이 별로 중요하지 않은 이유는 다음 장에서 살펴보게 될 것이다. 그리고 십진법보다는 이진법으로 하는 것이 더 만족스러운 이유, 정수 부분을 무시하는 것이 가능했던 이유도 확인하게 될 것이다.

여기서 별로 이룬 것이 없다는 생각이 들지도 모르겠다. 그것은 다음과 같은 질문에 아직 붙잡혀 있기 때문이다. 〈2의 무한 제곱은 얼마나 큰가?〉 다음 장에서는 이 질문에 대답할 준비를 하려고 한다. 하지만 먼저 눈앞에 펼쳐진 숨 막히는 장관을 바라보자. 지금 우리는 그 장관을 바라보며 감탄할 수 있는 위치에 올라와 있다. 우리는 트리를 이용해서 자연수로부터 실수를 구축하는 방법을 살펴보았다. 그리고 이것으로 더 큰 무한을 만들 수 있음을 살펴보았다. 우리는 그저 이 과정을 반복하기만 하면 된다. 그럼 무한의 계층 구조가 만들어진다. 이것이 다음 장의 주제다.

# 8. 무한의 비교

아이들은 계단을 한 칸 기어오르는 법을 배우고 나면 아주 흥분해서 한 칸, 또 한 칸 계속 오른다. 아이들은 자기가 새로 배운 한 가지 행동을 계속 반복하는 것만으로도 아주 높이 올라갈 수 있다는 것을 깨닫고 놀라워한다. 특히나 큰 계단을 간신히 오르고 나면 더욱 흥분할 것이다.

우리는 방금 특히나 큰 계단을 오르는 법을 배웠다. 한 무한에서 그보다 큰 무한으로 기어오르는 법을 배웠으니까 말이다. 그리고 자기가 계단을 오를 능력이 생겼음을 깨닫고 놀라는 작은 아이처럼 우리 역시 한 계단, 또 한 계단 더 올라가려고 한다. 이 계단은 실제 계단이 아니고, 심지어는 숫자가 표시된 계단도 아니다. 이것은 무한의 사다리를 따라 올라가는 계단이다.

우리는 다음의 사실들을 결합하려 한다.

* 실수는 자연수보다 더 큰 무한이다.
* 자연수의 무한을 $\omega$라고 하면 실수는 $2^{\omega}$만큼 존재한다.

우리는 이것을 반복함으로써 끝없이 이어지는 계층 구조 안에서 더욱더 커지는 무한을 계속 얻을 수 있음을 입증해 보일 것이다. 물론 이것이 대체 무슨 의미인지부터 분명하게 밝혀야 한다.

일반적인 질문은 다음과 같다. 무한의 크기를 어떻게 비교해야 할까? 지금까지 우리는 실수가 불가산이라는 판단을 내렸다. 즉 실수를 자연수와 정확하게 짝을 맞추려고 해도 일부 실수가 누락될 수밖에 없어서 불가능하다는 것이다. 직관적으로 보면 이것의 의미는 자연수보다 실수가 분명 〈더〉 많아야 한다는 소리지만, 둘 다 무한인 상황에서 이것이 대체 무슨 의미일까? 어떤 무한은 다른 무한보다 더 크다는데, 무한은 이미 무한히 큰 것인데 대체 어떻게 그것이 가능할까? 무한이 세상에서 가장 큰 것 아닌가? 어떻게 그보다 더 큰 것이 존재할 수 있다는 말인가?

영혼이 존재하느냐, 영생이 존재하느냐, 내가 뚱뚱하냐, 안 뚱뚱하냐의 질문과 마찬가지로 이것 역시 결국은 정의를 어떻게 내리느냐의 문제로 귀결된다. 〈뚱뚱하다〉는 것의 정의가 무엇인가? 무한의 경우에 맞춰 질문을 바꿔 보면 다음과 같다. 〈크다〉는 것의 정의가 무엇인가? 그냥 다 포기하고 무한은 무한히 크기 때문에 이것은 말이 안 된다고 얘기할 수도 있다. 하지만 수학자들은 실제로 논리적 모순에 직면하지 않는 한 쉽게 포기하지 않는 경향이 있다. 직관적으로 말이 되는 듯 보이는 현상이 존재하는 경우 수학자들은 이것이 논리적으로도 말이 되게 해 줄 틀frame을 찾고야 말겠다고 결심한다. 우리 수학자들은 그렇게 고집스러운 사람들이다. 내가 하이킹에 나섰다가 길이 절벽 가장자리로 이어지면 겁을 먹고 바로 돌아올 것이다. 하지만 그것이 수학의 절벽 가장자리, 즉 직관과 논리 사이에서 갑자기 벌어진 틈새라면 절벽 너머로 고개를 내밀고 내가 뭐 할 수 있는 것이 없나 열심히 기웃거릴 것이다.

이런 일을 할 때는 보통 정의를 신중하게 내려야 한다. 순환 논법에 갇힌 듯한 기분이 드는가? 내가 뚱뚱하지 않음을 증명하고 싶다면 뚱뚱함의 정의를 체질량지수와 관련해서 선택할 수 있다. 그 경우 가장 〈공식적〉인 정의에 따르면 나는 뚱뚱하지 않다. 하지만 내가 뚱뚱하다고 증명하고 싶다면 뚱뚱함의 정의를 허리-엉덩이 둘레비와 관련해서 선택하면 된다. 그 경우 당뇨병 발생 위험을 비롯한 대부분의 정의에서 나는 뚱뚱한 것으로 나온다.

정의를 자기 입맛에 맞게 내리는 이런 방식은 보통 수학 하면 떠오르는 방식과 달리 거기서 조금 뒷걸음질 친 방식으로 들린다. 일반적으로 수학은 수 같은 어떤 대상에서 출발해서 그 대상에 대한 진리를 이해하는 과정이기 때문이다. 예를 들어 보자. 〈3과 4를 더하면 어떻게 될까? 4와 3을 더하면 어떻게 될까? 아하, 두 번 모두 같은 값이 나오는구나. 그럼 덧셈에 관한 진리를 하나 찾아냈다.〉 이것이 일반적인 수학의 진행 방식이다.

하지만 당신은 눈치채지 못했을지도 모르지만 수학은 언제까지나 이런 단계에 머물지 않는다. 방정식 풀이는 이런 방식이 더 이상 통하지 않는 첫 번째 사례이다. 예를 들어 다음과 같은 방정식이 주어졌다고 해 보자.

$$3x + 4 = 10$$

그럼 당신은 이렇게 말하고 있는 셈이다. 〈나는 이것이 참이길 원해. 이것을 참으로 만들어 주는 $x$의 값이 무엇일까?〉 결국 상당수의 고등 수학은 당신이 참이기를 원하는 무언가에 대해 꿈을 꾸는 것으로 시작한다. 그리고 그다음에는 그 꿈을 실현해 주는 세상을 구축하는 일에 착수한다(일상생활에서 꿈을 실현하는 방법도 이런 식이라고 생각한다).

이제 우리가 무한에 대해 하려는 말을 정리해 보면 다음과 같다. 〈나는 어떤 무한이 다른 무한보다 더 크다는 것이 사실이기를 원해. 《더 크다》라는 것의 정의를 어떻게 내려야 이것이 참이 될 수 있을까?〉 이것의 원형이 되어 줄 사례는 실수와 자연수는 둘 다 무한이지만 실수가 자연수보다 더 많아 보인다는 사실이다. 여기서 다소 흥미로운 일들이 일어날 것이다. 우리는 무한이 점점 더 커지는 계층 구조를 쌓아 올리는 법을 알게 될 것이다.

## 집합을 비교하기

앞 장에서 우리는 실수를 자연수와 짝지어 보려고 아무리 노력해도 결국에는 적어도 하나의 실수가 짝 없이 남을 수밖에 없음을 입증함으로써 실수가 불가산이라는 것을 증명했다. 이것을 이용해서 임의의 두 집합을 비교해 볼 수 있다. 이것은 아래의 사례처럼 아주 작은 집합에서도 적용된다.

$$
\begin{array}{ccc}
1 & \longrightarrow & 4 \\
2 & \longrightarrow & 8 \\
3 & \longrightarrow & 12 \\
 & & 16
\end{array}
$$

우리가 앞에서 보았던 이 사례는 오른쪽에 16이 남는다. 하지만 여기서는 아무리 애를 써본다 한들, 꼭 16이 아니라도 오른쪽에는 무언가 짝 없이 남을 수밖에 없다.

> 집합 $A$와 집합 $B$를 짝짓기 위해 아무리 노력해도 오른쪽에는 필연적으로 짝 없는 것이 남을 수밖에 없는 운명이라면 이때 오른쪽 집합이 〈더 크다〉라고 말한다.

기술적 상황은 이보다 살짝 더 복잡하다. 위에 나온 문장은 왼쪽에서 오른쪽으로의 전사 함수가 불가능함을 진술하고 있지만, 기술적으로 엄밀하게 따지면 왼쪽에서 오른쪽으로의 단사 함수가 가능하다는 것도 말해야 한다. 이것은 다소 미묘한 부분이고 선택 공리와 관련이 있다. 앞으로 우리가 생각해 볼 모든 사례에서는 단사 함수가 아주 분명하게 드러난다. 예를 들어 자연수에서 실수를 향할 때는 모든 자연수를 실수 집합에 들어 있는 자기 자신과 짝짓는 아주 확실한 단사 함수가 존재한다.

어찌 보면 이것은 어린아이들이 수를 세는 법을 배우기 전에 자기가 갖고 있는 것이 얼마나 많은지 서로 비교할 때 사용하는 아주 기초적인 방법과 무척 비슷하다. 친구들한테 나눠 줄 쿠키가 충분히 있는지 확인하려 할 때 셈을 할 줄 아는 아이가 있으면 그냥 세보면 되겠지만, 그렇지 않은 경우에는 쿠키를 모두에게 나눠 줘 봐야 할지도 모른다. 「댄싱 위드 더 스타」에서 명사와 프로 댄서들의 수가 똑같은지 확인할 때 우리는 그냥 남는 사람 없이 양쪽 모두 짝이 맞는지만 살펴보았다. 짝이 맞으면 양쪽의 사람 수가 분명 같다는 의미니까 말이다. 심지어는 그 사람들의 수를 세어 볼 필요도 없었다. 몇 명이나 있는지 알 필요가 없었기 때문이다. 하지만 설사 우리가 그 사람들을 직접 세어 보았다고 해도, 우리가 실제로 한 일은 각각의 집단에 속한 사람들을 그 수에 해당하는 공식 수 주머니와 짝지어 본 것에 불과하다. 예를 들어 참가자가 열 명이라고 해보자. 그럼 그 사람들을 셀 때 사실 당신은 그들을 다음의 집합과 짝지어 보고 있었던 것이다.

$$\{1, 2, 3, 4, 5, 6, 7, 8, 9, 10\}$$

당신이 그 사람들을 이 집합과 짝지어 보았더니 9와 10을 사용하지 않았음을 알게 되었다고 해보자. 그럼 참가자의 수가 10명이 안 된다는 얘기다. 반대로 그 사람들을 이 집합과 짝지어 보았더니 9와 10을 두 번씩 사용해야 했다면 참가자가 10명이 넘는 것을 알 수 있다.

이런 분석 방법은 아주 작은 수를 다룰 때는 지나치게 거추장스러운 측면이 있다. 이것은 수학을 이해할 때 흔히 마주치는 문제다. 수학을 이해하려면 간단한 상황에서부터 이해해야 하는데, 그런 상황은 보통 너무 간단하기 때문에 복잡한 수학이 전혀 필요하지 않다. 그래서 이런 복잡한 과정이 모두 쓸데없는 짓 같아 보인다. 하지만 정말 복잡한 상황에서 그것을 이해하려고 곧바로 달려들었다가는 너무 어려워 포기하기 쉽다.

어쨌거나 이런 식의 짝짓기는 어린아이가 수를 세는 법을 배우기 전에 취할 수 있는 행동이다. 레고 기차 장난감을 갖고 있는 아이가 각각의 기차 칸에 레고 사람 모형을 하나씩 태우고 싶다. 그런데 레고 사람 모형이 다 떨어졌는데 아직도 빈 기차 칸이 남아 있다면 레고 사람 모형이 몇 개나 있는지, 혹은 전체적으로 몇 개가 필요한지 알지 못해도 사람 모형이 충분하지 않다는 것은 분명해진다. 무한 집합을 다룰 때도 〈더 많다〉, 〈더 적다〉를 이런 식으로 다루어야 한다. 아직 수를 세는 법을 배우지 못한 아이와 마찬가지로 우리도 무언가를 무한히 많이 가지고 있을 때 그것이 얼마나 많은지 알 수 없기 때문이다.

우리에게 사람 모형이 무한히 많고, 그 모형을 담을 기차 칸도 무한히 많은데, 사람 모형이 기차 칸보다 더 무한히 많은지 알고 싶다고 상상해 보자. 이제 사람 모형을 기차 칸에 태우다가 마지막에 가서 빈 기차 칸이 남는다면 분명 사람 모형이 충분하지 못하다는 의미라는 생각이 들 것이다. 여기서 첫 번째 쟁점은 그 〈마지막〉이라는 의미가 무엇인지 모른다는 점이다. 무한히 많은 사람 모형을 기차 칸에 일일이 다 태워야 한다면 〈영원한〉 시간이 걸리기 때문에 마지막이란 것이 있을 수 없다. 하지만 이 사실은 무시하기로 하자. 우리는 그런 작업을 실제로 할 필요가 없이 그냥 그런 작업을 할 수 있는 방법만 생각해 내면 되기 때문이다.

사람 모형을 기차 칸에 태우고 나서 마지막에 빈 기차 칸을 남기는 방법은 다음과 같다. 첫 번째 칸은 그냥 건너뛴다. 레고 사람 모형들도 나처럼 혹시나 충돌 사고가 있을지 몰라서 제일 앞 칸에 타는 것은 좋아하지 않는다고 상상해 볼 수도 있겠다. 그래서 첫 번째 사람 모형은 두 번째 기차 칸에, 그다음 사람은 세 번째 칸에…… 이런 식으로 나머지 기차 칸을 모두 채운다. 그럼 결국에 가서는 빈 기차 칸이 하나 남게 되는데, 그렇다고 이것이 사람 모형이 부족하다는 의미는 아니다. 사람 모형을 모두 한 칸씩 앞으로 당기면 모든 기차 칸이 가득 차니까 말이다.

처음에는 아예 무한히 많은 기차 칸을 빈 상태로 남길 수도 있다. 힐베르트 호텔 대피 시나리오 중 하나처럼 레고 사람 모형을 2, 4, 6 …… 등등 짝수 번호 기차 칸에만 태워도 가능하다. 그럼 홀수 기차 칸은 모두 빈 상태로 남게 된다. 그럼 마치 사람 모형의 수가 부족한 것처럼 보인다. 하지만 사실 우리에겐 충분히 많은 사람 모형이 있다.

이것은 무한에서 일어나는 기이하고도 놀라운 현상 중 하나다. 이것은 결국 우리가 아예 이 문제를 포기하거나, 아니면 그것이 의미하는 바가 무엇인지 좀 더 신중하게 생각해 봐야 한다는 의미다. 우리의 무한 집합을 이상한 방식으로 재배열하면 어떤 배열에서는 모든 기차 칸을 다 사용하고, 어떤 배열에서는 기차 칸이 남게 만들 수 있다. 힐베르트 호텔에 추가적으로 손님을 받을 때처럼 말이다. 만약 사람 모형도 열 명이고, 기차 칸도 열 칸이면 이런 일이 일어나지 않는다. 기차 칸마다 사람 모형을 한 명씩 태우고 싶다면 아주 다양한 방식으로 배열해서 태울 수는 있지만 사람 모형을 모두 사용하면 결국에는 기차 칸도 모두 사용하게 된다. 만약 사람 모형과 기차 칸이 유한한 어떤 숫자만큼 있는데 사람 모형을 모두 쓰고도 기차 칸이 남는다면 사람 모형보다 기차 칸이 많다고 확신할 수 있다.

반면 무한히 많은 사람 모형과 무한히 많은 기차 칸의 경우 사람 모형을 모두 쓰고도 빈 기차 칸이 남을 수 있지만, 이것을 재배열해서 기차 칸을 모두 채울 수 있을지 여전히 알 수 없다. 기차 칸이 사람 모형보다 정말로 많다는 것을 입증하고 싶으면 사람 모형을 어떤 식으로 재배열해 보아도 기차 칸을 모두 채울 방법이 존재하지 않음을 확실하게 보여야 한다. 어려워 보이겠지만 이것은 이미 칸토어의 대각선 논법에서 한 번 했던 일이다. 거기서 우리는 만약 그런 함수가 존재한다고 가정했을 경우 적어도 하나의 실수가 항상 짝 없이 혼자 남는 모순이 발생한다는 것을 보임으로써 실수와 자연수를 짝짓는 완벽한 함수가 존재하지 않음을 입증했다.

수학에서는 이런 경우 〈더 크다〉는 표현을 사용하지 않는다. 너무 애매모호한 표현이기 때문이다. 우리는 사실 상당히 신중하게 정의된 특정한 〈크기〉 개념에 대해 이야기하고 있다. 이것을 나타내는 수학 용어는 기수cardinality다. 한 집합의 기수란 그 안에 얼마나 많은 대상이 들어 있는지 측정한 것이다. 만약 집합에 유한한 수의 대상만 들어 있는 경우, 그 집합의 기수는 그냥 그 집합 안에 들어 있는 대상의 수다. 반면 대상이 무한히 많이 들어 있는 경우에는 더 복잡해진다. 지금까지 우리는 수를 세는 법을 아직 배우지 못한 아이와 비슷한 상태였다. 우리는 한 집합이 다른 집합과 기수가 같은지, 혹은 더 큰지 말하는 법을 알고 있다. 집합의 실제 기수가 무엇인지 모르는 상태에서도 말이다. 하지만 이제 우리는 기수가 점점 더 커지는 무한 집합들을 구축할 수 있다.

## 가장 작은 무한

가장 작은 집합은 공집합이다. 따라서 가장 작은 기수도 0이다. 그 뒤로는 온갖 유한 집합이 뒤따른다. 대상이 1개인 집합, 대상이 2개인 집합, 그리고 대상이 임의의 유한한 수 $n$개인 집합 등등.

자연수가 가장 작은 무한 집합인 것으로 드러났다. 여기서 말하는 〈가장 작다〉라는 표현은 대상들을 짝짓는 방법을 이용해서 정확하게 정의한 크기 개념을 말하는 것임에 유념하자. 자연수보다 〈더 작은〉 무한 집합이 있다면 그것은 무엇을 의미할까? 다음의 조건을 만족하는 다른 무한 집합이 존재한다는 말이다. 즉 이 무한 집합을 자연수와 짝을 지었을 때 자연수 일부가 필연적으로 짝 없이 혼자 남을 수밖에 없다는 뜻이다.

다시 투숙객을 힐베르트 호텔로 대피시키는 상황을 이용해서 이것에 대해 생각해 보자. 그럼 당신에게 무한히 많은 사람이 있지만 그 사람들을 모두 호텔로 대피시켜도 방이 필연적으로 남을 수밖에 없다는 의미가 된다. 하지만 이것이 사실일 리 없다. 모든 사람이 그 어떤 방도 건너뛰지 않고 차례대로 새 호텔에 들어가게 하면 항상 남는 방 없이 사람들을 새로 대피시킬 수 있기 때문이다. 이렇게 말하니 조금 애매하지만 다음과 같이 지시하면 분명해진다. 〈당신보다 방 번호가 작은 사람이 몇 명인지 세십시오. 그리고 그 값에 1을 더해서 그 방 번호로 옮기십시오.〉

* 방 번호가 제일 작은 사람이 자기보다 방 번호가 작은 사람을 세면 0명이 나올 것이다. 따라서 그 사람은 0 + 1 = 1번 방으로 간다.
* 방 번호가 그다음으로 작은 사람은 자기보다 방 번호 작은 사람을 세면 1명이 나올 것이다. 따라서 그 사람은 1 + 1 = 2번 방으로 간다.

이것은 엄격한 증명은 아니지만, 자연수의 모든 무한 부분 집합은 자연수와 짝지을 수 있다는 증명 속에 담겨 있는 기본적인 아이디어다. 이것이 의미하는 바는 자연수의 모든 부분 집합은 유한하거나, 아니면 자연수와 기수가 같다는 것이다. 그 사이에는 다른 무한이 존재하지 않는다. 따라서 우리는 가장 작은 무한을 찾아냈다. 그것은 바로 자연수 집합의 크기다.

우리가 무한이 수인지 확인하려 할 때마다 계속 등식의 양변에서 무한을 빼는 문제에서 막혀 버렸던 것을 기억해 보자. 우리는 등식의 양변에서 무한을 빼면 모순이 발생한다는 사실에 계속 부딪히고 말았다. 이제 그 이유를 서서히 이해할 수 있을 것이다. 자연수의 무한 집합에서 시작하면 거기서 무한 부분 집합을 뺄 수 있는 방법이 너무 다양하다. 모든 것을 제거해서 아무것도 남기지 않을 수도 있다. 아니면 짝수를 모두 제거하고 무한히 많은 홀수만 남길 수도 있다. 아니면 10보다 큰 수를 모두 제거해서 10개의 수, 혹은 임의의 다른 *n*개의 수를 남길 수도 있다. 즉 무한에서 무한을 빼면 아무 답이나 나올 수 있다. 이 문제는 다음 장에서 다시 다루겠다.

우리는 이제 크기가 다른 무한을 구축하고 있으니 더 나은 무한 기호를 생각해 낼 필요가 있다. 서로 다른 크기의 무한을 다루는 상황에서는 무한을 $\aleph_0$라고 쓴다. 이 기호는 히브리어 알파벳 첫 번째 글자인 〈알레프aleph〉이고, 아래 첨자 0은 이것이 가장 작은 무한이며 무한 계층 구조의 시작에 불과함을 의미한다.

## 그다음 무한

지금까지 여러 무한이 결국 알고 보면 자연수 집합과 크기가 똑같다는 것이 밝혀졌다. 그리고 자연수 집합보다 작아 보이는데 그렇지 않은 것도 있었다. 예를 들면 짝수의 집합이나 홀수의 집합 같은 것이다. 더욱 극적으로 100의 배수에 해당하는 모든 수, 혹은 백만의 배수에 해당하는 모든 수만 생각해 볼 수도 있다. 이것은 자연수의 백만 분의 1에 해당하는 작은 집합이다. 하지만 이것 역시 자연수 집합과 기수가 같은, 똑같은 크기의 무한 집합이다. 이로써 〈무한 나누기 백만은 여전히 무한이다〉라는 개념이 의미를 갖게 된다. 100보다 큰 모든 수의 집합에 대해서도 생각해 볼 수 있다. 이것 역시 크기가 같은 무한이기 때문에 〈무한

빼기 100은 무한이다〉라는 개념이 의미를 갖게 된다.

자연수 집합보다 더 큰 무한인 것 같은데도 그렇지 않은 집합도 살펴보았다. 빨간색과 파란색으로 자연수가 두 벌 들어 있는 집합이 그 사례였다. 자연수가 세 벌, 혹은 가산 무한 벌 들어 있는 집합도 마찬가지다. 아니면 정수의 집합, 심지어는 유리수의 집합도 결국은 자연수 집합과 크기가 같았다. 우리는 이 모든 무한 집합이 여전히 자연수와 짝짓기가 가능하며 따라서 이들 무한 모두 크기가 여전히 $\aleph_0$임을 입증해 보였다.

지금까지 살펴본 집합 중에서 정말로 자연수 집합보다 더 큰 것은 딱 하나, 실수의 집합밖에 없었다. 여기서 던질 질문은 다음과 같다. 이것이 바로 그다음에 오는 무한일까? 이것은 연속체 가설Continuum Hypothesis에서 다루는 아주 까다로운 문제다. 여기서 〈연속체〉라는 용어는 실수를 가리킨다. 정수나 유리수는 수직선상에서 사이사이에 틈을 남기는 반면 실수는 수직선 전체를 〈연속적으로〉 채우고 있는 것으로 여겨지기 때문이다. 이것은 아직 증명된 것이 아니라서 〈가설〉이라고 부르고 있다. 이 가설은 1878년에 칸토르가 제시했다. 칸토르는 실수의 기수가 자연수의 기수 다음에 오는 무한이라고 주장했다. 이것을 다른 방식으로 말하면 크기가 자연수와 실수 사이에 오는 집합은 존재하지 않는다는 것이다. 즉 당신이 어떻게든 자연수의 무한을 깨고 나와 그보다 더 큰 무한이 되는 순간, 곧바로 실수의 집합과 크기가 같아질 수밖에 없다는 의미다. 이것이 참인지, 거짓인지는 증명할 수 없다. 어떤 세상에서는 참이고, 어떤 세상에서는 거짓이다. 따라서 이것이 참인지, 거짓인지는 당신이 어느 세상에 들어가고 싶은지에 달려 있다.

연속체 가설은 체르멜로-프랑켈Zermelo-Frankel 논리라는 표준의 논리를 이용해서는 증명할 수 없다는 것이 증명됐다. 또한 이것이 거짓임을 증명할 수 없다는 것도 증명됐다! 이 가설이 참인 세상도 찾을 수 있지만, 참이 아닌 세상 또한 찾을 수 있다는 의미다. 따라서 그 결과가 논리의 규칙과는 독립적이다. 이것이 거짓임을 증명할 수 없음을 증명한 것은 1940년 쿠르트 괴델이었고, 이것이 참임을 증명할 수 없음을 증명한 것은 1963년 폴 코언이었다. 이것은 너무도 중요한 증명이었기 때문에 코언은 수학계의 노벨상으로 불리는 필즈상을 받았다.

$\aleph_0$ 다음에 오는 무한은 $\aleph_1$으로 불러야 할 테니까 연속체 가설을 다르게 표현하면 〈실수의 기수는 $\aleph_1$이다〉가 된다. 우리는 여기서 한 걸음 더 들어갈 수 있다. 앞 장에서 자연수의 기수와 비교했을 때 실수의 기수가 어떻게 되는지 계산해 보았기 때문이다. 그 해답은 이렇다. 만약 자연수의 기수를 $\aleph_0$이라고 하면, 실수의 개수는 이진법 소수를 이용해서 $2^{\aleph_0}$이 된다.

만약 십진수 소수를 이용했다면 그 해답이 $10^{\aleph_0}$으로 나왔으리란 것을 눈치챈 사람도 있을 것이다. 이진법 버전을 쓰는 것이 수학적으로 더욱 만족스러운 데는 몇 가지 이유가 있다. 우선 10은 실수를 세기에는 이상하게 작위적인 수다. 우리는 그저 손가락이 10개라는 사실 때문에 10을 밑수로 하는 소수를 선호하는 것이다. 하지만 2는 그다지 작위적이지 않다. 밑수 중 가장 작은 값이기 때문이다.

이것을 이진법 소수로 처리하는 것이 더욱 만족스러운 또 다른 이유는 $2^{\aleph_0}$이 $10^{\aleph_0}$보다 작다면 작다고 할 수 있고, 우리는 과연 이것이 $\aleph_0$ 바로 다음의 무한이 맞는지 확인하려는 의도도 갖고 있기 때문이다. 따라서 가급적 작은 수로 보이게 표현하는 편이 더욱 만족스럽다. 사실 공식적으로 이 둘은 전혀 차이가 없다. $2^{\aleph_0}$은 $10^{\aleph_0}$과 크기가 똑같기 때문이다. 사실 양쪽 다 $1000000000000^{\aleph_0}$과 똑같다. 하지만 이것이 $\aleph_0$ 바로 다음에 오는 무한이라고 하면 1000000000000이라는 부분이 중요한 의미가 있는 것이 아닌가 괜히 궁금해질 수도 있다. 따라서 $2^{\aleph_0}$이라고 부르는 편이 이해하는 데 더 도움이 된다. 이것은 우리에게 더 큰 무한을 만들고 싶으면 어떤 값을 밑으로 하고 먼저 나온 무한을 지수로 해서 거듭제곱해 주어야 한다는 것을 말해 준다. 그 어떤 값이 2처럼 작은 수라고 해도 말이다.

소수점 앞에 나오는 수는 무시했었던 것을 기억하는지 모르겠다. 내가 거기에 너무 무심했었나 싶기는 하지만 사실 이것은 아무런 차이도 만들어 내지 않는다. 이 부분을 한번 수정해 볼 수 있다. 소수점 앞에 나오는 수는 정수이고, 정수가 몇 개인지 우리는 알고 있다. $\aleph_0$이다. 소수점 앞 부분에 가능한 모든 정수가 들어갈 수 있게 하려면 우리가 지금까지 센 실수(0과 1 사이의 실수)의 개수에 $\aleph_0$를 곱해야 한다는 의미가 된다. 원칙적으로는 그래야 진정한 실수의 개수가 될 것이다. 하지만 $2^{\aleph_0}$이라는 거대한 것에 이 가산 무한을 곱해 봐도 무한은 눈곱만큼도 더 커지지 않는다. 지금까지 내내 나는 이 부분을 속으로 미리 알고 있었다. 그래서 소수점 앞 부분에 대해서는 별로 걱정하지 않은 것이다.

이것을 기하학적으로 확인하는 방법이 있다. 정수 부분을 무시하면 우리는 0과 1 사이 구간의 실수만 세는 셈이다. 실수의 수직선 전체에서 이 구간만 보기로 했을 경우, 이 구간을 몇 개나 이어 붙여야 실수의 수직선 전체를 만들 수 있을까? 모든 자연수에 대해 이것을 하나씩 이어 붙여야 하므로 이 구간이 총 $\aleph_0$개 있다. 더군다나 우리의 관심을 실수

수직선 위 임의의 구간으로 제한해도 그 안에 들어 있는 수의 총 숫자는 똑같이 나온다. 그 구간이 아무리 작다고 해도 말이다. 그 작은 구간과 0과 1 사이 구간의 수를 전단사 함수로 정확하게 짝지을 수 있다면 이것을 확인할 수 있다. 예를 들어 우리가 0과 $\frac{1}{100}$ 사이 구간으로 국한해서 바라보고 싶다고 해보자. 우리는 여기 들어 있는 모든 실수를 0부터 1사이의 모든 실수와 짝짓고 싶다. 그럼 그 구간에 들어 있는 수에 모두 100을 곱하고, 거기서 나온 값과 짝을 지어 주면 둘 사이에 전단사 함수가 성립한다. 이것은 수직선의 작은 구간을 더욱 큰 구간으로 확대하는 것과 비슷하다.

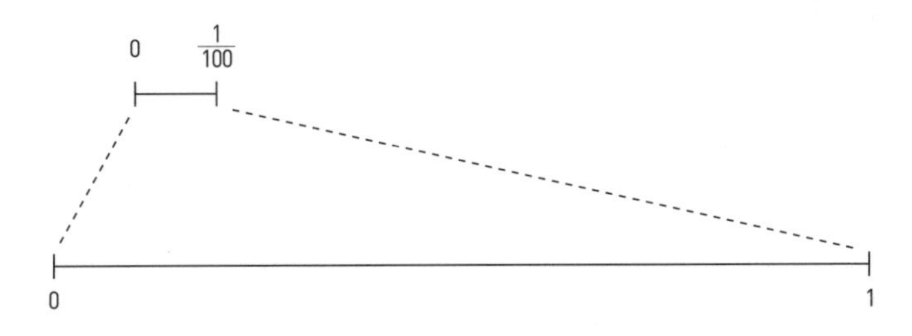


이제 우리는 실수 집합의 기수를 알고 있으므로 연속체 가설을 등식으로 고쳐 쓸 수 있다.

이 논증은 임의의 실수에서 또 다른 임의의 실수까지 구간의 크기를 어떻게 잡아도 모두 유효하다. 0부터 1 사이 구간을 실수 전체로 확대하려면 그냥 모든 값에 무한을 곱할 수는 없기 때문에 좀 더 잔머리를 굴려야 한다. 이런 식으로 하면 모든 양의 실수를 구할 수 있다. 우선 0과 1 사이에서 임의의 수 $x$를 고른다. 그다음에는 $\frac{1}{x}$을 계산한다. 그럼 1과 무한 사이의 어떤 값이 나올 것이다. 여기서 1을 뺀다. 그럼 0과 1 사이의 모든 실수와 0과 무한 사이의 모든 실수를 짝지을 수 있다.

$$\aleph_1 = 2^{\aleph_0}$$

이제 우리는 무한의 계단에서 한 계단 올라가는 법을 배웠다. 만약 당신이 수학자 기질이 있는 사람이라면(우리 작은 아이처럼) 곧바로 이 과정을 반복해서 2를 이 새로운 무한만큼 거듭제곱하고 싶어질 것이다. 좀 더 일반적인 형태의 연속체 가설에서는 이것이 매 단계별로 더 큰 새로운 무한을 만들어 내는 최소의 방법이라고 말한다. 이런 식으로 하면 무한의 계층 구조를 만들 수 있다.

$$\aleph_0, \aleph_1, \aleph_2, \aleph_3, \cdots$$
$$(\aleph_{n+1} = 2^{\aleph_n})$$

이것은 연속체 가설의 훨씬 더 어려운 버전이기 때문에 이것이 점점 더 커지는 일련의 무한을 얻는 최소의 방법인지 증명할 방법은 없다. 하지만 적어도 이 무한들이 실제로 더 커지는지는 확인해 볼 수 있을 것이다.

## 이 무한들은 실제로 더 큰가?

만약 $\aleph_0$가 〈자연수 집합의 크기〉라면 2의 $\aleph_0$거듭제곱은 대체 무슨 의미일까? 일반적으로 $2^n$은 〈2를 $n$번 곱한 값〉을 의미한다. 하지만 무한에는 이것을 적용할 수 없다. 2를 무한 번 곱할 수는 없기 때문이다.

여기서의 핵심은 $2^n$을 수를 가지고 하는 어떤 행동이라 생각하지 말고, 우리가 기수를 어떤 집합(원한다면 공식 수 주머니라고 해도 좋다)의 크기로 생각하고 있음을 기억하는 것이다. 따라서 $n$은 사실 $n$개의 대상이 들어 있는 집합의 크기다. 우리는 $2^n$을 $n$개의 대상이 들어 있는 집합과 관련이 있는 어떤 집합의 크기로 고쳐서 생각할 것이다. 유한한 수에 대해 의미가 통하게 이런 식으로 고쳐 생각한 다음, 이것을 무한한 집합에도 적용하자는 것이 그 기본 아이디어다. $\aleph_0$가 그저 자연수 집합의 크기에 불과하다는 것을 알고 있기 때문이다.

이제 이 문제가 휴가를 갈 때 가지고 갈 신발을 고르는 일과 똑같은지 확인해 보자. 이런 중요한(?) 문제를 결정할 때는 신발을 모두 모아 놓고 바라보며 가지고 가고 싶은 것들을 고를 수도 있고, 신발을 한 짝씩 차례로 확인하며 그 신발을 가져갈지 말지 결정하는 방법도 있다. 만약 당신에게 운동화 한 짝과 샌들 한 짝, 이렇게 두 켤레의 신발이 있다면 다음과 같은 선택을 할 수 있다.

* 아무 신발도 가져가지 않고 맨발로 다닌다.
* 샌들만 가져간다.
* 운동화만 가져간다.
* 샌들과 운동화 모두 가져간다.

모두 4가지 가능성이 있다. 이것을 다르게 세는 방법도 있다. 예스/노 방법을 사용하는 것이다. 여기서 결정 트리를 그려 볼 수 있다.

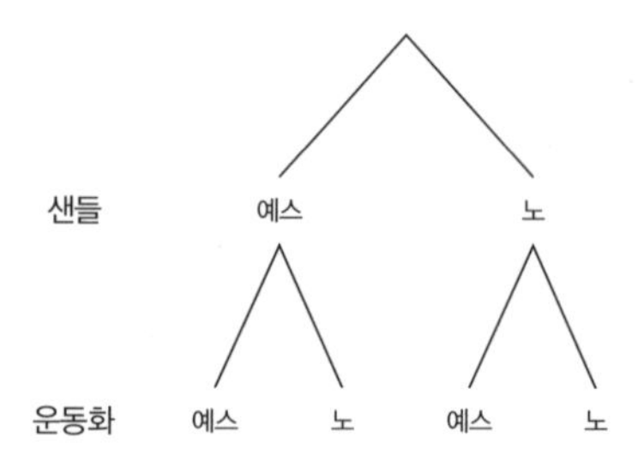


(겨우 신발 두 켤레 가지고 실제로 이런 결정 트리까지 그리면서 법석을 떠는 것은 정말 터무니없는 일이다. 사람들이 모두 비웃는다. 하지만 때로는 이것이 수학자의 운명이다. 나는 큰 파티를 치르려고 요리를 할 때는 부엌에서 시간을 최대한 효율적으로 활용할 수 있게 일의 흐름도를 그린다. 사실 이것은 나를 아는 사람들은 어지간해서는 다 아는 일이지만 나는 웬만하면 다른 사람이 보기 전에 그 흐름도를 눈에 안 띄는 곳에 치워 버린다.)

이 트리가 예전에 이미 보았던 것임을 눈치챘는지도 모르겠다. 우리가 그렸던 코스 메뉴 트리나 이진법 소수 트리와 똑같다. 만약 신발이 세 켤레라면 이런 트리가 나온다.

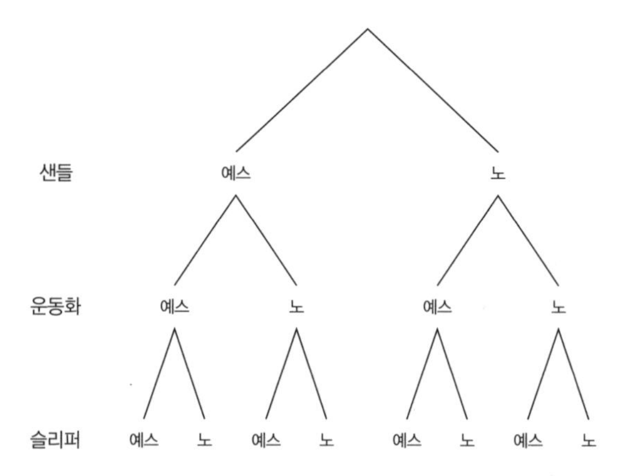

그럼 이제 모든 가능성의 수는 $2 \times 2 \times 2 = 2^3 = 8$가지다.

만약 슈즈가 $n$켤레 있다면 모든 가능성의 수는 $2^n$이다. 소수점 $n$번째 자리까지 있는 이진법 소수의 총 개수와 똑같다.

이제는 $n$이 무한대일 때 이것이 말이 통하게 해석할 필요가 있다. 이것을 일반화generalization라고 하는데 수학적 사고에서 대단히 중요한 부분이다. 처음에는 꽤 익숙한 것에서 시작한 다음 그 개념을 확장해서 원래의 개념을 망가뜨리지 않으면서 덜 익숙한 것에도 의미가 통하게 만든다. 앞에서는 애매하게 〈무한 트리〉에 대해 얘기하면서 그에 관한 신념을 비약했지만, 이번에는 좀 더 정확하게 해보려 한다.

휴가에 어떤 신발을 골라서 가져갈까 고민하는 동안 $2^n$이라는 값이 나왔다. 이것은 우리가 모든 신발의 집합에서 부분 집합을 골라내고 있었다는 의미다. 그럼 우리의 결론은 우리가 가지고 있는 신발이 모두 $n$켤레라면 휴가 때 가지고 가려고 고르는 부분 집합의 가짓수가 모두 $2^n$개라는 것이다.

이것은 이제 $n$이 무한이라도 통하는 개념이다. 즉 $n$이 우리가 만들어 낸 버전의 무한이라면 말이다. 자연수의 집합 같은 무한 집합에서 시작한다. 우리가 정의한 바에 따르면 자연수 집합의 기수는 $\aleph_0$이다. 그다음으로 우리는 모든 가능한 자연수 부분 집합의 집합을 생각할 수 있다. 그리고 $2^{\aleph_0}$을 이 집합의 기수로 정의한다. 이 크기가 얼마나 되는지는 계산하지 않았지만 2의 무한 거듭제곱이라는 개념을 2의 유한 거듭제곱이라는 개념과 일관된 방식으로 이해할 수 있게 만들었다.

자연수 집합의 모든 부분 집합이 무엇인지 일일이 다 적는 것은 꿈도 못 꿀 일이지만 애초에 모든 자연수를 적는 것 자체도 가능한 일이 아니었다. 사실 지금은 상황이 더 안 좋아졌다. 자연수의 부분 집합들은 불가산이기 때문이다. 즉 이 부분 집합들을 한 목록 안에 담기는 원리상으로도 불가능하다. 필연적으로 그 목록에서 빠지는 것이 생길 수밖에 없다.

$2^{\aleph_0}$이 실수의 크기를 나타낸다고 한 사실을 기억한다면 〈자연수 집합에서 나올 수 있는 부분 집합의 개수〉를 통해 〈실수의 개수〉를 이해하려 드는 것이 조금은 마구잡이식이라 생각할 수도 있다. 혹시 이 부분이 신경 쓰인다면 이 개념들이 직접적으로 연결되어 있음을 확인하는 방법이 있다. 자연수의 부분 집합을 고를 때는 다음의 방법 중 하나를 선택할 수 있다.

* 부분 집합에 포함시킬 모든 자연수를 목록으로 적는다. 아니면……
* 모든 자연수를 훑어 내려가며 그 옆에 〈예스〉 혹은 〈노〉라고 적어 그 각각의 자연수를 부분 집합에 포함시킬지 아닐지 표시한다.

두 번째 방법을 사용하는 경우, 사실상 당신은 〈예스〉와 〈노〉로 이루어진 긴 문자열을 적은 것과 같다. 이것을 1과 0이 무한히 이어지는 문자열로 바꾸어 놓을 수 있는데 이것이 바로 이진법 소수다.

알고 보면 칸토어의 대각선 논법과 아주 비슷한 방식을 이용해서 무언가의 부분 집합의 집합은 원래의 집합보다 항상 크다는 것을 입증할 수 있다. 집합의 크기가 유한한 경우에는 이것이 당연하다. 신발 짝이 아무리 많다 한들, 신발의 켤레 수보다는 휴가에 가지고 갈 수 있는 신발의 조합이 분명 더 많을 수밖에 없다. 무한 집합에서는 조금 더 까다로워지기는 하지만 그래도 가능하다. 그리고 이것이 우리가 $2^n$을 정의하는 방식이기 때문에 이것은 $2^n$이 항상 $n$보다 크다는 것을 말해 주고 있다. 이는 우리가 말하는 무한의 계층이 실제로 계속 더 커진다는 의미다.

$\aleph_0$

$\aleph_1 = 2^{\aleph_0}$

$\aleph_2 = 2^{\aleph_1} = 2^{2^{\aleph_0}}$

$\aleph_3 = 2^{\aleph_2} = 2^{2^{2^{\aleph_0}}}$

⋮

따라서 우리가 아무리 큰 무한에 도달했다고 해도 그 부분 집합의 집합에 대해 생각하면 언제든 그보다 더 큰 무한을 얻을 수 있다.

그럼 아이들이 자기 말이 얼마나 더 맞는지 말싸움하면서 무한이라는 말을 꺼냈을 때 이렇게 말하면 더 큰 무한을 만들 수 있었을 것이다. 「내 말이 2의 무한 거듭제곱 배 더 맞아.」 그리고 그다음엔……

「내 말이 2의 (2의 무한 거듭제곱) 거듭제곱 배 더 맞아!」

「내 말의 2의 (2의 (2의 무한 거듭제곱) 거듭제곱) 거듭제곱 배 더 맞아!」

⋮

# 9. 무한의 정체

산에서 하이킹을 할 때 길이 분명하게 잘 보일 때가 있다. 사실 나는 산악인이라 하기에는 부끄러운 사람이다. 나는 주로 잘 다져진 길로만 하이킹을 했다. 심지어는 길에 표지판이 세워진 경우도 있었다. 하지만 한번은 프랑스에서 에든버러 공작Duke of Edinburgh 탐험 프로그램에 참가했을 때 기억에 남을 만한 순간이 있었다. 캠핑지에 거의 다 왔는데 마지막 구간에서 혼란에 빠진 것이다. 지도에 나온 것보다 길이 더 많이나 있었고, 나침반의 방위는 그 어느 길과도 정확히 맞아떨어지지 않았다. 우리는 무척 피곤한 상태였다. 내가 기억하기로 그날 10에서 15킬로그램 정도 되는 배낭을 짊어지고 42킬로미터를 걸었던 것 같다(당시만 해도 텐트가 무척 무거웠다). 우리는 잘못된 길을 택해서 돌아와야 하는 상황을 피하고 싶었기 때문에, 다양한 단서들을 비교해 보았다. 어느 길이 제일 잘 다져진 길인지, 어느 길이 나침반 방위와 제일 잘 맞아떨어지는지, 어느 길이 트인 공간으로 이어지는 것 같은지 등등. 마침내 우리는 먼지 바닥 속에서 자갈로 만든 화살표를 찾아냈다. 우리보다 먼저 갔던 사람이 도움을 주려고 만들어 놓은 것이었다.

이 책의 1부에서 우리는 여러 막다른 길로 따라 들어갔다가 다시 우리가 남긴 발자취를 따라 되돌아왔고, 결국에는 무한으로 이어질 희망이 보이는 길을 찾아냈다. 이제 우리는 무한의 정체를 밝힐 다양한 단서를 확보했다.

* 수는 공식 수 주머니, 혹은 집합의 크기로 측정할 수 있다. 무한도 다르지 않다.
* 가장 작은 무한은 자연수 집합의 크기다.
* 실수의 무한은 자연수의 무한보다 크다.
* 당신이 어떤 무한을 생각하든 간에 2를 그 무한만큼 거듭제곱하면 더 큰 무한을 얻을 수 있다.

첫 번째 항목은 우리가 처음 몇 장에서 살펴보았던 것과 달리, 수를 어떤 방식으로 생각하기만 한다면 무한이 사실은 일종의 수라고 지적하는 듯 보인다. 정수, 유리수, 실수는 자연수의 확장이지만, 어떤 면에서 보면 이것은 무한에 대해서는 도움이 되지 않는다. 우리는 수에 대해서 〈공식 수 주머니〉 방식으로 생각하면 무한에 관해 이해하는 데 정말로 도움이 되는 자연수의 확장을 얻을 수 있음을 확인했다. 사실 이것은 우리에게 두 가지 서로 다른 방식을 제시해 준다. 서수ordinal number와 기수cardinal number다. 이제 이것들이 대체 무엇인지, 그리고 이것을 이용하면 우리가 앞에서 무한을 하나의 수로 정의하려 했을 때 부딪혔던 문제를 어떻게 피해 갈 수 있는지 확인해 보려 한다.

우리는 기수를 한 수의 〈크기〉를 측정하는 것이라고 얘기해 왔다. 기수는 서로 다른 수의 크기를 측정할 때 사용하는 공식 수 주머니다. 특히 점점 더 크기가 커지는 무한을 측정할 때 사용한다. (유한한 기수는 사실상 유한한 자연수와 별다를 것이 없다.)

하지만 무한에는 우리가 신경 써야 할지 모를 또 다른 측면이 존재한다. 힐베르트 호텔에 대해 처음 이야기를 시작했을 때를 생각해 보자. 호텔에 투숙객이 꽉 차 있었는데 새로운 손님이 딱 한 명 도착했다. 새로 온 손님을 받을 방법이 없어 보였지만 그 순간 모든 투숙객이 방을 한 칸씩 옮기면 된다는 생각이 떠올랐다. 이것은 그럴듯해 보이기는 하지만 모든 투숙객들을 번거롭게 만든다는 점에 대한 걱정은 완전히 무시하고 있었다. 만약 손님 한 명이 먼저 도착하고, 그다음에 무한 버스를 꽉 채운 손님들이 들이닥친 상황이었다면 손님을 더 받기 위해 투숙객이 방을 옮겨야 하는 일은 없었을 것이다. 번거로운 상황이 벌어지지 않는 해법인 셈이다. 하지만 무한히 많은 손님이 먼저 도착하고, 뒤이어 추가로 손님이 한 명 더 도착하면, 앞에 왔던 모든 손님이 방을 옮겨야 추가 손님을 받을 수 있다. 이것은 필연적으로 번거로운 일이 벌어질 수밖에 없는 해법이다.

이것은 손님들이 도착하는 순서에 관한 문제다. 1번 방이 제일 좋고, 2번 방이 그다음으로 좋고, 그 뒤로 갈수록 방의 질의 점점 더 나빠진다고 상상해 볼 수도 있다. 이런 경우 마지막에 온 손님을 제일 좋은 방에 넣는 것은 불공평한 일이다. 손님들이 도착한 순서대로 방을 배정하고 싶은 게 당연하다.

이것을 생각하니 영국 런던에서 매년 열리는 음악 축제인 「더 프롬스The Proms」에 가려고 로열 앨버트 홀에서 줄 서서 기다리던 때가 떠오른다. 거기에 도착하면 자기가 몇 번째인지 말해 주는 번호표를 준다. 한번은 아침 6시에 도착해서 줄을 선 적이 있다. 구스타보 두다멜이 지휘하는 시몬 볼리바르 오케스트라의 말러 교향곡 제2번 연주를 듣고 싶었다. 내가 좋아하는 곡이다. 나는 6번 번호표를 받아 들고 아주 흥분했다. 6번으로 줄을 서서 하루를 보내고 나니 5번과 아주 친해졌다(7, 8번은 우리 부모님이었다). 이런 경우라면 도착하는 순서가 정말로 중요해진다. 내가 그렇게 일찍 도착해서 줄을 선 이유는 무려 13시간이나 줄을 서는 일이 있더라도 아주 앞줄에 앉아 연주를 듣고 싶었기 때문이다. 이런 상황에서 다른 누군가가 내 앞에 새치기 해 들어온다는 것은 참을 수 없는 일이었다. 1, 2, 3번은 그 자리를 차지하려고 아예 밤을 새워 노숙을 한 사람들이었다.

반면 바에서 파티를 여는데 그 바의 최대 수용 인원이 100명인 경우에는 사정이 달라진다. 이 경우에도 사람들에게 번호표를 나눠 줄 수 있다. 그래야 100번 번호표를 나누어 준 후에 자리가 다 찼다는 것을 알 수 있기 때문이다. 사람들이 어떤 순서로 도착했는지는 신경 쓸 필요가 없다. 그냥 100명이 찼다는 것만 알면 된다.

이것이 기수와 서수의 차이다. 기수는 대상의 크기만 측정하고, 그 대상들이 서로 어떤 관계인지는 신경 쓰지 않는다. 반면 서수는 순서를 고려한다. 이것은 힐베르트 호텔의 지배인이 새로 온 손님들을 받기 위해 투숙객들이 번거롭게 방을 옮기도록 할 것이냐 하는 문제와 비슷하다.

유한한 수에 대해서만 생각할 때는 이 두 유형의 수 사이에 그리 큰 차이가 없다. 하지만 무한한 수에 대해 생각할 때는 아주 큰 차이가 있다. 서수는 기수보다 훨씬 더 미묘한 구석이 있다.

앞 장에서 우리는 어떤 대상의 순수한 크기에 대해 이야기를 나누었고, 그것을 〈기수〉라고 불렀다. 기수와 서수의 한 가지 큰 차이는 그 안에 서로 다른 유형의 무한이 얼마나 많은가 하는 부분이다. 순수한 크기로만 봤을 때 가장 작은 무한은 자연수 집합의 크기임을 확인했다. 그리고 실수의 집합의 크기가 그다음에 오는 무한일지도 모른다는 사실도 확인했다. 하지만 사람들이 도착한 순서에 대해 생각하고, 힐베르트 호텔의 방을 옮기는 번거로움에 대해 생각하면 두 무한 사이에는 대단히 서수적인 무한이 존재한다. 사람들이 어떤 순서로 도착하는지 신경 쓰기 시작하면 상황 자체가 아주 달라지고, 더욱 이상해진다.

힐베르트 호텔과 한 명의 추가 손님 사례는 〈1 더하기 무한〉은 아무런 번거로움이나 불공평함 없이 무한에 끼워 맞출 수 있지만, 〈무한 더하기 1〉을 무한에 끼워 맞추려면 번거로운 일이 생길 수밖에 없음을 보여 준다. 이 사실을 다음과 같이 적을 수 있다.

$$\infty + 1 \neq 1 + \infty$$

이제 두 대의 무한 버스를 타고 온 손님들의 사례를 다시 생각해 보자. 첫 번째 무한 버스에 탄 손님들을 차례로 호텔로 들여놓으면 두 번째 무한 버스가 도착했을 때 문제가 생긴다. 앞서서 온 손님들에게 방 번호에 2를 곱한 방으로 옮겨 달라고 해서 홀수 번 방을 비우면 이 손님들을 받을 수 있다. 하지만 그럼 새로 온 손님들이 먼저 도착한 사람보다 앞 번호 방에 들어가게 된다. 이것은 불공평하다. 여기서 얻는 결론은 다음과 같다. 〈무한 곱하기 2를 무한에 끼워 맞출 수는 있지만, 번거로운 일이 생긴다.〉

이번에는 두 개의 무한 집단이 나타나는 대신, 2개짜리 집단이 무한 개 도착한다고 가정해 보자. 두 명씩 태운 2인용 자전거가 무한히 많이 도착한다고 생각하면 되겠다. 이것은 실제로 마주칠 가능성이 큰 사례라는 데 당신도 동의하리라 믿는다.

첫 번째 2인용 자전거가 도착한다. 그럼 당신은 앞자리에 앉은 사람을 1번 방에, 뒷자리에 앉은 사람을 2번 방에 배정한다.

그다음 2인용 자전거가 도착한다. 그럼 당신은 앞자리의 사람을 3번 방에, 뒷자리 사람을 4번 방에 배정한다.

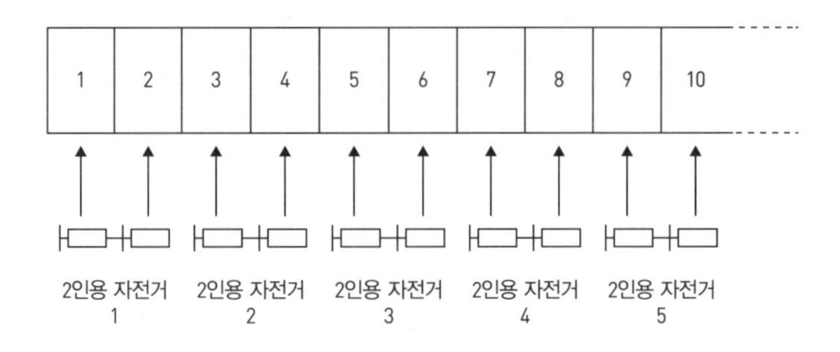


이런 식으로 계속 간다. 2인용 자전거가 도착할 때마다 당신은 그다음 방 두 개를 채운다. 여기서 핵심은 그 누구도 방을 옮길 필요가 없다는 것이다. 앞에서 우리는 무한 버스 두 대를 받았으니까 〈무한 곱하기 2〉를 다루었다. 이번에는 〈2 곱하기 무한〉이다. 사람들을 한 쌍씩 무한 번에 걸쳐 받기 때문이다. 유한한 수를 다루는 일반적인 산수에서는 둘을 구분할 필요가 없다. 〈2 곱하기 5〉나 〈5 곱하기 2〉나 똑같다는 것을 알기 때문이다. 하지만 여기서는 〈무한 곱하기 2〉를 무한 호텔에 끼워 넣으려면 번거로운 일이 생기지만, 〈2 곱하기 무한〉을 무한 호텔에 끼워 넣을 때는 번거로운 일이 전혀 생기지 않음을 알 수 있다. 즉, 번거로운 일이 생기는지 여부를 함께 고려하면 다음과 같은 사실을 알 수 있다.

$$\infty \times 2 \neq 2 \times \infty$$

이것은 우리가 번거로운 상황에 대해 신경 쓰기 시작하면 무한이 평범한 숫자와 비슷하게 행동하지 않는다는 것을 보여 주는 또 다른 힌트이다.

〈번거로운 상황〉이라는 것은 수학적 개념이 아니지 않느냐는 생각이 들지도 모르겠다. 사실이다. 그것을 순서라는 측면에서 생각하는 이유도 그 때문이다. 번거로운 상황이 발생했는지 여부는 호텔 손님들이 도착한 순서와 맞아떨어지게 방을 배정받았는지 살펴보면 확인할 수 있다. 당신이 야기한 번거로운 상황에 대해 신경 쓰지 않는 경우라면 손님들이 도착한 순서를 무시할 수 있다. 그냥 호텔에 손님들을 다 받았느냐, 못 받았느냐, 그것만 신경 쓰면 된다. 이것을 〈기수 연산cardinal arithmetic〉이라고 한다. 기수는 대상이 얼마나 많은지만 다루기 때문이다. 사물이 도착한 순서에 신경을 쓰는 경우에는 〈서수 연산ordinal arithmetic〉이라고 부른다. 이것은 그냥 대상이 얼마나 많은지만 따지지 않고 대상이 어떤 순서로 있는지도 따진다. 유한한 수에 대해 생각할 때는 양쪽이 똑같지만, 무한에 대해 생각할 때는 무한의 서로 다른 두 가지 정당한 버전을 제시해 주기 때문에 흥미로운 차이가 생긴다.

## 무한 대기 줄

사람들의 도착 순서에 대해 생각하게 됐으니 대기 줄을 떠올리면 도움이 된다. 당신이 사람들의 순번이 적힌 번호표를 나눠 주는 일을 담당하게 됐다고 해보자. 이 대기 줄은 어마어마하게 긴 줄이 될 것이다. 대기하는 사람이 무한히 많으니까 일종의 〈힐베르트 대기 줄〉이라고 할 수 있을 것이다. 당신에게는 번호표 묶음이 있다. 그 번호표에는 1, 2, 3, 4, 5, 6…… 등등으로 각각의 자연수가 적혀 있다. 사람들이 도착하면 당신은 도착 순서대로 번호표를 한 장씩 떼어 준다.

이제 무한히 많은 사람이 도착해서 번호표를 남김 없이 다 나누어 주었다고 해보자(힐베르트 호텔의 경우처럼). 이제 또 다른 사람이 도착하면 모든 사람에게 대기 줄에서 모두 한 칸씩 뒤로 물러나라고 하고 1번 번호표를 다시 되돌려 받으면 된다. 그리고 새로 도착한 사람에게 그 번호표를 주면 된다. 하지만 그럼 제일 마지막에 온 사람이 무한히 긴 대기 줄을 한 번에 뛰어넘어 제일 앞으로 온다. 이것은 전혀 공평하지 않다. 이 상황에서 공평한 방법은 색을 달리해서 새로운 번호표 묶음을 나눠 주기 시작하는 것밖에 없다. 첫 번째 번호표 묶음은 빨간색이었고, 두 번째 번호표 묶음은 파란색이라고 해보자. 그럼 당신은 빨간색 번호표는 모두 파란색 번호표보다 앞에 온다는 것을 기억해야 한다.

두 번째 번호표 묶음을 쓰지 않아도 이 상황을 해결할 수 있는 방법이 있지 않을까 궁금해질 것이다. 하지만 대기 줄을 건너뛰지 않고는 이것을 해결할 방법이 없다. 이것은 서수를 이용할 때는 〈무한 더하기 1〉이 사실 무한보다 더 크다는 것을 말해 준다. 기수(크기) 방식 대신 이런 서수 방식으로 자연수의 무한에 대해 생각할 때는 이것을 종종 $\omega$로 쓴다. 따라서 여기서는 $\omega+1 > \omega$라는 결론을 얻는다. 반면 $1+\omega$는 한 사람이 먼저 도착하고, 그다음에 무한히 많은 사람이 도착했다는 의미다. 이런 경우에는 그냥 번호표 묶음을 하나만 쓰면 되고, 두 번째 번호표 묶음이 필요하지 않다. 따라서 $1+\omega=\omega$이 된다.

이로써 기이하고도 놀라운 기수 연산이 시작됐다. 기수 연산에서는 평범한 수를 대상으로 사용하던 규칙들을 모두 다시 생각해 보아야 한다. 달라진 첫 번째 규칙은 대상을 더하는 순서에 관한 규칙이다. 일반적인 유한한 수의 경우 덧셈을 할 때는 더하는 순서가 중요하지 않음을 알고 있다. 따라서 다음의 등식이 성립한다.

$$5+3=3+5$$

이것을 좀 더 일반적으로 표현하면 다음과 같다.

$$a+b=b+a$$

여기서 $a$와 $b$는 임의의 실수다(실수는 모든 유리수와 무리수를 포함하는 모든 소수임을 기억하자). 이미 앞에서 무한 서수가 등장하는 사례를 살펴본 바 있다. 그 사례에서는 이런 등식이 성립하지 않았다. 다음의 사실을 확인했기 때문이다.

$$1+\omega=\omega$$

하지만

$$\omega+1\neq\omega$$

따라서

$$1+\omega\neq\omega+1$$

$a+b=b+a$가 성립하는 경우 이런 속성을 덧셈의 교환 법칙이라고

한다. $a$와 $b$를 서로 교환할 수 있기 때문이다. 서수 방식으로 처리하는 새로운 방식에 대해 생각하고 있지만 유한한 수에서는 이것이 여전히 성립한다. 5와 3으로 시도해 보자.

당신이 다시 대기 줄을 담당하게 됐는데 다섯 사람이 나타났다. 그럼 당신은 그 사람들에게 1, 2, 3, 4, 5번 번호표를 나누어 줄 것이다. 그리고 다시 세 사람이 더 나타나면 6, 7, 8번 번호표를 나누어 줄 것이다. 기수로 처리해도 5+3=8인 것을 알 수 있다.

이번에는 세 사람이 먼저 도착해서 1, 2, 3번 번호표를 나누어 주었다. 여기서 다섯 사람이 더 도착하면 4, 5, 6, 7, 8번 번호표를 나누어 주게 된다. 정답은 여전히 8이다. 번호표를 꼭 그 순서대로 주어야만 하는 것은 아니지만 양쪽 경우 모두 대기 줄의 순서를 망치지 않으면서 사람들에게 1번에서 8번까지의 번호표를 나누어 줄 수 있다는 것은 사실이다. 따라서 어떤 순서로 하든지 간에 답은 똑같이 나온다.

조금 이상하다는 느낌이 든다면 번호표를 2, 4, 6, 7, 10, 12, 14, 16 아니면 심지어는 1, 5, 9, 14, 18, 100, 200, 378 순서로 주어도 된다. 이래도 정당하며 모든 사람이 여전히 도착한 순서대로라는 것을 의미한다. 그저 중간에 건너뛴 번호표를 나중에 도착한 사람들에게 나누어 주지만 않으면 된다.

1과 $\omega$의 사례를 보면, 한 사람이 먼저 도착하고 뒤이어 $\omega$명의 사람이 도착한 경우에는 똑같은 묶음에서 번호표를 내어 줄 수 있지만, $\omega$명이 먼저 도착하고 뒤이어 도착한 한 사람에게 똑같은 묶음에서 번호표를 나누어 주려면 대기 줄 순서가 망가질 수밖에 없다. 이것이 수학적 논증이 아님을 눈치챈 사람도 있을 것이다. 그냥 그럴듯한 생각에 불과하다. $1+\omega$가 $\omega+1$과 같지 않음을 정말 수학적으로 입증하려면 대기 줄에서 제일 마지막에 도착한 사람이 누구인지에 대해 생각해야 한다. 첫 번째 경우에서는 누가 마지막인지 알 수 없다. $\omega$명의 사람이 영원히 이어지기 때문이다. 반면 두 번째 경우에는 마지막에 도착하는 사람이 누구인지 정확히 알 수 있다. 무한히 많은 사람이 먼저 도착하고 난 후에 도착한 그 사람이다. 〈확인 가능한 마지막 사람〉이 있는 대기 줄은 확인 가능한 마지막 사람이 없는 대기 줄과 같지 않다.

수학에서는 마지막 사람이 없는 대기 줄을 〈극한 서수limit ordinal〉라고 한다. 번호표 묶음을 극한까지 모두 써버려서 번호표 묶음을 새로 꺼내지 않고는 계속해서 나누어 줄 수 없기 때문이다.

길이가 서로 다르면서 모두 확인 가능한 마지막 사람이 있는 대기 줄은 아주 풍부하게 존재한다는 점에 주목하자. 예를 들어 길이가 유한한 모든 대기 줄이 여기 해당한다. 곧이어 길이가 서로 다르면서 확인 가능한 마지막 사람이 없는 대기 줄도 풍부하게 존재한다는 사실을 확인하게 될 것이다.

### 다중의 무한 대기 줄

덧셈 다음에 시도해 보는 것은 보통 곱셈이다. 곱셈은 보통 덧셈을 반복해서 만들기 때문이다. 평범한 수에서는 곱셈의 순서가 중요하지 않다는 것을 우리는 알고 있다. 따라서 다음의 등식이 성립한다.

$$5 \times 3 = 3 \times 5$$

그리고 이것을 좀 더 일반화하면 다음과 같다.

$$a \times b = b \times a$$

(여기서 $a$와 $b$는 실수)

이것을 곱셈의 교환 법칙이라고 한다. 앞서 무한히 많은 2인용 자전거가 힐베르트 호텔에 도착한 경우와 무한 버스 두 대가 도착한 경우의 차이에 대해 생각해 보면서 이 법칙이 무한히 큰 수에는 적용되지 않는다는 힌트는 이미 얻었다.

이 시점에서 우리는 곱셈이 정말로 의미하는 바가 무엇인지 신중하게 생각해 보아야 한다. 반복적인 덧셈으로 곱셈을 만드는 서로 다른 방법이 존재하기 때문이다. 평범한 수를 다룰 때는 이런 부분을 걱정할 필요가 없다. 방법이 달라도 모두 똑같은 답이 나오기 때문이다. 당신은 곱셈을 두 가지 방식으로 생각할 수 있다는 사실 자체도 완전히 까먹고 있었을지 모르겠다. 그 서로 다른 두 가지 방법이란 이렇다. 5 × 3은 과연 〈3이 5개 있는 것〉일까 아니면 〈5가 3개 있는 것〉일까? 바꿔 말하면 쿠키가 세 개씩 들어 있는 주머니가 5개 있는 것일까, 아니면 쿠키 주머니가 3개 있는데, 각각의 주머니에 쿠키가 5개씩 들어 있는 것일까? 혹은 이것은 3 + 3 + 3 + 3 + 3일까, 아니면 5 + 5 + 5일까? 평범한 수에서는 이것이 걱정거리가 아니다. 똑같은 답이 나온다는 것을 아니까. 하지만 어린아이에게 곱셈을 가르칠 때는 이 점을 설득하는 데 시간이 좀 걸릴 것이다. 그리고 보통은 직사각형 격자 패턴으로 물건들을 나열해서 설명할 때가 많다.

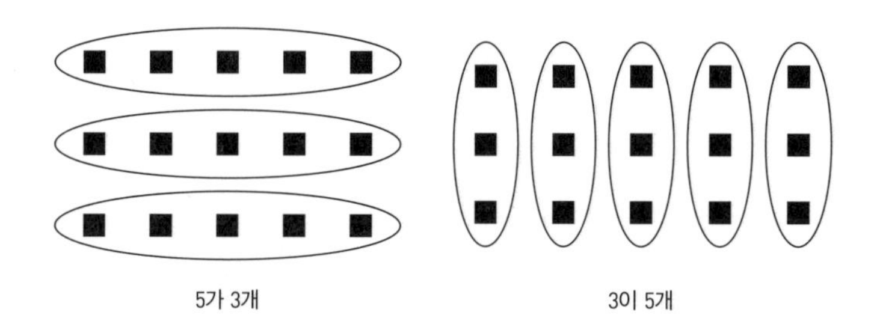


무한 서수의 경우에는 이것이 차이가 난다. 따라서 $a$ 곱하기 $b$의 의미가 무엇인지 결정을 내려야 한다. 수학에서는 보통 $a \times b$는 〈$a$를 $b$번 더한 것〉이라 결정한다. 이것은 $a^b$이 〈$a$를 $b$번 곱한 것〉을 의미하는 것과 어느 정도 일맥상통한다.

그럼 $5 \times 3$의 경우에는 5명의 사람이 대기 줄에 도착하고, 뒤이어 다시 5명, 다시 또 5명이 도착한 것으로 생각해야 한다. 그럼 번호표를 1번에서 15번까지 나눠 주게 된다. $3 \times 5$의 경우 3명이 먼저 도착하고, 뒤이어, 다시 3명, 다시 3명, 다시 3명, 다시 3명이 도착한 것으로 생각해야 한다. 이번에도 역시 1번에서 15번까지의 번호표를 나누어 주게 된다.

하지만 이번에는 다시 무한 버스와 2인용 자전거에 대해 생각해 보자. $\omega$명의 사람이 도착하고, 또다시 $\omega$명이 도착한 경우에는 빨간색 번호표 묶음을 통째로 다 쓰고, 다시 파란색 번호표 묶음을 꺼내야 할 것이다.

반면, 유한한 2인용 자전거가 도착한 경우 당신은 첫 번째 2인용 자전거에는 1번과 2번을, 그다음에는 3, 4번을, 그다음에는 5, 6번을…… 이렇게 나누어 주게 된다. 이런 식으로 계속 표를 나누어 줄 수 있고, 두 번째 번호표 묶음을 꺼낼 필요는 결코 없다.

첫 번째 경우는 〈$\omega$를 두 번 더한 것〉이다. 이것을 우리는 $\omega \times 2$라고 한다. 그 답은 두 벌의 번호표 묶음이다. 이것은 $\omega + \omega$와 같다. 두 번째 경우는 〈2를 $\omega$번 더한 것〉이다. 우리의 정의에 따르면 이것은 $2 \times \omega$다. 이번의 답은 그냥 번호표 묶음 하나, 즉 $\omega$다.

$$\omega \times 2 = \omega + \omega$$
$$2 \times \omega = \omega$$

이제 $\omega + \omega$는 $\omega + 1$보다 훨씬 크다. 그리고 $\omega + 1$은 이미 $\omega$보다 크다. 이것은 다음과 같은 의미다.

$$2 \times \omega \neq \omega \times 2$$

따라서 무한 서수는 곱셈의 교환 법칙이라는 속성을 갖고 있지 않다.

앞에서 사용했던 것과 똑같은 방법, 즉 대기 줄에서 누가 마지막 사람인지 확인하는 방법을 다시 이용해서 이 둘이 서로 다르다는 것을 밝힐 수 있을까 궁금해질지도 모르겠다. 하지만 이번에는 그 방법을 적용할 수 없다. 두 대기 줄 모두 마지막 사람이 없기 때문이다. 살짝 다른 접근 방법을 이용해야 한다. 모든 사람에게 대기 줄에서 자기 바로 앞에 있는 사람이 누구인지 확인해 달라고 부탁하는 상상을 해볼 수 있다. 그럼 $\omega$명의 대기 줄에서 자기 앞 사람을 확인할 수 없는 사람은 딱 한 명, 1번 번호표를 가진 사람뿐이다. 그 앞에 아무도 없기 때문이다. 반면 $\omega + \omega$명이 있는 대기 줄의 경우 자기 앞 사람을 확인할 수 없는 사람은 다음과 같이 두 명이다.

* 빨간색 번호표 1번을 가진 사람. 자기 앞에 아무도 없기 때문이다.
* 파란색 번호표 1번을 가진 사람. 빨간색 번호표를 가진 사람은 모두 자기 앞에 있지만 빨간색 번호표를 가진 〈마지막〉 사람은 존재하지 않기 때문이다. 따라서 이 사람 바로 앞에는 확인 가능한 사람이 없다.

이 방법을 이용하면 $\omega$를 새로 더할 때마다 새로운 서수를 얻게 됨을 입증할 수 있다. 더할 때마다 번호표 색깔이 다른 1번 사람이 새로 생기고, 그 사람은 자기 바로 앞 사람이 누구인지 확인할 수 없기 때문이다.

## 무한 뺄셈

이제 뺄셈에 대해 생각해 볼 수 있다. 뺄셈은 이 책 첫 부분에서 무한이 일반적인 수가 될 수 있는지 확인하려고 했을 때 계속 문제를 일으키던 존재다. 정수의 뺄셈을 정의할 때 우리는 덧셈의 역원, 즉 음수라는 개념을 이용해서 정의했다. 하지만 서수에서는 음수가 존재하지 않는다. 대체 누가 대기 줄에서 마이너스 첫 번째 사람이 될 수 있단 말인가? 줄에서 제일 앞에 서 있는 사람을 이기려고 자기가 마이너스 첫 번째 사람이라 우기는 어린아이를 상상해 볼 수는 있겠지만 사실 이런 식으로는 안 된다. 그 사람을 다른 줄에 더해서 그 줄에서 한 사람을 제거할 수 있는 것이 아니고는 불가능하다(어쩌면 그 작은 아이도 그러고 싶을지 모르겠다. 그리고 이 시점에 오면 수학 전체에 심통이 날지도 모르겠다.

이 아이들에게 과자의 수에 대해 생각하며 산수를 하되, 그 과자를 먹어서는 안 된다고 했을 때처럼 말이다).

그 대신 우리는 당신이 어려서 거꾸로 셈하는 법을 아직 몰랐을 때 뺄셈을 하던 방식으로 되돌아가야 한다. $5-3$에 대해 생각해 보자. 그 답이 2라는 것은 모두 안다. 5부터 시작해서 뒤로 세어 나가거나, 손가락 5개를 편 다음 3개를 접어서 나머지 펴진 손가락을 세면 되니까 말이다. 아니면 굳이 그렇게 해보지 않아도 그냥 안다. 하지만 당신이 앞으로 세는 법만 알고 거꾸로 세는 법은 아직 모른다면 3에서 시작해서 앞으로 몇 단계나 가야 5에 도달하는지 확인하는 것으로 이 계산을 할 수도 있다. 이렇게 하는 경우 아이는 다음과 같은 질문에 대답하고 있는 셈이다. 〈3에 몇을 더해야 5가 될까?〉 조금 복잡하게 생각하면 이것을 다음과 같은 방정식으로 쓸 수 있다.

$$3+x=5$$

이것과 관련된 질문이 하나 더 있다. 〈3을 더하면 5가 되는 수가 존재하는가?〉 이 표현에는 결정적인 차이가 있다. 이것을 방정식으로 나타내면 다음과 같다.

$$x+3=5$$

평범한 수에서는 이것이 동일한 방정식이다. $3+x=x+3$이기 때문이다. 하지만 무한 서수에서는 덧셈의 교환 법칙이 성립하지 않는다는 것을 확인했으므로 3과 5를 대신해서 다른 수가 들어가면 이 둘이 서로 다른 방정식이 될 수 있다. 무한 서수에 대해 생각할 때는 이 두 상황을 따로따로 생각할 필요가 있다.

예를 들어 이런 질문은 어떨까? $\omega$를 얻으려면 1에 무엇을 더해야 할까?

$$1+x=\omega$$

$x=\omega$로 놓으면 풀 수 있다. 다음의 등식이 성립함을 알기 때문이다.

$$1+\omega=\omega$$

하지만 이것을 뒤집어서 시도하면 일이 틀어진다. 1을 더하면 $\omega$가 나오는 수가 있을까? 즉 다음의 방정식을 성립하게 하는 $x$가 있을까?

$$x+1=\omega$$

이제 더 이상 $x=\omega$로 놓을 수 없다. 앞에서 보았듯이 다음의 부등식이 성립하기 때문이다.

$$\omega+1\neq\omega$$

사실 이 방정식은 가능한 해가 없다. $x$에 어떤 값을 대입하더라도 $x+1$은 〈대기 줄 마지막 사람〉(끝에 붙은 1)이 등장하는 반면, $\omega$은 〈대기 줄 마지막 사람〉이 등장하지 않기 때문이다. 다음과 같은 방정식의

해가 반드시 존재하지는 않는다는 의미다.

$$x + a = b$$

이는 다시 말해 뺄셈이 반드시 가능하지는 않다는 의미다. 그 이유를 알아보자.

무한에서는 대상을 왼쪽에서 더하는 것과 오른쪽에서 더하는 것이 다르므로, 왼쪽과 오른쪽에서 빼는 것도 역시 다르리라는 것을 기억해야 한다. 뺄셈은 〈덧셈을 뒤집는 것〉이다. 수의 왼쪽에서 덧셈을 뒤집으면 대기 줄의 앞쪽에서 사람을 빼내는 것이다. 수의 오른쪽에서 덧셈을 뒤집으면 사람을 대기 줄 뒤쪽에서 빼내는 것이다. 여기서 문제가 발생한다. 대기 줄에서 확인 가능한 마지막 사람이 없다면 대기 줄에서 마지막 사람을 빼낼 수가 없다. 그 사람을 찾을 수 없으니까 말이다. 다음의 방정식을 풀 수 없는 이유도 바로 여기에 있다.

$$x + 1 = \omega$$

여기서 $x$를 찾으려면 $\omega$의 오른쪽에서 $+1$을 뒤집어야 하는데 그럴 수가 없다. 반면 다음의 방정식은 풀 수 있다.

$$1 + x = \omega$$

이 방정식에서는 $\omega$의 왼쪽, 즉 대기줄 맨 앞쪽에서 $+1$을 뒤집고 있기 때문이다.

이것은 책의 앞부분에서 무한이 앞서 나왔던 유형의 수가 될 수 없음을 입증할 때 우리가 계속해서 부딪혔던 바로 그 문제다. 우리는 다음의 등식이 성립하기를 바란다고 했다.

$$1 + \infty = \infty$$

하지만 그럼 양변에서 〈∞ 빼기〉를 할 수 있으므로 다음의 등식이 성립해야 한다는 의미였다.

$$1 = 0$$

우리는 마침내 이런 문제를 야기하지 않는 무한을 정의할 방법을 찾아냈다. 다음의 등식이 성립한다.

$$1 + \omega = \omega$$

하지만 양변의 오른쪽에서 $\omega$를 뺄 수는 없다. 왼쪽에서만 뺄 수 있기 때문이다. $1 + \omega$ 대기 줄의 앞쪽에서 $\omega$명의 사람을 빼면 $\omega$명의 대기 줄 앞에서 $\omega$명을 뺄 때와 마찬가지로 아무도 남지 않을 것이다. 따라서 이 방정식의 양변 왼쪽에서 $\omega$를 빼면 다음과 같은 등식이 나온다.

$$0 = 0$$

기대했던 대로 나왔다. 우리는 마침내 뺄셈에서 나타나는 이상한 행동을 설명하는, 논리적으로 정당한 무한의 정의를 갖게 됐다. 따라서 무한이 수인가, 아닌가를 두고 내 조카와 그 친구가 벌였던 논쟁에 대한 해답을 마침내 찾아낸 것이다.

무한은 자연수가 아니다.

정수도 아니다.

유리수도 아니다.

실수도 아니다.

무한은 기수와 서수다.

기수와 서수는 앞서 나왔던 유형의 수들이 따라야 했던 규칙을 모두 따를 필요가 없다. 여기서 무한이 제대로 작동할 수 있는 이유다.

자기 말이 무한 배 더 맞다고 주장하는 아이들에게도 새로운 답을 말해 줄 수 있게 됐다. 이 아이들이 기수 대신 서수를 가지고 말싸움을 하면 수준이 서로 살짝 다른 무한을 다룰 여지가 훨씬 넓어진다. 기수로 할 때는 자기 말이 더 큰 무한 배만큼 맞기 위해서는 〈2의 무한 거듭제곱〉으로 큼직큼직하게 비약해야 했다. 하지만 서수의 경우에는 그냥 1만 더해 주면 그만이다. 다만 까먹지 말고 그 1을 무한의 앞쪽이 아니라 뒤쪽에서 더해야 한다.

『말괄량이 길들이기*The Taming of the Shrew*』에 이것을 보여 주는 내가 좋아하는 사례가 등장한다.

이것이 주인님께서 찾던 것이 아니라면 저도 더 이상은 드릴 말씀이 없습니다.

비앙카 아가씨에게 영원하고도 하루 더 작별을 고하실밖에요.

만약 영원이 $\omega$이고, 〈영원하고도 하루 더〉가 $\omega+1$이라면 셰익스피어는 $\omega+1$이 $\omega$보다 크다는 사실을 알고 있었던 것이다. 적어도 나는 그렇게 믿고 싶다.

# 2부
# 무한의 풍경

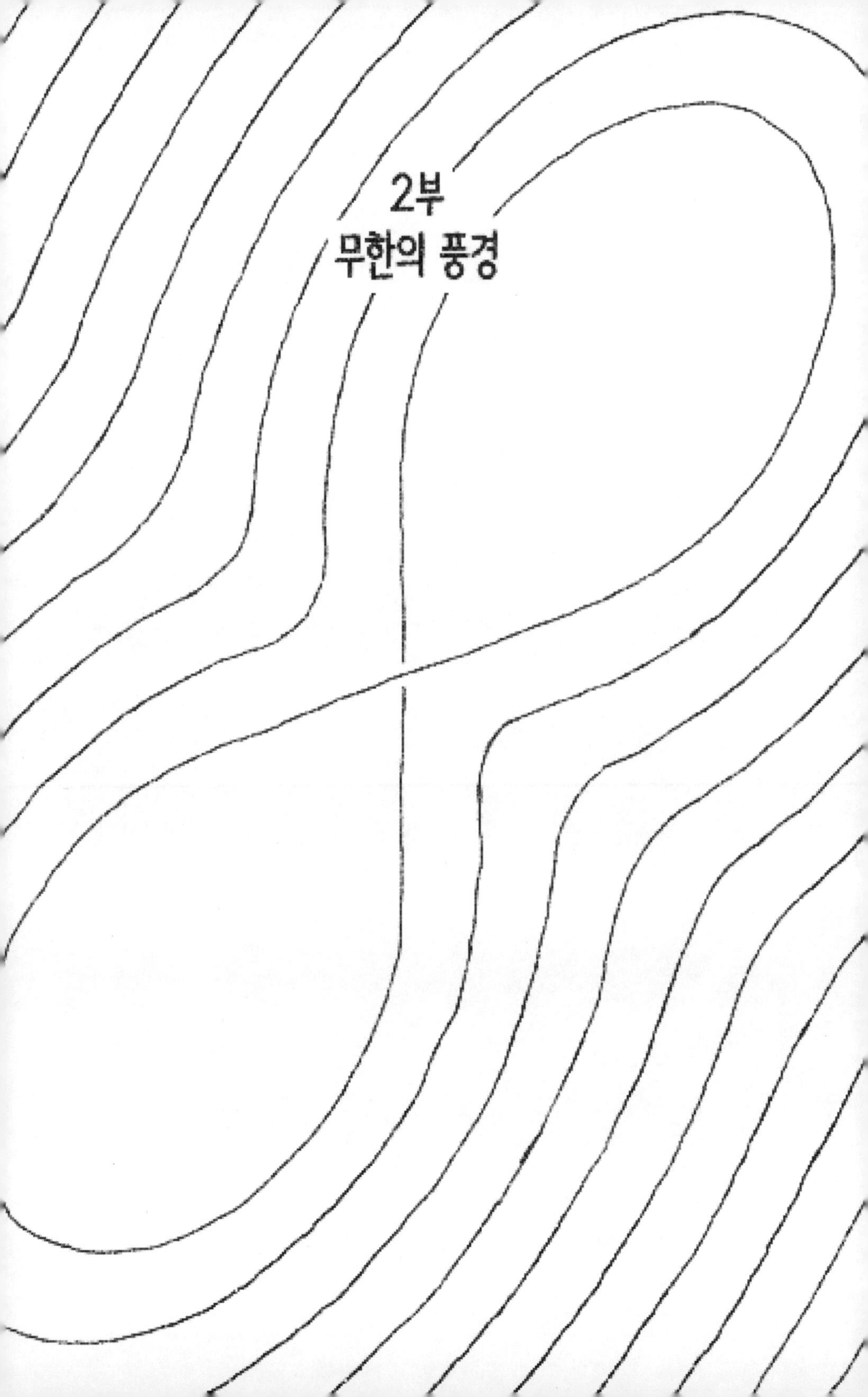

# 10. 무한은 어디에?

나도 순간 이동을 할 수 있었으면 좋겠다. 내가 가고 싶은 곳을 생각만으로 바로 갈 수 있다면 정말 멋질 것이다. 여행길이 아름다운 장소들을 거치며 이어진다면 평소에 다니던 방식으로 여행을 계속 다닐 테지만 만약 할 일이 있어서, 혹은 오랫동안 연락이 닿지 않았던 친구를 만나기 위해 어디 갈 일이 있을 때 순간 이동을 할 수 있다면 시간과 노력을 크게 아낄 수 있을 것이다.

추상 세계에서 제일 마음에 드는 것 중 하나는 모든 일이 생각하자마자 일어난다는 것이다. 다른 추상 세계를 탐험하고 싶어지면 그냥 머릿속에 그 세계를 생각하는 것으로 바로 그곳에 가 있게 된다. 새로운 추상적인 장난감을 갖고 놀고 싶으면 생각해 내는 순간 바로 갖고 놀 수 있다. 당신이 어떤 개념을 떠올리는 순간, 그 개념은 바로 존재하게 된다. 머릿속에 내가 먹고 싶은 것을 생각만 해도 바로 저녁 식탁이 내 눈앞에 차려진다면 얼마나 좋을까마는.

물론 추상적인 대상이 〈존재〉한다는 것이 무슨 의미인지를 두고 기나긴 논쟁을 벌일 수도 있을 것이다. 하지만 내게 있어서 존재한다는 것은 내가 그것을 가지고 놀 수 있다는 의미다. 추상 수학의 연구도 이렇게 진행되는 경우가 많다. 머릿속에 새로운 수학적 개념에 대한 아이디어가 떠오르면 바로 그 자리에서 그것을 가지고 놀 수 있다. 그것을 가지고 대상들을 창조해 낸 후에 그것이 다른 대상들과 어떻게 상호 작용하는지 관찰하는 것이다. 그것이 모순을 일으킬 수도 있고, 모든 것을 붕괴시킬 수도 있지만, 아이디어가 여전히 존재한다면 계속해서 그것을 가지고 놀 수 있다. 이것은 새로운 종류의 자동차나 신약에 대한 아이디어가 떠오르는 것과는 다르다. 그 경우에는 장비와 재료를 구해서 그 제품을 제조하고, 그 장비와 재료를 사들일 자금을 조달하는 등 그 아이디어를 〈현실화〉할 방법을 알아내야 한다.

수라는 개념이 존재하는 이유는 우리가 그것에 대해 생각하기 때문이다. 그럼 과연 그것이 수가 존재한다는 의미일까? 이것은 누구에게 물어보느냐에 따라 달라진다. 아마 철학자들에게 물어보면 이 문제에 대해 긴 이야기보따리를 풀어놓을 것이다. 개인적으로 나는 수가 그냥 개념이라는 생각만으로도 행복하다. 나는 내가 과연 정말 존재하는지 여부를 두고 걱정하지 않는 것처럼, 수가 존재하느냐, 존재하지 않느냐에 대해서도 걱정하지 않는다. 내가 존재하든, 존재하지 않든, 나는 계속해서 내 삶을 살아갈 것이다. 수가 존재하든, 존재하지 않든, 나는 계속 수학을 할 것이다. 한편으로 보면 존재에 대한 내 태도가 별난지도 모르겠다. 내가 아는 범위에서는 산타클로스가 크리스마스에 선물을 주게 만드는 개념이라는 것을 근거로 산타클로스가 존재한다고 생각하는 사람은 나밖에 없다. 어떤 사람은 이것이 산타클로스라는 개념이 존재함을 의미할 뿐이라 말하겠지만, 나는 수가 추상적인 개념인 것처럼 산타클로스가 추상적 개념이라고 말하는 것만으로도 만족스럽다.

이런 의미에서 나는 무한이 추상적 개념으로 존재함을 근거로 해서 무한이 존재한다고 기꺼이 말하고 싶다. 하지만 무한이 이것보다 덜 추상적인 수준에서도 존재하는지 스스로에게 물어볼 수 있다. 〈현실〉에서도 무한히 많은 대상이 존재할 수 있을까? 나는 몇 가지 이유로 〈현실〉이라는 용어를 쓰기를 항상 주저한다. 우선 추상적인 대상이 〈현실〉의 대상보다 꼭 덜 현실적인 것은 아니기 때문이다. 〈피곤함〉은 추상적인 개념이지만 내게는 아주 현실적으로 느껴지는 반면, 태평양 밑바닥은 현실로 존재하는 것이지만 내게는 아주 추상적으로 느껴진다. 그 깊은 바닷속을 내가 직접 만지거나, 보거나, 경험해 볼 일은 결코 없을 것이기 때문이다. 내가 〈현실〉이라는 개념을 경계하는 또 다른 이유는 현실적인 수학 문제라고 주장하는 것들 중에는 당신이 키우던 야생말이 달아난다는 둥, 수박 75통을 사러 나간다는 둥, 현실에서 도무지 있을 것 같지 않은 일을 다루는 문제가 너무 많기 때문이다.

우주에 〈현실적인 대상〉이 무한히 존재할지는 의문이다. 우주에 분자나 원자, 전자 등이 어마무지하게 많이 존재하는 것은 분명하다. 하지만 살펴보았듯이 〈어마무지하게 많은 것〉과 〈무한〉 사이에는 아주 큰 차이가 있다. 우리의 유한한 뇌의 입장에서는 우주 그 자체가 무한해 보이겠지만, 우주는 유한할지도 모른다(현재 알려진 바로는 그렇다).

추상적인 대상의 양은 분명 무한하다. 수를 예로 들어 보자. 자연수는 우주와 달리 분명 한계가 없음을 알고 있다. 우리는 그 끝을 알 수 없다. 각각의 개별적인 자연수는 유한하지만 이들은 영원히 점점 더 커질 수 있다. 수가 존재하기만 하면 그 양은 무한하다. 다음 장에서는 엄청나게 계속 자라기 때문에 그 어떤 경계도 지을 수 없는 다른 것들에 대해 살펴보겠다. 자연수처럼 이들도 어느 주어진 시점에서는 유한하지만 엄청나게 자라기 때문에 이것을 〈무한에 접근한다〉라고 생각하는 편이 쓸모 있다. 그리고 이것은 이해할 수도 있는 문제다. 내 친구 중 하나는 그레이트데인Great Dane 종의 강아지 한 마리를 입양했는데 이 강아지가 이럴 수 있을까 싶을 정도로 빨리 자라서 어느 시점에 가니 마치 무한에 접근하는 것 같아 보였다.

12장과 13장에서는 우리 뇌가 어째서 그 자체는 유한한데도 무한한 능력을 갖는지에 대해 살펴보겠다. 우리는 미묘한 차이를 한계 없이 얼마든 세밀하게 파악할 수 있다. 그리고 12장에서 이것은 우리를 추상적인 고차원 공간으로 안내한다. 이 공간은 물리적 공간과는 다르다. 물리적 존재의 영역이 아니라 생각의 영역에 속하기 때문이다. 흔히 책의 줄거리가 〈다소 일차원적이다〉라고 말하기도 하는데 이런 일상적인 개념에 의미를 부여할 수 있다는 것, 그리고 차원을 그런 의미로 생각한다면 우리의 삶이 아주 다차원적이라는 것을 살펴볼 것이다. 차원의 수는 사실 한계를 지을 수 없기 때문에 이 역시 무한에 접근한다. 13장에서는 다른 유형의 차원에 대해 생각할 것이다. 이것은 대상 간의 관계를 연구하는 추상적 수학 분야인 범주론category theory에서 비롯되는 유형이다. 여기서는 대상 간의 관계의 본질에 대해 생각하지만, 그때는 그 관계들 사이의 관계에 대해, 그리고 그다음에는 그 관계들 사이의 관계에 대해 생각하면서 영원히 계속 이어지고 결국 우리를 무한 차원 범주로 이끈다. 이 두 가지 유형의 차원 모두 우리에게 주변 세상에 대해 더욱 미묘하고 표현력 있게 생각할 수 있는 방법을 제공해 준다.

그다음으로는 다른 방식으로도 대상이 무한으로 보일 수 있음을 알아보겠다. 경계를 정할 수 없을 정도로 너무 큰 것보다는 무언가를 아주 작은 부분으로 나누어 이해하고 싶어질 때도 있다. 여기서 우리는 어떤 대상을 무한히 작은 부분으로 쪼개서 생각하면 모든 것이 무한히 작으면서 무한히 많은 부분들로 나뉜다는 것을 깨닫게 된다. 14장에서는 무한히 작은 것에 대한 생각이 어떻게 수천 년이나 걸려서 풀린 이상한 역설을 탄생시켰는지 살펴보겠다. 15장에서는 이런 논란을 해소하는 과정에서 수학자들이 실수의 정체가 무엇인지 자신들이 정말로 알지 못하고 있음을 깨닫게 된 과정에 대해 살펴보겠다. 적어도 실수에 대해 필요한 만큼 정확하게 형식 논증formal argument을 할 수 있을 정도로는 알지 못했다. 16장에서는 무한과 무한히 작은 것에 대한 이런 새로운 이해로부터 등장한 몇 가지 이상한 일들을 살펴보겠다. 마지막으로 17장에서는 영원히 돌아가는 루프를 통해 무한이 우리의 삶에서 어떻게 내재적으로 등장하는지 조사해 볼 것이다. 하지만 〈영원히〉가 의미하는 것이 대체 무엇일까?

## 영원의 추상 버전

〈영원히 이어지는 것〉에 대해 얘기할 때면 실생활에서도 무한이 얼굴을 내민다. 소수가 〈영원히 이어지고〉, 자연수가 〈영원히 이어진다.〉 진짜 현실에서는 그 무엇도 영원히 이어지지 않지만 수학에서는 영원의 추상 버전이 있어서 우리로 하여금 순식간에 영원에 접근할 수 있게 해준다. 내게는 이것이 추상이 선사해 주는 또 다른 즐거움이다.

이 책을 시작하면서 내가 좋아하는 컴퓨터 프로그램에 대해 이야기를 꺼냈었다. 스크린 위에 〈HELLO〉를 무한히 출력하는 프로그램이었다. 하지만 거기에 필요한 프로그램은 단 두 줄에 불과했다. 한 줄은 문장을 출력하는 줄이고, 한 줄은 〈이것을 다시 하라〉고 말하는 줄이다. 이것이 우리가 영원을 추상적으로 만들어 내는 방법이다. 이것은 1에서 시작해서 〈영원히〉 1을 계속 더해 가며 자연수를 구축하는 방법과 아주 흡사하다. 우리는 실제로 1을 반복해서 더하지 않고 추상적인 방법으로 이것을 수행했다. 만약 실제로 1을 더하고, 또 1을 더하고, 또 1을 더하는 식으로 진행하려면 평생도 모자란 〈영원〉의 시간이 걸릴 것이다. 하지만 이것을 추상적으로 하면 모든 자연수를 순식간에 얻을 수 있다. 이것은 무언가를 실제로 하지 않고, 이론적으로만 하는 것과 비슷하다. 추상 세계가 재미있는 이유 중 하나는 무언가를 이론적으로 하는 것이나, 실제로 하는 것이나 결국 똑같다는 점이다. 흔히들 이렇게 비꼬는 말을 한다. 〈이론적으로는 이론과 실제가 똑같다. 하지만 실제에서는…….〉 하지만 이와 달리 추상 세계에서는 이론과 실제가 그리 다르지 않다.

이런 식으로 모든 자연수를 만들어 내는 것이 수학적 귀납법mathematical induction이라는 원리의 밑바탕이다. 이것은 본질적으로 당신이 그냥 1이라는 수를 생각하고, 모든 수에 (이론적으로) 1을 더하는 것을 생각하기만 해도 모든 자연수를 단번에 생각할 수 있다고 말한다.

이것이 실제로 의미하는 바는 다음과 같다. 모든 자연수에 대해 무언가가 참임을 입증하고 싶을 때 그 모든 자연수를 대상으로 일일이 그것을 증명할 필요가 없다는 것이다. 그냥 다음의 사실만 증명하면 된다.

* 출발점: 이것은 1이라는 숫자에 대해 참이다.
* 1씩 올라가는 방법: 이것이 $n$에 대해 참이면 $n+1$에 대해서도 참이다.

일단 여기까지 하면 난데없이 갑자기 모든 자연수에 대해 이것이 참임을 알 수 있다.

이것은 일단 한 계단 오르는 법만 배우면 어른이 자기를 계단 밑에 데려다 놓기만 하면 얼마든지 높은 데까지 오를 수 있음을(물론 어른이 방해하지만 않는다면) 발견한 아이와 비슷하다. 이론적으로는 영원히 계단을 기어오를 수 있다. 물론 실제로는 어른이 방해하지 않더라도 금방 배고프고 피곤해져 포기할 테지만 말이다. 수학적 대상은 배가 고파지거나 피곤해지지 않는다. 이론적으로 무언가를 한 번 더 할 수 있는 수학적 상황에 있을 때, 이것은 그것을 횟수 제한 없이 무한히 할 수 있다는 의미이고, 수학에서 무언가가 〈영원히 이어진다〉라고 하는 의미는 바로 이것이다. 수도 영원히 이어지고, 수열도 영원히 이어질 수 있고, 소수점 아래 숫자도 영원히 이어질 수 있다.

자연수가 무한히 많다는 사실 덕분에 우리는 큰 것과 작은 것 양쪽 방향 모두로 온갖 추상적 무한 대상에 접근할 수 있다. 자연수 무한 집합에서 시작해서 점점 더 큰 무한 집합을 만들어 낼 수 있음은 이미 앞에서 살펴보았다. 하지만 우리 주변 세상 어디서? 대체 어디서 그렇게 무한히 큰 집합을 찾아볼 수 있을까? 무한히 작은 것을 생각하는 것도 한 방법이다. 이것이 바로 어디든 적용되지 않는 곳이 없는 수학 분야인 미적분학의 밑바탕이다. 미적분학은 변화하는 대상을 연구하는 학문이다. 항상 변화하고 있는 대상에 대한 이론을 만들기는 쉽지 않다. 하지만 미적분학은 무한히 작은 부분을 바라보고, 무한히 작고 무한히 많은 것들을 함께 이어 붙임으로써 그 일을 해낸다. 우리 주변 어디에나 널려 있는 이 무한히 작은 것들이 우리가 인식은 하지 않아도 실제로 매일 경험하고 있는 무한한 집합을 만들어 내고 있다. 이 책의 2부에서는 우리가 인식하든, 하지 않든 우리 주변에서 무한이 어떻게 얼굴을 내미는지 살펴볼 것이다.

수학의 이상한 특성 중 하나는 우리가 그것을 바라보든, 바라보지 않든, 그리고 이해하든, 이해하지 못하든 거기 존재한다는 점이다. 기차에 타고 있을 때 우리가 창밖을 바라보고 있든 그렇지 않든, 아니면 눈앞을 지나가는 것이 무엇인지 알든 모르든 풍경은 거기 존재하고 있는 것과 비슷하다. 거기 존재하는 수학을 이해하면 사람들은 더 나은 시스템을 구축하고, 더 복잡한 문제들을 해결할 수 있다. 더 나아가 우리가 주변 세상과 상호 작용하는 방식도 해명해 줄 수 있다. 이런 이해는 특정 문제를 해결하거나, 특별한 기술을 발명하는 것처럼 눈에 잘 드러나지도 않고 극적인 맛도 없지만, 그 소리 없는 중요성을 놓고 보면 이것이야말로 대단히 근본적이며, 그 영향력 또한 광범위하다고 할 수 있다.

# 11. 거의 무한한 것들

내가 에베레스트 산 정상에 오를 일이 절대 없으리라는 점은 거의 확신하고 있다. 아주 낙관적으로 생각해서 순간 이동을 통해 정상에 갈 가능성은 열어 두겠지만, 그런 방법이 아니고는 절대 갈 일이 없을 것이라 확신한다. 또한 내가 남극에 절대 갈 일이 없으리라는 점도 거의 확신한다. 내가 아는 사람 중에는 에베레스트 산에 오른 사람이 없지만, 남극에서 연구하는 천체 물리학자는 한 사람 알고 있다. 나는 남극이 비행기를 타도 가기 어려운 곳임을 안다. 하지만 그래도 유한한 거리만큼 떨어져 있을 뿐이다. 그리고 에베레스트 산도 유한한 높이라는 것을 안다. 하지만 내게는 둘 다 무한히 떨어져 있는 곳이나 마찬가지다. 절대 갈 일이 없기 때문이다.

무한은 존재한다. 하지만 우리가 거기에 닿을 일이 있을까? 우리가 과연 무한히 많은 일을 할 수 있을까? 혹시나 그 일들이 무한히 작다면 가능할지도? 이런 부분을 어떻게 이해할 수 있을지 살펴보기 전에 우선 너무 커져서 거의 무한처럼 보이는 것에 대해, 그리고 무언가를 거의 무한한 횟수에 걸쳐 하는 듯 보이는 경우에 대해 생각해 보려고 한다.

체스판 위의 쌀 알갱이에 대한 오래된 수수께끼가 있다. 한 남자가 체스판 위의 첫 번째 칸에 쌀 한 톨을, 두 번째 칸에는 그 두 배, 세 번째 칸에는 다시 그 두 배 등으로 체스판이 다 채워질 때까지 모든 칸을 채워 달라고 했다. 여기서 질문. 결국 이 남자는 몇 톨의 쌀 알갱이를 받게 될까. 정답은 〈꽤 많이〉다. 하지만 정확히 얼마나 많이?

원칙적으로는 어려운 질문이 아니다. 그냥 총 64칸에 대해 계속해서 2를 곱하면서 거기서 나온 값을 모두 더하기만 하면 되니까. 하지만 직접 해보면 그 수가 입이 딱 벌어질 정도로 빨리 커지는 것을 알게 된다. 전자계산기 심지어는 평범한 컴퓨터로는 감당할 수 없을 정도로 큰 수가 나온다. 계산 속도를 올리는 요령도 있기는 하지만 결국에는 아주, 아주 큰 수, 즉 18,446,744,073,709,551,615톨의 쌀 알갱이를 다뤄야 한다.

물론 이런 터무니없는 수학 문제를 풀 때가 아니고는 일반적으로 쌀을 알갱이 단위로 셀 일은 없다(나는 처음에 수학 수업에서 이 질문을 받고 정답을 손으로 풀어 보려고 했는데 결국 계산이 틀렸다). 실생활에서 쓰는 단위를 쓰면 이 쌀은 얼마나 많은 양일까? 나는 쌀 1g을 재서 그 안에 들어 있는 알갱이를 세어 보았다. 50톨 정도가 나왔다. 따라서 대략 다음과 같은 근사치를 얻을 수 있다.

| | | | | |
|---|---|---|---|---|
| | | 1g | = | 쌀 50톨 |
| 1사발 | = | 100g | = | 5,000톨 |
| 1사람 | = | 하루 4사발 | = | 20,000톨 |
| 전 세계 | = | 70억 명 | = | 140,000,000,000,000톨 |
| 1년 | = | 대략 500일 | = | 70,000,000,000,000,000톨 |

이 수는 끝에 0이 16개 붙어 있다. 앞의 수수께끼에서 나온 수는

18,446,744,073,709,551,615다. 이 값은 대략 2 뒤로 0이 19개 붙어 있는 수와 비슷하다. 0이 3개나 더 붙어 있다. 1,000배에 해당하는 값이다. 그럼 이 쌀은 전 세계 인구를 대략 1,000년 정도 먹여 살릴 수 있는 양이다(세계 인구가 매년 빠른 속도로 성장하고 있다는 사실은 고려하지 않았다).

아주 대충, 대충 계산한 것이지만 전반적인 감은 잡을 수 있다. 체스판을 한 칸씩 넘어갈 때마다 별 생각 없이 양을 두 배로 늘리기만 해도 현재 세상에 존재하는 것보다 훨씬 더 많은, 도저히 존재 불가능한 양의 쌀을 금방 얻을 수 있다.

## 퍼프 페이스트리

퍼프 페이스트리*도 반복해서 곱하면 엄청나게 빨리 커진다는 원리를 그대로 이용한다. 퍼프 페이스트리는 그 안에 얇은 층이 어마어마하게 많이 들어 있다. 이 층은 반죽을 세 겹씩 딱 여섯 번 접어서 만들어진다. 반죽은 처음에 그 안쪽 사이로 버터가 두텁게 발라져 있다. 버터의 농도도 접었을 때 버터가 사이사이로 깔끔하게 잘 펴져 들어가기에 알맞은 농도다. 그다음에는 이 반죽을 세 겹으로 접어 6층을 만든다. 그리고 식혀서 층들이 고정되어 서로 녹아 달라붙지 않게 만든다. 그다음에는 다시 반죽을 방망이로 밀어서 편 다음 세 겹으로 접어서 다시 식힌다. 이 과정을 총 여섯 번 반복한다. 3씩 반복적으로 곱하면 층의 수가 대단히 빠른 속도로 늘어난다. 페이스트리를 구우면 얇은 버터 층이 녹

* 얇게 반죽한 페이스트리를 여러 장 겹쳐서 만든 빵.

아 버터의 액체 성분이 증발하면서 증기가 만들어지고, 이것이 층과 층 사이를 밀어서 떨어트린다. 이때는 층의 숫자만 추상적으로 늘어나는 것이 아니라 오븐 속에서 페이스트리가 물리적으로 커지는 것을 볼 수 있다.

나는 지수적 증가exponential growth를 설명할 때 이 사례를 애용한다. 사람들은 무언가가 급성장할 때 지수적으로, 혹은 기하급수적으로 커진다는 말을 흔히들 쓴다. 이 말을 꼭 틀렸다고는 할 수 없지만, 지수적 증가의 엄밀한 수학적 정의는 항상 일정한 비율로 성장하는 경우를 지칭한다. 내가 퍼프 페이스트리를 처음에는 세 겹으로, 다음에는 네 겹으로, 그다음에는 다섯 겹으로, 그다음에는 여섯 겹으로 접었다면 층의 수는 훨씬 빨리 늘어나겠지만, 곱하기 비율이 변하고 있기 때문에 지수적 증가는 아니다.

나는 지수적 증가가 곧바로 퍼프 페이스트리의 맛으로 이어진다는 사실이 참 좋다. 페이스트리 사이사이에 들어 있는 수많은 층은 극적이고 아름다울 뿐만 아니라 엄청나게 얇기 때문에 입에 들어가는 순간 달콤하게 녹아내린다. 퍼프 페이스트리는 만들기 까다롭기로 유명하지만 나는 오히려 지수적 증가를 이용하면 믿기 어려울 정도로 얇은 층을 비교적 쉽게 만들 수 있다는 점 때문에 이것이 정말 천재적인 방식이라 생각한다. 그 얇은 층을 일일이 다 방망이로 밀어서 만들려고 했으면 엄청나게 어려웠을 것이다. 수학에서 제일 중요한 부분도 어려운 것을 더 쉽게 만드는 데 있다. 하지만 안타깝게도 수학 하면 뜬금없이 어려운 것들을 만들어 내는 학문이라 생각하는 사람이 많다.

## 아이팟 셔플

아이팟 셔플이 처음 나왔을 때를 기억한다. 지하철에서 〈240 songs. A million different ways(240곡을 백만 가지 다른 방식으로)〉라는 슬로건으로 크게 광고가 붙어 있는 것을 보았다. 이 광고는 240곡에 불과한 음악을 처음부터 끝까지 하나씩 차례로 트는 대신, 서로 다른 무작위 순서로 재생하면 백만 가지 다른 방식으로 음악을 즐길 수 있다는 사실을 사람들에게 각인시키려는 것이었다.

사실 이것은 정말 과소평가한 수치다. 나는 지하철에 앉아 곡을 백만 가지 다른 방식으로 재생하려면 몇 곡이나 필요한지 순전히 재미로 계산해 보았다.

2곡이 있는 경우에는 재생 방법도 딱 두 가지다. 한 곡으로 시작해서 그다음 곡을 틀거나, 아니면 그다음 곡을 먼저 트는 방법이 있다. 이번엔 3곡이 있다고 해보자. 첫 번째 곡은 세 곡 중에 선택할 수 있다. 두 번째 곡은 남은 두 곡 중에서 골라야 한다. 그리고 세 번째 곡에서는 더 이상 선택의 여지가 없다(여기서는 똑같은 곡을 다시 듣는 경우는 없다고 가정한다. 물론 실제로는 몇 시간이고 한 곡만 계속 틀어 놓는 경우도 다반사지만). 이것 역시 트리 도표로 그려 볼 수 있다. 다만 당신이 같은 곡을 다시 틀지 않는다고 가정하면 이번에는 틀 수 있는 곡이 점점 줄어들면서 단계마다 가지 치는 숫자가 점점 줄어든다.

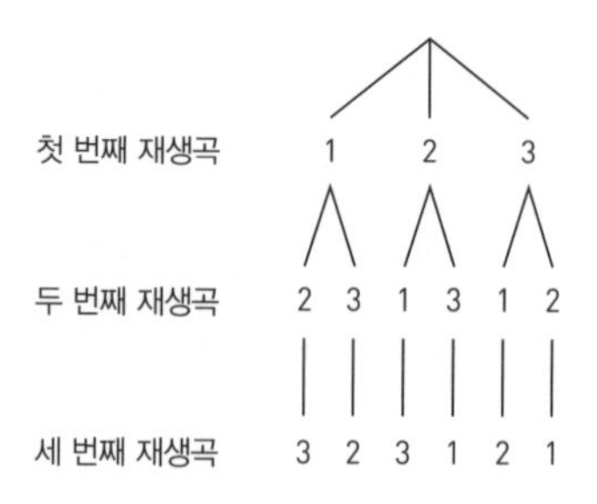


그럼 여기서는 총 6가지 가능한 순서가 있음을 알 수 있다. 각각의 순서는 트리의 경로를 따라 내려가며 곡의 번호를 읽으면 확인할 수 있다. 매 단계마다 선택 가능한 곡의 숫자를 이용해서 이것을 $3 \times 2 \times 1$로 계산할 수 있다.

곡이 4곡인 경우에는 다음과 같은 트리가 나온다.

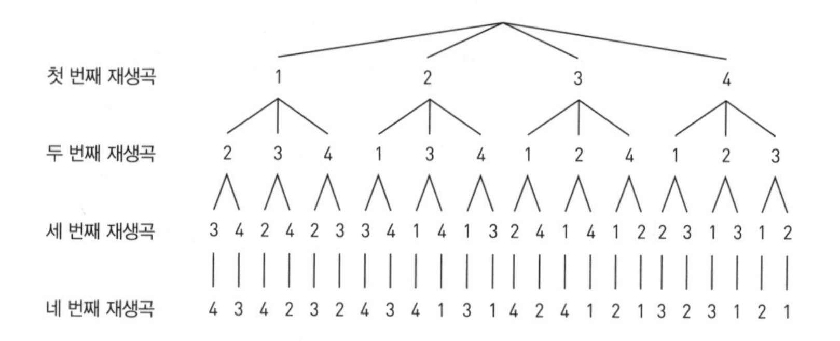


혹은 계산해 보면

* 첫 번째 곡으로는 4가지 가능성
* 두 번째 곡으로는 3가지 가능성
* 세 번째 곡으로는 2가지 가능성
* 마지막 곡으로는 1가지 가능성

따라서 가능한 순서는 총 $4 \times 3 \times 2 \times 1$이다(제일 끝에 있는 1은 사실 쓸 필요가 없다. 1을 곱해도 아무런 변화가 없기 때문이다).

수학에서는 이것을 계승(팩토리얼)이라고 부르고, 〈4의 계승〉은 〈4!〉으로 쓴다. 일반화하면 $n$팩토리얼은 다음과 같다.

$$n \times (n-1) \times (n-2) \times \cdots\cdots \times 4 \times 3 \times 2 \times 1$$

이것을 귀납법으로 정의할 수도 있다. 내 악명 높은 〈HELLO〉 프로그램과 살짝 비슷하다.

* $1!=1$
* $(n+1)!=(n+1)\times n!$

따라서 모두 $n$곡이 있다면 $n$곡을 재생할 수 있는 순서는 모두 $n!$가지가 있다. 첫 번째 곡으로는 $n$개의 가능성, 두 번째 곡으로는 $n-1$개의 가능성, 세 번째 곡으로는 $n-2$개의 가능성, 이렇게 이어지다가 끝에서 두 번째 곡으로는 2가지 가능성, 마지막 곡으로는 1가지 가능성이 남기 때문이다.

이제 내가 묻고 싶었던 질문은 다음과 같다. 적어도 백만 가지 다른 순서로 곡을 재생하고 싶다면 곡이 몇 곡이나 있어야 할까? 수학적으로 표현하면 $n!$이 백만보다 커지는 $n$값 중 최소의 값을 찾으라는 소리다. 그 값이 나올 때까지 계승의 값을 차근차근 적어 나갈 수 있다. 한 줄에서 다음 줄로 넘어갈 때는 기존의 값에 그다음에 나오는 $n$값만 곱해 주면 된다는 것을 기억하자.

$$1! = 1$$

$$2! = 2$$

$$3! = 3 \times 2 = 6$$

$$4! = 4 \times 6 = 24$$

$$5! = 5 \times 24 = 120$$

$$6! = 6 \times 120 = 720$$

$$7! = 7 \times 720 = 5040$$

$$8! = 8 \times 5040 = 40{,}320$$

$$9! = 9 \times 40{,}320 = 362{,}880$$

$$10! = 10 \times 362{,}880 = 3{,}628{,}800$$

빙고! 백만을 돌파했다. 10곡이면 충분하다. 10곡만으로도 벌써 3백만 가지가 넘는 순서로 곡을 재생할 수 있다.

그럼 이번에는 이런 질문을 던져 볼 수 있다. 총 240곡이 있는 경우 얼마나 많은 순서로 곡을 재생할 수 있을까. 그럼 다음의 값을 계산해 보아야 한다.

$$240 \times 239 \times 238 \times \cdots\cdots \times 3 \times 2 \times 1$$

특별한 장비 없이 이것을 계산하기는 불가능해 보인다. 너무 큰 수다. 평범한 컴퓨터의 스프레드시트 프로그램으로 재빨리 실험해 보니 17!까지는 어찌어찌 계산하다가 그다음부터는 근사치로 계산했다. 그 값은 다음과 같다.

$$17! = 355,687,428,096,000$$

그런데 내 스마트폰 계산기가 한 걸음 더 나가는 것을 보고 신이 났다.

$$18! = 6,402,373,705,728,000$$

내 스마트폰 계산기도 그다음부터는 근사치 계산에 들어갔지만 다음의 계산 결과를 알려 준 후로는 완전히 포기해 버렸다.

$$103! \approx 9.9 \times 10^{163}$$

이보다 더 큰 값을 시도하니 그냥 오류 경고만 나왔다. 내 컴퓨터의 스프레드시트 프로그램은 170까지는 어찌어찌 계속해서 근사치 계산을 이어갔다.

$$170! \approx 7.3 \times 10^{306}$$

여기까지 하고는 컴퓨터도 포기했다. 이것은 내 구닥다리 컴퓨터가 메모리에 큰 수를 저장하는 방식 때문이다. 결국 171!은 너무 커서 내 컴퓨터에 저장할 수 없는 첫 번째 계승 값으로 밝혀진 셈이다.

컴퓨터 통계학자 릭 윅클린은 큰 계승 값을 계산하는 프로그램을 만들어 200!의 값을 자기 블로그에 발표했다. 그는 아주 큰 수를 하나의 큰 수로 저장하는 대신 개개의 숫자로 이루어진 아주 긴 문자열로 저장하는 방법을 이용해서 문제를 피해 갔다. 그러고 나서 컴퓨터로 하여금 당신이 직접 손으로 계산하듯 곱셈을 이어가게 만들었다. 자릿수별로 곱셈을 진행하면서 필요한 경우에는 다음 자릿수로 자리 올림도 했다. 200!은 엄청나게 큰 수였다.

7886578673647905035523632139321850622951359776871732632
9474253324435944996340334292030428401198462390417721213
8919638830257642790242637105061926624952829931113462857
2707633172373969889439224456214516642402540332918641312
2742829485327752424240757390324032125740557956866022603
1904170324062351700858796178922222789623703897374720000
000000000000000000000000000000000000000000000

이 수가 내가 두 눈으로 직접 본 수 중에는 가장 큰 값이라 믿는다. 이 수는 375개의 숫자로 이루어져 있다. 광고에 나온 〈백만 가지 방식〉보다 아주, 아주, 아주 많은 자릿수만큼 큰 값이다. 그런데 이 수조차 240! 보다는 아직 한참 작은 수다!

이렇게 터무니없이 큰 수를 가지고 놀다가 문득 체스판 위 쌀 알갱이 숫자보다 더 많은 방법으로 곡을 재생하려면 아이팟에 몇 곡이나 들어 있어야 하는지 확인해 보고 싶은 생각이 들었다. 그 답은 21곡이다.* 이것을 보면 수를 계속 두 배로 늘려도 아주 빠른 속도로 커지기는 하지만, 계승이 훨씬 빨리 커지는 것을 알 수 있다.

* 체스판은 64칸이었음을 기억하자.

200! 뒤에 0이 아주 많이 달려 있는 것을 보고 참 희한한 우연이라 생각할지도 모르겠다. 0이 무려 49개나 붙어 있다. 하지만 큰 계승 값은 끝에 0이 많이 달릴 수밖에 없다. 그리고 계승 값을 실제로 구하지 않아도 0이 몇 개나 붙을지 알아낼 수 있다. 각각의 0은 최종적인 값에 인수 10이 몇 개나 들어가는가에 달려 있다. 그리고 각각의 인수 10은 계승의 개별 요소 속에 들어 있는 인수 2와 인수 5에서 나온다. 인수 5보다는 인수 2가 훨씬 많다. 따라서 1과 계승을 취하는 수 사이에 5의 배수가 몇 개나 들어 있는지만 세어 보면 된다. 다만 일부 수는 인수 5가 복수로 들어 있어서 복수의 0을 만들어 낸다는 점을 명심해야 한다.*

## 당신은 얼마나 빨리 자라는가?

아이들은 어릴 때 정말 빨리 자란다. 키가 작기 때문에 조금만 자라도 더 빨리 자라는 것으로 보인다. 아이가 처음 몇 년 동안 똑같이 1년에 10센티미터씩 자란다고 해도 처음이 훨씬 극적으로 자라는 것처럼 보인다. 자란 키가 전체 키에서 차지하는 비율이 훨씬 높기 때문이다. 물론 아이들은 자라는 속도가 다르다. 어떤 아이는 어릴 때는 키가 작다가 나중에 훌쩍 자라서 다른 모든 아이들을 추월하기도 한다.

수학에서도 대상이 얼마나 빨리 커지는지, 어떤 것이 다른 것보다 더 빨리 커지는지에 대해 생각한다. 예를 들어 쌀 알갱이의 사례에서는 $n$이 꾸준히 커질 때 $2^n$이 어떻게 변하는지에 대해 생각했었다. 그리고 아이팟의 사례에서는 $n$이 꾸준히 커질 때 $n!$이 어떻게 변하는지에 대해

* 예를 들면 25.

생각해 보았다. 그리고 양쪽 사례 모두 수가 상상할 수 없을 정도로 빨리 커지지만, 그래도 여전히 유한하다. 수학적으로는 이렇게 말한다. 〈$n$이 무한을 향해 가면 $2^n$도 무한을 향해 간다.〉 무언가가 무한이라 주장하지 않으려고 조심스럽게 피해 가는 모습이다. $n$이 무한을 향해 가면 계승인 $n!$ 역시 무한을 향해 간다. 하지만 우리는 $n!$이 $2^n$보다 더 빨리 커진다는 것도 파악했다. 이것이 무슨 의미일까?

이것을 이해하는 한 가지 방법은 이 둘을 분수로 놓아 비교해 보는 것이다.

$$\frac{n!}{2^n}$$

이렇게 해 놓고 $n$이 커짐에 따라 누가 이기는지 살펴보면 된다. 분수 값이 점점 커지면 $n!$이 이기고 있다는 의미다. 반면 분수 값이 점점 작아지면 $2^n$이 이기고 있다는 의미다. 그리고 분수 값이 일정하게 유지되면 둘이 비긴다는 말이 된다. 이제 여기서 다시 한 번 머리를 굴려 볼 수 있다. 이 분수를 다음과 같이 적을 수 있다.

$$\frac{n \times (n-1) \times (n-2) \times (n-3) \times \cdots\cdots \times 4 \times 3 \times 2 \times 1}{2 \times 2 \times 2 \times 2 \times \cdots\cdots \times 2 \times 2 \times 2 \times 2}$$

그리고 이것을 다음처럼 다시 개별 분수로 쪼갤 수 있다.

$$\frac{n}{2} \times \frac{n-1}{2} \times \frac{n-2}{2} \times \frac{n-3}{2} \times \cdots\cdots \times \frac{4}{2} \times \frac{3}{2} \times \frac{2}{2} \times \frac{1}{2}$$

이렇게 쪼개고 보니 수많은 분수 조각들이 거의 다 분자가 큰 것을 알 수 있다(맨 끝의 $\frac{1}{2}$을 제외하고). 더군다나 $n$이 커질수록 분수 조각들의 수는 점점 많아지고, 새로 추가되는 항은 그전보다 분자가 훨씬 더 커진다. 분자는 점점 커지는데 반해, 분모는 항상 2로 남아 있기 때문이다. 그 결과 이것은 분모에 대한 분자의 압도적인 승리로 끝난다.

대상이 얼마나 빨리 무한을 향해 가는지 따질 때도 일종의 계층 구조가 존재한다. 앞에서 살펴보았던 무한의 계층 구조와는 살짝 다르지만 개념은 비슷하다.

방금 우리는 $n!$이 $2^n$보다 더 빨리 커진다는 것을 확인했다. 그런데 $2^n$은 $n^2$보다 빨리 커진다. 사실 $2^n$은 $n^3$, $n^4$, 혹은 $n$의 그 어떤 수의 거듭제곱보다도 빨리 커진다. 심지어는 $n^{1000000000000000000}$보다도 빨리 커진다. 이 마지막 값은 엄청 큰 값으로 보이고, 처음에는 $2^n$보다 크다($n=1$일 때는 제외). 하지만 결국에는 $2^n$에게 추월당한다. 이 수는 너무 터무니없어 보이니까 그보다 현실적인 값으로 한번 시도해 보자. $n^{100}$을 예로 잡자. 내 컴퓨터로 계산해 보니 $n=125$까지는 $n^{100}$이 이기지만 그 이후로는 $2^n$이 추월한다.

> 우리는 양의 거듭제곱에 대해서만 생각하고 있다. 음의 거듭제곱은 사실 전혀 커지지 않기 때문이다. 음의 거듭제곱에서는 $n$이 커질수록 오히려 값이 작아진다.

$n$의 그 어떤 거듭제곱보다도 느리게 커지는 것이 있다. 바로 $\log n$이다. 로그logarithm가 지수exponential의 〈정반대〉라는 것을 기억할지도 모르겠다. 로그의 밑을 10으로 잡은 경우 $\log n$은 〈10을 몇 번 거듭제곱하

면 $n$이 나오는가?〉라는 질문을 만족시키는 값이다. 따라서 log100은 2다. 10을 2제곱하면 100이 나오기 때문이다. 그럼 log1000은 3이다. 그럼 100과 1,000 사이의 임의의 수에 로그를 취하면 2와 3 사이의 수가 나온다. 10을 밑으로 하는 로그는 기본적으로 십진 표기법에서 그 수의 자릿수를 세는 것이나 마찬가지다. 따라서 $n$이 커질수록 $\log n$도 영원히 계속 커지지만 그 속도가 느리다. $n$이 백만에 도달해도 $\log n$은 겨우 6밖에 도달하지 못한다.

사실 로그는 이래서 쓸모가 있다. 아주 큰 수를 작은 수로 바꿔 주기 때문에 다루기가 수월해지는 것이다. 수가 어느 한계 이상으로 커지면 우리 뇌는 그런 크기를 더 이상 처리하지 못한다는 이론이 있다. 그럼 수가 얼마나 큰지 생각하기보다는 그 수의 자릿수가 몇인지 생각함으로써 〈로그적으로〉 생각할 수 있다. 굳이 〈로그적〉이라는 용어를 몰라도 이런 방식으로 생각할 수 있다. 내가 위에서 200!이라는 거대한 수가 375개의 숫자로 이루어져 있다고 말한 것도 이런 사고방식에 해당한다. 375는 우리가 처리할 수 있는 수다. 여기서 나는 로그적으로 생각하고 있었던 것이다. 수가 저 정도로 커지면 크기가 너무 거대해지기 때문에 거기에 1을 더하든, 3을 더하든 별로 중요하지 않다. 내가 쌀 알갱이 사례에서 1년을 500일 정도로 대충 잡은 이유도 이 때문이다. 나는 크게 보면 500이 365와 큰 차이가 없으며, 365와 자릿수가 같은 수만 고르면 된다는 것을 알고 있었다. 이것 역시 로그적인 생각이었다.

로그는 $n$을 그 어떤 고정된 값만큼 거듭제곱한 것보다도 더 느리게 커진다.

## 느린 성장

너무 느리게 커져서 전혀 커지지 않는 것처럼 보이지만 실제로는 계속 자라는 경우도 있다. 다이어트를 하기로 결심하고 케이크 반 조각만 먹기로 결심했다고 해보자. 그런데 케이크가 너무 맛있어서 $\frac{1}{3}$조각만 더 먹기로 했다. 그런데 당신도 나하고 같은 과의 사람이라 케이크를 계속 더 먹고 싶었지만, 다이어트 중이니까 더 먹기는 먹되 이번에는 $\frac{1}{4}$조각만 먹기로 했다. 그리고 그다음엔 $\frac{1}{5}$. 또 그다음엔 $\frac{1}{6}$. 이런 식으로 계속 이어진다. 결국 당신은 얼마나 많은 케이크를 먹게 될까? 어느 정도 시간이 흐른 후에는 당신이 새로 먹는 조각은 사실상 존재하지 않는 것과 다름없는 양이 된다. 이렇게 백만 번 진행하고 나면 백만 분의 1조각을 먹게 되는데, 이것은 사실상 아무것도 없는 것이나 마찬가지니까 말이다. 그렇지 않은가?

틀렸다. 이런 식으로 영원히 먹다 보면 실제로는 무한히 많은 양의 케이크를 먹게 된다. 사실 당신이 먹는 양은 로그적으로 커진다. 즉, 가면 갈수록 느리게 커진다는 말이다. 하지만 그래도 무한을 향해 거침없이 달려가는 중이다. 로그를 그래프로 그리면 이런 식으로 보인다.

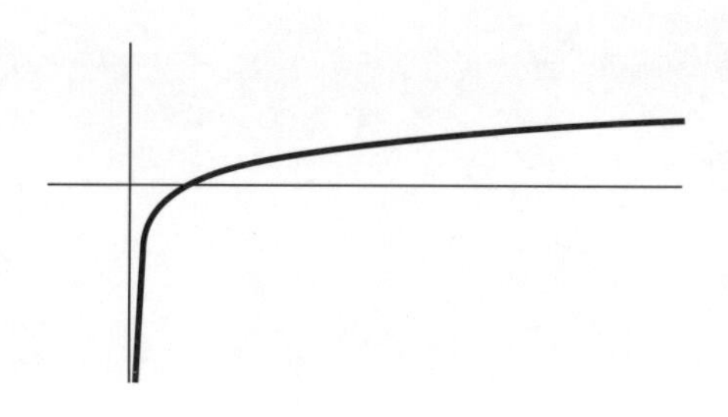

내가 여기 그려 놓은 그래프만으로는 그래프가 완전히 편평해질지,

아닐지 분간할 수 없겠지만, 사실 편평해지지 않는다. 이 그래프는 한계가 없다. 당신이 어떤 수를 생각하든 결국에는 그래프가 그 수를 넘어선다는 의미다. 아무리 큰 값을 생각해도 그래프는 언젠가 그 수를 넘어간다. 이것은 16장에서 설명하겠다.

이 사례를 보면 무한한 성장에 대해 생각할 때는 정말 신중해야 함을 알 수 있다. 직관만 믿었다가는 길을 잃고 방황하기 십상이다. 먹는 케이크 조각마다 사실상 아무것도 없는 것이나 마찬가지인 상황에서 어떻게 무한히 많은 케이크를 먹을 수 있을까? 그래서 겉보기에는 모순으로 보이는 이 헷갈리는 문제를 이해하고, 우리가 무한히 많은 케이크를 먹게 될지 여부를 확실하게 말하고 싶으면 좀 더 엄격한 수학적 정확성이 필요한 것이다.

# 12. 무한 차원

시간 여행을 하고 싶은가? 생각만 해도 짜릿하지만 끔찍한 생각도 든다. 혹시나 자신의 과거에 눈곱만큼이라도 개입했다가 그로 인해 발생할 수 있는 무시무시한 결과 때문이다. 나는 이런 시간 루프와 그로 인해 생길 수 있는 잠재적 역설이 참 재미있다. 이것은 내가 좋아하는 영화인 「백 투 더 퓨처Back to the Future」, 소설 『시간 여행자의 아내*The Time Traveler's Wife*』, 그리고 좀 더 최근에 나온 영화 「루퍼Looper」의 주제이기도 하다. 루퍼의 경우에는 시나리오가 하도 꼬여 있어서 위키피디아에 설명된 개요를 함께 읽으며 영화를 봐야 했다.

시간 여행을 아주 잠깐만 하고, 그동안 그 누구와도 상호 작용을 하지 않으면 위험한 결과를 낳을 가능성이 줄어든다. 무의미하게 들릴 수도 있겠지만 악당에게 쫓기는 신세라면 탈출할 때 아주 유용한 정보가 될 수 있다. 네 번째 차원으로 탈출하는 것이다. 이번 장에서는 세상에 얼마나 많은 차원이 존재하는지에 대해 생각해 보겠다.

당신이 기차를 타고 있는데 악당이 당신을 뒤쫓고 있다고 해보자. 악당이 당신이 탄 기차를 붙잡으려면 그냥 기차를 앞뒤로 막아 버리면 된다. 기차는 철도 위에 꼼짝 없이 붙잡혀 있어 장애물을 우회할 수 없을 것이다. 기차는 1차원으로만 움직일 뿐, 2차원으로는 움직일 수 없기 때문이다.

하지만 차를 타고 있는 경우라면 장애물을 돌아갈 수 있기 때문에 사정이 달라진다. 그럼 악당들은 당신의 자동차를 완전히 둥글게 에워싸는 벽을 설치해야 할 것이다. 여기서 탈출하려면 제임스 본드가 되어 자동차를 비행기로 변신시키는 버튼을 눌러야 한다. 그래야 둥글게 가로막고 있는 장애물 위로 날아 탈출할 수 있기 때문이다. 이것은 3차원으로의 탈출이다.

이제 악당들이 당신을 잡으려면 하늘에서 당신을 완전히 에워싸는 그물을 던져야 한다. 그럼 당신이 이 그물에서 탈출하려면 네 번째 차원을 이용해야 한다.

우리는 3차원 세계에 워낙 익숙해져 있어서 또 다른 차원을 상상하기가 정말 힘들다. 당장 이런 생각이 들 수도 있다. 〈그보다 높은 차원이 세상에 어디 있어?〉 물리적인 차원에 대해 생각할 때는 이 말이 맞다. 하지만 물리적 차원은 차원을 생각하는 한 가지 방식에 불과하다. 이것은 대단히 구체적이고 물리적인 방식이다. 구체적인 사례들을 이용하면 어떤 개념을 이해하는 데 도움이 되지만 이런 사례들은 그 자체로 한계를 갖고 있다. 예를 들어 쿠키를 통해 수를 이해하는 것은 훌륭한 방법이지만 쿠키를 가지고 음수에 대해 생각하기는 어렵다. 〈음의 쿠키〉를 상상하기가 쉽지 않기 때문이다.

4차원에 대해 생각하는 한 가지 방법으로 3차원을 일반화하는 방법이 있다. 이 원리를 이해하려면 몇 걸음 뒤로 물러나서 도움닫기를 하는 것이 도움이 된다. 1차원에서 시작해 2차원, 다시 3차원으로 이행되는 과정을 살펴보면 3차원에서 4차원으로, 그다음에는 4차원에서 5차원으로, 그리고 다음에는 임의의 $n$차원에서 $n+1$차원으로 넘어가는 법을 이해하는 데 도움이 될 것이다. 어린아이가 계단을 올라가고, 우리가 무한의 사다리를 오르는 것처럼 말이다. 우리가 결코 중단하지 않는다면 혹시나 무한한 차원에 도달하게 될지도 모를 일이다(가끔 나는 영원을 일반화한다는 이 개념이 일종의 수학적 낙관론이 아닐까 하는 생각이 든다).

1차원 세상에 있다는 것은 기본적으로 선 위에서 산다는 의미다. 사실 이 선이 물리적으로 일직선일 필요는 없다. 그냥 당신이 갈 수 있는 방향이 한 방향밖에 없다는 의미다(앞으로 가는 것과 뒤로 가는 것은 방향은 같고 그 값만 양과 음으로 달라지는 것으로 친다). 이것을 다른 방식으로 생각할 수도 있다. 단 하나의 좌표만으로 자신의 위치를 알릴 수 있는 경우, 이를 1차원이라 하는 것이다. 길이 직선으로 휘어 있든, 굽어 있든, 그 길 위의 집들에 차례대로 번호를 매길 수 있다. 원형의 경로 위에 있는 경우라도 좌표 하나만 알려 주면 자신의 위치를 알릴 수 있다. 원의 둘레를 따라 얼마나 떨어져 있는지만 말하면 되니까 말이다. 북쪽으로 얼마나, 동쪽으로 얼마 떨어져 있다고 두 개의 좌표를 말해 줄 수도 있겠지만 괜한 수고를 더하는 일이고, 효율만 떨어진다. 예를 들어 북쪽으로 50미터, 동쪽으로 50미터 위치에 있다고 말하는 대신 합의한 출발점을 기준으로 반시계 방향으로 원둘레를 따라 45도에 있다고 말하는 것이 훨씬 효율적이다.

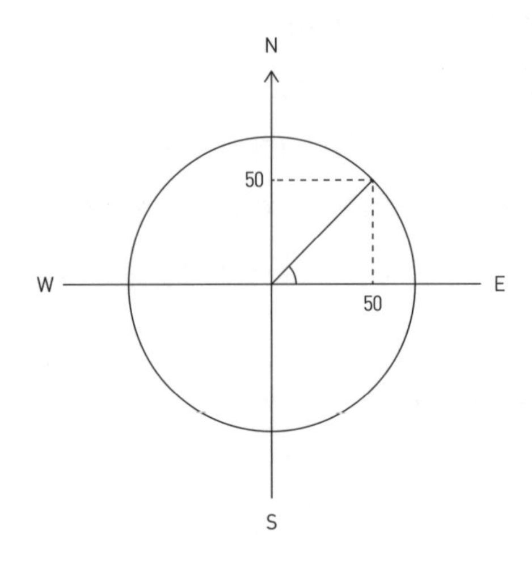


그래서 1차원의 세상은 아주 간단하다. 이 세상에서는 선을 따라 얼마나 떨어져 있는지 말해 주는 한 가지 변수밖에 없다. 그럼에도 내가 1차원 세상에서 얼마나 자주 길을 잃어버렸는지 생각하면 참 놀랍다. 내가 니스 대학교에서 일했을 때는 학과 건물이 원형이었는데 어쩐 일인지 나는 내 사무실을 찾기가 그리도 어려웠다. 그리고 나는 기차에서 화장실에 갔다가 되돌아올 때도 길을 자주 잃어버린다. 추상적으로는 앞과 뒤가 양과 음의 값만 다를 뿐 같은 방향에 해당하지만, 실제로는 조금 다르기 때문이다. 자리를 찾아갈 때는 수학에 대해 생각해 봐도 별 도움이 되지 않는다.

2차원 세상을 이용하면 1차원 세상에서 탈출할 수 있다. 기차에서 내리는 경우가 여기에 해당한다(제임스 본드라면 폼 나게 창밖으로 뛰어내리겠지만). 영국 셰필드에서는 1차원 세상의 문제점이 너무 분명하게 드러날 때가 많다. 1차원의 전차가 2차원의 자동차와 길을 함께 사용하기 때문이다(물론 전차와 자동차 자체는 3차원이다. 여기서는 이 교통수단이 움직이는 차원의 수를 말한다). 자동차 한 대가 전철 철로 위에서 고장이 나버리면 다른 차는 그냥 그 차를 돌아서 가면 되지만 전철은 고장 난 자동차를 견인해 가기 전까지는 꼼짝도 할 수 없다. 그렇다고 뒤로 돌아갈 수도 없다. 그럼 엉뚱한 방향으로 가기 때문이다. 1차원 세상에서 덫을 놓는 건 아주 간단하다. 그냥 길을 막아 버리면 된다. 성 주변으로 해자를 둘렀던 이유도 이 때문이다. 이렇게 하면 성으로 진입하는 길이 사실상 1차원(도개교, 들어 올릴 수 있는 다리)이 되어 차단하기 쉽기 때문이다. 해자를 두르지 않은 경우에는 성 주변으로 빙 둘러서 성곽을 쌓아야 한다.

자신의 위치를 말하는 데 두 개의 좌표가 필요하면 그 세상은 2차원이라 할 수 있다. 여기서는 수평적인 위치뿐만 아니라 수직적 위치도 말해야 한다. 영화관 좌석이나 비행기 좌석에 가로줄 번호와 세로줄 번호가 따로 있는 이유도 이 때문이다(이론적으로 보면 좌석의 수가 유한하기 때문에 좌석에 1번부터 쭉 번호를 붙일 수도 있다. 하지만 이렇게 하면 좌석을 찾기가 훨씬 어려워진다).

지구의 표면은 재미있는 표면이다. 3차원으로 보이지만 사실은 2차원이기 때문이다. 그래서 자신의 위치를 말할 때 경도와 위도, 이렇게 2개의 좌표만 있으면 된다. 여기서는 당신이 지면에서 얼마나 떨어져 있는지 고려하지 않는다. 구체는 3차원 우주가 있어야만 존재할 수 있지만 그 표면은 2차원이다. 이것은 〈차원dimension〉이라는 개념이 언뜻 단순해 보이지만, 물리적 차원에 대해 생각할 때조차 겉보기처럼 그리 단순하지 않음을 보여 주는 힌트다. 이것은 원을 그리려면 2차원의 종이가 필요하지만 그 둘레는 1차원이라는 사실과 비슷한 상황이다. 산을 따라 나 있는 단순한 도로 역시 1차원이지만 계속 위아래, 좌우로 구불구불 이어지기 때문에 3차원 공간이 있어야만 그 안에 들어갈 수 있다.

2차원 공간의 2차원은 데카르트 좌표 평면인 경우가 많다. 즉 시카고의 데카르트 좌표계처럼 X좌표와 Y좌표를 갖는다는 말이다.

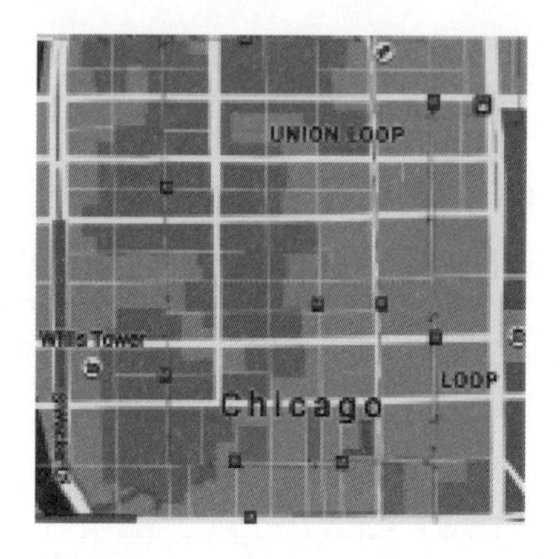


하지만 최근에 나는 암스테르담에 간 적이 있는데 이 도시는 동심원 형태의 운하 체계 덕분에 극좌표계polar coordinate grid를 갖고 있다는 생각이 들었다. 극좌표계에서는 동서와 남북의 좌표 대신 둘레를 따라 어디쯤 있는지(각도), 그리고 중심에서 얼마나 떨어져 있는지(반지름)로 위치를 설명할 수 있다.

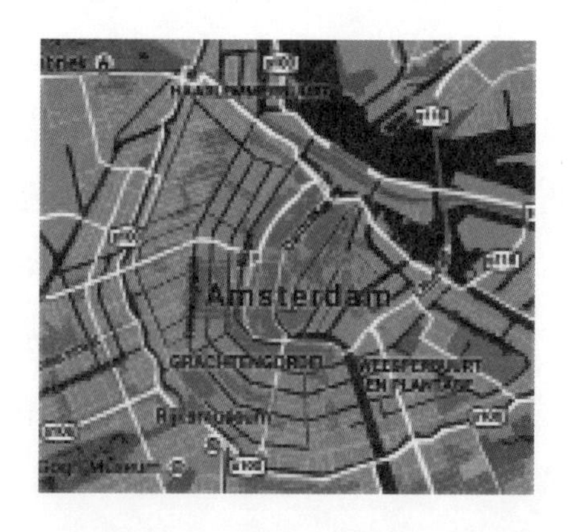

3차원 세상을 이용하면 2차원 세상에서 탈출할 수 있다. 내가 잠수를 좋아하는 이유 중 하나는 3차원의 자유를 경험할 수 있기 때문이다. 행글라이딩이나 스카이다이빙을 하는 재미도 그와 비슷한 것이 아닌가 싶다. 물론 나는 너무 무서워서 이런 것은 도무지 할 자신이 없다. 그리고 나는 중력에 휘둘리는 존재이기 때문에 그 3차원 안에서 그리 큰 자유를 느끼지도 못할 것 같다. 소를 가둘 때는 울타리만 치면 되지만, 새를 가둘 때는 위쪽까지 다 막힌 새장이 필요한 이유도 새가 3차원에서 움직이기 때문이다. 자동차로 추격하는 것보다 비행기로 추적하는 것이 훨씬 복잡한 이유도 그 때문이다. 비행기는 위치를 표시하는 데 세 개의 좌표가 필요하다. 위도, 경도, 그리고 비행 고도가 있어야 한다. 소는 올가미로 잡을 수 있는 반면(당신은 못할지 몰라도 할 수 있는 사람이 있다) 물고기나 슈퍼맨을 잡으려면 그물(아니면 크립토나이트)이 필요한 이유도 그 때문이다.

그와 비슷한 원리로 4차원 세상을 이용하면 3차원 세상에서 탈출할 수 있다. 물고기가 기적적으로 네 번째 차원에 접근할 수 있다면 그물을 탈출할 수 있다. 당신이 제임스 본드가 되어 비행기를 타고 가는데 악당들에게 완전히 둘러싸였다면 버튼 하나로 네 번째 차원을 이용해 탈출할 수 있다.

### 네 번째 차원이 될 수 있는 것들

이것을 이해하기 어렵다면 시간을 네 번째 차원으로 생각할 수도 있다. 이것은 정당한 사고방식이고, 사실 이론 물리학에서는 아주 막강한 힘을 발휘하는 방법이지만, 네 번째 차원에 대해 생각하는 한 가지 방식일 뿐, 유일한 것은 아니다. 이것은 당신이 어딘가에 붙잡혔을 때 시간 여행을 통해 탈출할 수 있다는 의미다. 시간 여행이 등장하는 허구의 이야기에서 이런 주제가 흔히 이용된다. 「백 투 더 퓨처」에서 마티는 브라운 박사를 총으로 쏜 사람들로부터 시간 여행을 통해 탈출한다(우연이기는 했지만). 『시간 여행자의 아내』에서 헨리는 체포되지만 시간 여행을 통해 탈출한다. 이번에도 역시 우연 덕분이었다.

이것을 다른 방식으로 생각할 수도 있다. 시간을 구체적으로 명시해야 할 또 다른 좌표로 보는 것이다. 사람과 만날 약속을 할 때는 약속 장소뿐만 아니라 약속 시간도 정해야 한다. 두 사람이 모두 똑같은 공간 좌표로 나가도 시간이 서로 다르면 만날 수 없다. 똑같은 장소에 있어도 〈시공간space-time〉상의 위치가 다르기 때문이다.

시간을 네 번째 차원을 이용해서 탈출하는 방법은 다음과 같다. 먼저 2차원에서 3차원을 이용해서 탈출하는 방법을 생각해 보자. 울타리 안에 갇힌 경우에는 탈출이 어렵지 않다. 울타리를 넘어가면 된다. 당신을 울타리에 가둔 사람은 어리석게도 당신이 2차원에서만 움직일 수 있다고 믿었다. 즉, 당신이 수직 좌표를 바꿀 수 있음을 모른 것이다. 그럼 당신은 잠깐 수직 좌표를 바꾸어 울타리를 넘어간 다음 수직 좌표를 다시 0으로 되돌려 주면 된다. 그럼 당신의 동서남북 좌표가 안전하게 울타리 밖으로 나와 있다.

만약 누군가가 그물로 당신을 사로잡은 경우라면 당신은 시간 좌표를 변경해서 빠져나올 수 있다. 잠시 시간 여행을 해서 어제로 돌아간다. 어제로 가면 그물에 잡혀 있는 상태가 아니니까 거기서 살짝 옆으로 비켜설 수 있다. 그런 다음 다시 원래 시간으로 돌아온다. 그럼 이제 당신의 물리적 좌표는 안전하게 그물 바깥으로 나와 있다.

이것을 다른 방식으로 생각해 볼 수도 있다. 네 번째 차원을 색으로 생각하는 것이다. 그럼 당신이 무언가와 같은 위치에 있으려면 그것과 동서 좌표, 남북 좌표, 수직 좌표뿐만 아니라 아울러 색깔도 같아야 한다. 자신을 다른 색으로 칠하면 색깔 좌표를 바꿀 수 있다. 만약 누군가가 당신을 벽이 하얀 방에 가두어 놓으려면 당신을 하얀색으로 칠해야 한다는 얘기다. 그 방에서 탈출하려면 그냥 다른 색깔의 페인트, 이를테면 보라색 페인트 같은 것으로 자신을 칠한다. 그럼 하얀 벽을 그대로 통과할 수 있다. 그러고 나서 다시 자신이 원하는 색으로 되돌아오면 안전하게 벽을 빠져나온 상태가 된다. 이것은 투명 망토와 비슷하다. 다만 보이는 상태와 보이지 않는 상태, 이 두 가지 상태만 있는 투명 망토의 경우에는 보이지 않는 상태가 되었다고 해서 벽을 그냥 통과할 수는 없다.

얼마 전에 이런 내용을 한 음악가한테 설명했더니 바로 이런 말이 튀어나왔다. 「그럼 음악도 네 번째 차원이란 말인가요? 음악을 이용하면 물리적인 3차원을 탈출할 수 있으니까?」 그렇다고 할 수도 있겠지만 조금 애매한 구석이 있다. 영원히 탈출할 수는 없기 때문이다. 만약 당신이 어떤 방에 갇혀 있다고 해보자. 당장은 음악을 들음으로써 붙잡혀 있다는 느낌에서 탈출할 수는 있겠지만 음악을 이용해 물리적으로 그 방을 벗어날 수는 없다. 기차 위에서 내가 내 음악을 듣고 있고, 다른 누군가는 그와 완전히 다른 음악을 듣고 있다면 우리는 같은 장소에 있는 느낌이 전혀 들지 않을 것이다. 그리고 내가 아주 웅장한 콘서트에 갔다가 막 거리로 나온 상태라면 콘서트에 없었던 사람과는 마치 다른 차원에 있는 기분이 들 것이다. 이것은 시간 여행과 비슷할 수도 있다. 어떤 음악을 들으면 그 음악과 긴밀하게 관련되어 있는 또 다른 장소, 또 다른 시간에 있는 듯한 기분을 바로 느낄 수 있기 때문이다.

어째서 꼭 탈출이어야 하는지 궁금할지도 모르겠다. 그 이유는 기존의 차원에서 탈출하지 않으면 그것은 사실 새로운 차원이 아니기 때문이다. 자신의 위치를 명시할 때 더 많은 좌표를 사용할 수도 있다. 자기가 동쪽으로 얼마, 북쪽으로 얼마, 그리고 북동쪽으로 얼마나 떨어져 있는지 말할 수도 있다. 이렇게 말이다. 〈나는 동쪽으로 4킬로미터, 북쪽으로 2킬로미터, 북동쪽으로 $\sqrt{18}$킬로미터 떨어져 있다.〉

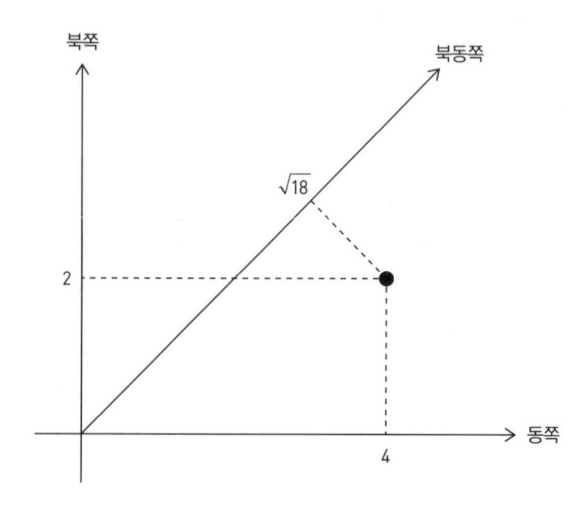


하지만 이렇게 말하면 정확하기는 해도 불필요한 정보까지 담고 있다. 수학에서는 이것이 차원의 〈독립성〉이란 개념으로 통한다. 차원 중 하나를 다른 차원을 이용해 표현할 수 있다면 그 차원은 독립적이지 않다. 이것은 앞의 사례에 사용된 언어만 살펴봐도 자명하다. 〈북동쪽〉이라는 단어는 〈북쪽〉과 〈동쪽〉이라는 단어로부터 나왔기 때문에 독립적인 차원일 수가 없다.

## 정말로 4차원인 것이 있을까?

내 연구 분야가 고차원 범주론이다 보니 공식적으로든 비공식적으로든 사람들에게 차원에 대해 이야기하며 보내는 시간이 많다. 비전문가를 대상으로 강연할 때면 보통 청중 중에 아주 짜증을 내면서 실제로는 4차원이 존재하지도 않는데 이것이 다 무슨 소용이냐고 주장하는 사람이 나온다. 우리는 3차원 세상에 살고 있으니까 말이다.

물리적으로는 맞는 얘기다. 하지만 차원을 독립적인 좌표라는 개념으로 생각하기 시작하면 상황이 완전히 달라진다. 앞에서 무언가를 수학적으로 상상할 수 있다면 그것은 존재하는 것이라고 했었다. 우리가 3가지 이상의 독립적인 아이디어를 상상할 수 있다면 우리는 3차원이 넘는 아이디어 공간을 만들어 낸 것이다. 당신도 분명 자신의 삶에서 세 가지 이상의 독립적인 아이디어를 갖고 있을 것이라 확신한다. 몰리에르의 작품에 등장하는 부르주아 귀족이 자기도 모르는 사이에 자신의 모든 삶을 산문으로 이야기해 왔음을 깨닫게 된 것처럼 당신도 아마 모르는 사이에 자신의 삶에서 상당한 시간을 3차원보다 훨씬 많은 차원으로 생각하며 살아왔을 것이다.

좌표란 결국 숫자의 열에 불과하다. 이 숫자들은 어떤 측정 가능한 척도상에 존재하는 것은 무엇이든 나타낼 수 있다. 거리나 무게(질량)도 그런 측정 가능한 척도상에 존재하는 것 중 하나다. 내가 지난번에 병원에 갔더니 내 나이, 키, 체중, 맥박 수, 혈압을 측정했다. 혈압은 두 개의 수로 표시되므로, 모두 6개의 수가 등장한다. 따라서 모든 사람의 정보를 그래프로 그리고 싶으면 6차원의 그래프가 필요하다.

나는 최근 며칠을 프렌치 마카롱을 만드는 연습을 하며 보냈다. 그런데 변수가 하도 많아서 정말 헷갈렸다. 재료 자체는 가짓수가 많지 않지만 100g의 계란 흰자당 가루 설탕, 정제당, 아몬드 가루를 얼마나 사용해야 하는지 결정해야 한다. 그리고 다음으로는 계란 흰자를 얼마나 오랫동안 휘저어야 하는지, 반죽을 얼마나 오래 혼합해야 하는지, 짤주머니는 얼마나 짜야 하는지, 얼마나 오래 건조시켜야 하는지, 오븐의 온도를 얼마로 맞춰야 하는지, 얼마나 오래 구워야 하는지 등등을 결정해야 한다. 이것은 9차원의 공간이다. 이것도 계란을 살 때 헷갈렸던 부분은 고려하지 않은 것이다. 계란 자체도 얼마나 큰지, 색깔은 무엇인지, 개방 사육한 닭의 계란인지, 유기농인지, 채식용 계란인지 여부 등 자체적인 변수를 갖고 있다. 나는 크고, 갈색이고, 개방 사육한 닭의 계란이고, 유기농이고, 채식용인 계란을 원했지만 계산할 때 보면 내가 깜박하고 그 변수 중에 놓친 것이 있을 때가 많다.

기준 목록에 따라 대상을 비교할 때마다 당신은 사실상 그 기준만큼 많은 차원의 공간을 보고 있는 것이나 마찬가지다. 이런 관점에서 보면 3차원밖에 안 되는 공간이 오히려 드물다. 일단 당신이 수고스럽게 이런 기준들을 정리해 놓고 보면 3가지를 넘을 때가 비일비재하다. 당신이 굳이 이런 목록을 정리하지 않는 경우라 해도 마찬가지다. 나는 항공권을 구입할 때마다, 가격, 항공사, 일정, 중간 기착지의 수, 공항 같은 것을 모두 따져 보지만, 모두 다 목록을 따로 정리하지 않고 머릿속으로 한다.

### 로봇 팔

여기까지는 그렇다 쳐도 과연 그 고차원 공간들을 연구할 필요가 있나 의문이 들 수도 있다. 그런 고차원 공간이 존재한다는 사실조차 알 필요가 있을까? 고차원 공간에 대해 생각해 본 적도 없지만 지금까지 잘만 살았다.

고차원 공간을 연구하는 사례 중 하나로 시공간이 있다. 시공간은 우리의 정상적인 3차원 공간과 네 번째 차원인 시간으로 이루어져 있다. 아인슈타인의 상대성 이론에서는 이 4차원 공간이 휘어지는 것을 다룬다.

이보다 좀 더 실질적인 사례로는 로봇 팔의 연구가 있다. 로봇 팔은 공장, 우주 공간, 키홀 수술,* 아케이드 게임 등 온갖 곳에서 사용되고 있다. 로봇 팔 자체는 3차원 공간 안에서 움직이고 있지만 로봇 팔의 운동 범위를 연구하려면 임의의 순간에 각각의 관절이 무엇을 하고 있는지 함께 고려해야 한다. 각각의 관절은 하나의 변수에 해당하기 때문에 결국 관절의 개수만큼, 혹은 복합 관절인 경우에는 그 이상의 많은 차원으로 이루어진 공간을 다루어야 한다.

잠시 자신의 팔을 바라보자. 가만히 앉아서 손을 흔드는 경우에는 손이 3차원 공간에서 움직이는 것으로 보인다. 어떻게 이렇게 움직이는 것일까? 팔을 구성하는 다양한 관절들이 특정 유형의 운동을 하고 있는 것이다.

* 팔을 흔들되, 상완에서 손까지 모든 부분을 뻣뻣하게 유지하고 있다면 어깨 관절이 혼자 2차원의 운동을 부여하고 있는 것이다. 이 경우 몸에 대해 상완이 어디에 있는지 지칭하고 싶으면 위-아래, 앞-뒤의 두 좌표가 필요하다
* 팔꿈치 관절도 좌표를 하나 보태 준다. 팔뚝이 상완과 만드는 각도다.

* 환자의 몸을 아주 조금만 절개한 뒤 레이저 광선을 이용해 하는 수술.

* 손목은 팔뚝에 대한 손의 위치를 말해 주는 좌표 두 개를 보탠다. 하나는 위-아래 좌표, 하나는 왼쪽-오른쪽 좌표다.
* 팔뚝의 회전도 있다. 이것 역시 손의 위치라고 생각할 수 있다. 손은 손바닥이 위를 향하게, 또는 아래를 향하게 회전할 수 있다.
* 상완의 회전도 있다. 상완을 몸통에 대해 같은 위치로 유지하고, 상완이 팔뚝과 이루는 각도도 고정시킨 상태에서 상완을 회전시킬 수 있다. 당신이 누군가에게 손을 흔들 때 대략 이런 운동이 일어난다. 그냥 손만 흔드는 것이 아니라 손이 허공에서 원호를 그리도록 크게 흔들 때를 말하는 것이다.

이것은 7차원이다. 내 손이 정말로 7차원 공간에서 움직이고 있을까?

드레스를 입어 본 사람이라면 등의 지퍼를 올리려고 끙끙댄 적이 있을지도 모르겠다. 드레스를 입어 본 적이 없는 사람은 등에 선크림을 바를 때를 생각해 보면 된다. 보통 등 쪽 지퍼를 올리려고 할 때는 이런 일이 생긴다. 손을 등 뒤로 돌려서 어느 정도까지는 지퍼를 올릴 수 있지만 어느 선에 가면 더 이상 올릴 수가 없어서 자세를 바꿔 손을 어깨 위로 넘겨야 지퍼를 마저 올릴 수 있다. 유연성이 부족한 경우라면 손이 닿지를 않아 도움이 필요할 수도 있다. 등에 선크림을 바를 때도 상황은 비슷하다. 아래쪽 등은 손을 뒤로 돌려서 바를 수 있지만, 견갑골 근처 정도까지밖에 못 바른다. 그다음에는 손을 어깨 너머로 넘겨서 어깨와 위쪽 등에 선크림을 발라야 한다. 유연성이 부족한 사람이라면 아래쪽과 위쪽 사이에 틈이 생겨서 거기만 새까맣게 탈 것이다.

여기서 일어난 일들을 살펴보면 등 아래쪽으로 접근했을 때는 손이 닿을 수 있는 범위에 한계가 있음을 알 수 있다. 충분히 유연한 사람의 경우에는 이 한계가 손을 등 위쪽으로 접근했을 때의 범위와 맞닿을 것이다. 유연성이 뛰어나면 살짝 그 범위가 중첩될 수도 있다. 그런데 어느 쪽에서 접근했든 두 경우 모두 손은 3차원 공간 안에서 동일한 장소에 닿고 있다. 하지만 이때 팔의 배치는 완전히 다르다. 따라서 한 배치 상태에서 다른 배치 상태로 넘어가려면 아주 먼 길을 돌아가야 한다. 이것이 의미하는 바는 이 두 장소가 3차원 공간 안에서는 같은 장소지만 총 7차원의 팔 배열 공간 안에서는 아주 멀찍이 떨어져 있다는 것이다. 로봇 팔을 설계할 때는 이런 부분을 알고 있어야 한다. 일반적인 3차원 공간 안에서 〈손〉이 어디에 갈 수 있는지도 알아야겠지만, 팔의 운동을 나타내는 고차원 공간에서 어느 위치끼리 가까이 붙어 있는지 알아내는 것도 중요하다. 키홀 수술을 하는 동안 아주 짧은 거리를 부드럽게 움직일 필요가 있을 때 거기에 접근하기 위해 로봇 팔이 아예 배치를 완전히 새로 바꿔야 한다면 난처해질 테니까 말이다.

## 차원 줄이기

고차원 공간에 대해 생각하기가 만만치는 않다. 고차원 공간을 전문적으로 다루는 수학 분야가 따로 생긴 이유도 그 때문이다. 인생에서나 수학에서나 우리가 생각해야 할 차원의 수를 줄이려 애쓰는 이유도 그 때문이다. 그래야 인생이 조금이라도 더 편해질 테니까. 그런 방법은 다양하다.

한 가지 방법은 그냥 일부 차원을 무시하는 것이다. 예를 들어 당신이 기준 목록에 따라 무언가를 평가하다 보면 기준이 너무 많다는 생각이 들어서 중요한 기준에만 초점을 맞춰야 할 때가 있다. 중요성이 제일 떨어지는 것들을 무시하면 생각해야 할 차원의 수가 바로 줄어들면서 결정을 내리기가 쉬워진다.

일부 변수를 고정시켜 놓음으로써 일부 차원을 잠시 동안만 무시할 수도 있다. 완벽한 마카롱을 만들기 위해 고군분투할 때 나는 결국 한 번에 한 차원씩만 연구해 보았다. 우선 반죽을 짠 다음 온도를 각각 달리하며 구워 보았다. 그리고 그다음에는 온도는 고정시키고 반죽을 만드는 단계별로 반죽을 짜보았다. 그리고 다음에는 두 가지 변수는 고정시켜 놓고 아몬드 가루의 양을 조금 변화시켜 봤다. 이것은 정상적인 2차원 공간을 취한 후에 $y$ 좌표는 2 같은 값으로 고정시켜 놓는 경우와 비슷하다. 그리고 나면 아래 그림처럼 직선 하나밖에 남지 않는다. 이 직선 위에서 $x$는 어떤 값도 올 수 있지만 $y$는 반드시 2여야 한다.

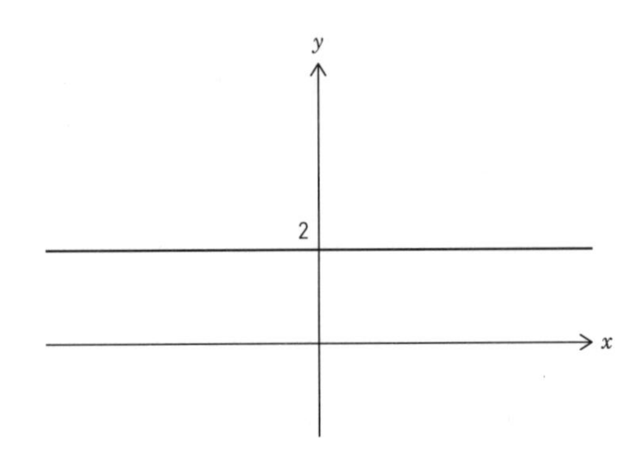


여기서 우리는 2차원 평면을 1차원 선으로 바꾸어 놓은 것이다. 이것은 변수 하나를 아예 깜박 잊어버리는 것과 그리 다를 것이 없다. 그리고 변수 하나를 아예 잊어버리는 것은 $x$축만 남기는 것과 비슷하다. 그리고 이것은 $y$를 0으로 고정시키는 것과 비슷하다.

마카롱의 경우, 한 요리법에서의 최적 온도가 다른 요리법에서도 최적 온도인지 알 수 없어서 상황이 복잡했다. 그래서 나는 아몬드 가루의 양을 달리해 본 후에는 다시 갖가지 오븐 온도를 시도해 보아야 했다. 당신도 짐작하겠지만 이런 식으로 조사하니 시간이 꽤 오래 걸렸다.

이것보다 살짝 미묘한(혹은 교활한) 방법이 있다. 변수 하나를 그냥 잊어버리는 대신 두 차원을 하나로 합쳐서 차원의 수를 줄이는 것이다. 설문지에 나오는 다음과 같은 문항이 이런 경우에 해당한다. 〈나는 사람을 일대일로 만나는 자리보다는 여러 사람들이 어울리는 자리를 선호한다.〉 그럼 당신은 이런 문항에 대한 동의 여부를 다음과 같은 척도 위에서 밝혀야 한다.

| ○ | ○ | ○ | ○ | ○ |
|---|---|---|---|---|
| 절대 그렇지 않다 | 그렇지 않다 | 어느 쪽도 아니다 | 그렇다 | 절대 그렇다 |

이런 척도를 사용하면 흑백 논리처럼 〈예〉, 〈아니오〉로 표현하는 대신 그 중간 단계를 허용해 주어 좀 더 미묘한 차이까지 밝힐 수 있다. 하지만 나는 이런 문항을 접하면 불만스러워진다. 똑같은 문항을 두고 한편으로는 절대 동감하지만, 또 다른 한편으로는 절대 동감하지 못하는 경우가 많기 때문이다. 그럼 〈어느 쪽도 아니다〉를 선택하면 될 것 같지만 그것도 아닌 것 같다. 〈어느 쪽도 아니다〉라고 하니 어느 쪽이든 상관없다는 말로 들리기 때문이다. 어떤 날은 여러 사람들과 어울리고 싶은 마음이 간절할 때도 있고, 또 어떤 날은 누군가를 일대일로 만나고 싶은 마음이 간절할 때도 있다. 이런 일이 일어나는 이유는 이것이 사실은 2차원의 질문이기 때문이다. 여러 사람과 함께 어울리고 싶은 마음은 어느 정도입니까? 그리고 일대일로 만나고 싶은 마음은 어느 정도입니까? 이렇게 하면 두 가지 변수가 나온다. 이것을 다음과 같은 그래프로 그릴 수 있다.

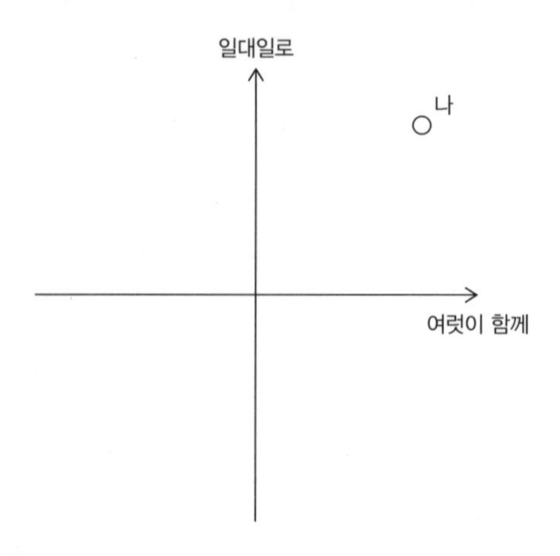


나는 양쪽 다 좋아하니까 오른쪽 위 어디쯤에 해당할 것이다. 양쪽 다 싫어하는 사람도 그와 비슷하게 왼쪽 아래 어디쯤에 해당할 것이다. 사실 대각선을 이루는 이 영역은 양쪽을 똑같이 좋아하거나 싫어하는데 그 강도만 달라지는 경우에 해당한다.

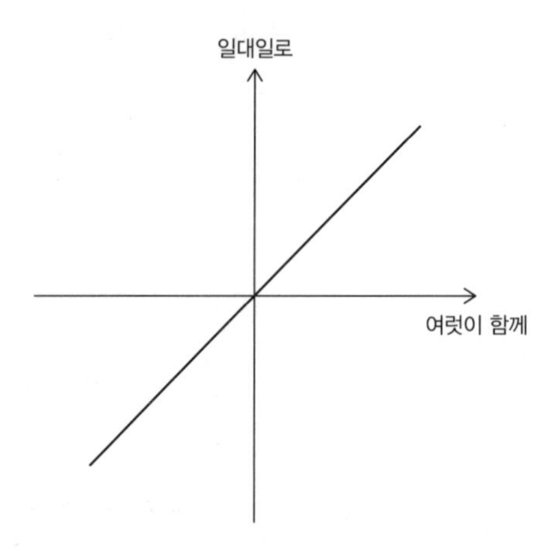


수학적으로 보면 이것은 $x=y$인 직선이다. 설문지에 원래 제시된 척도에서는 이 선이 그냥 〈어느 쪽도 아니다〉라는 한 점으로 찌그러들었다. 이 설문지에서는 여러 사람과 어울리는 것과 일대일로 어울리는 것이 서로 반대되는 행동이므로 한쪽을 얼마나 좋아하는지 알면 자동으로 다른 한쪽을 얼마나 싫어하는지 알 수 있다고 가정하고 있다. 이것은 일종의 제로섬 게임이다. 제로섬 게임을 수학적으로 표시하면 $x+y=0$다. 이것을 그래프로 그리면 다음과 같다.

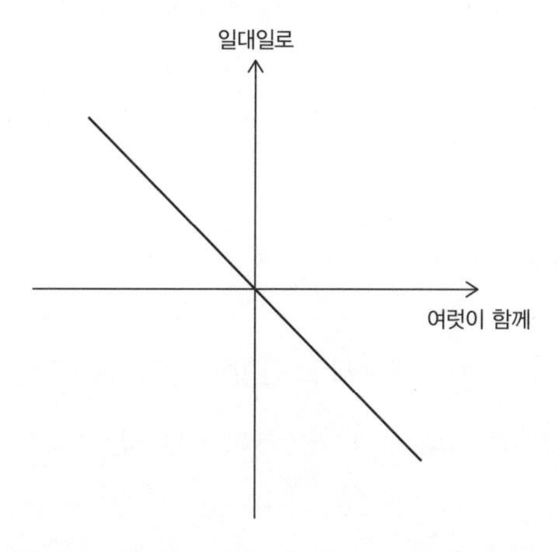


우리가 지금 처한 상황은 총합이 항상 4가 나오는 〈포섬 게임four-sum game〉에 더 가깝다. 4라는 값이 나올 수 있도록 〈그렇다〉와 〈그렇지 않다〉를 0에서 4사이의 척도로 진술하게 만들면 어떨까 싶다. 그럼 설문지는 다음 그림처럼 4까지의 수 중 〈그렇다〉의 값을 몇으로 선택하든 〈그렇지 않다〉의 값은 그 차이 값을 선택해야 한다고 가정하고 있는 듯하다.

| | | | | | |
|---|---|---|---|---|---|
| 일대일로 | 4 | 3 | 2 | 1 | 0 |
| 여럿이 함께 | 0 | 1 | 2 | 3 | 4 |
| | ○ | ○ | ○ | ○ | ○ |
| | 절대 그렇지 않다 | 그렇지 않다 | 어느 쪽도 아니다 | 그렇다 | 절대 그렇다 |

이것을 그래프 위에 나타내면 다음과 같다.

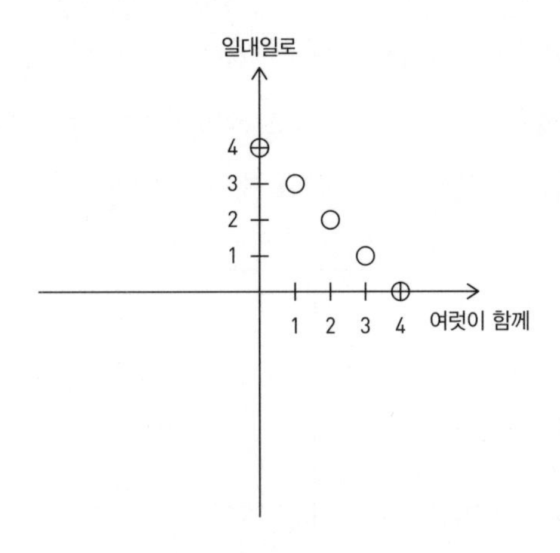


가끔 설문지에서 더 미세하게 표현할 수 있도록 〈그렇다〉에서 〈그렇지 않다〉까지 연속적으로 이어지는 직선 위에 그 정도를 표시하라고 할 때도 있다.

이 경우에는 $x+y=4$라는 직선 전체를 취하는 셈이다. 이것을 그래프로 나타내면 다음과 같다.

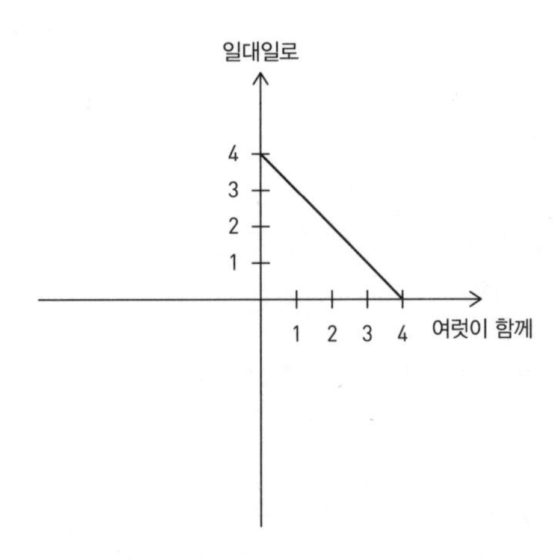

이 직선 위의 아무 점이나 선택할 수 있다. 그리고 그 점의 $x$좌표와 $y$좌표를 더하면 항상 4가 나올 것이다. 이렇게 함으로써 우리는 살짝 이상한 방식이기는 하지만 2차원을 1차원 직선으로 줄여 놓았다.

> 위에 나온 슬라이딩 척도sliding scale를 다른 방식으로 생각할 수도 있다. 우리가 실제로는 한 유형의 사회적 행동에 대한 선호도와 또 다른 유형의 사회적 행동에 대한 선호도의 비율을 다룬다고 생각하는 것이다. 이 경우에서는 $x$좌표와 $y$좌표를 취해서 그것을 $\frac{x}{y}$로 환원한다. 이것은 2차원을 1차원으로 훨씬 복잡하게 줄이는 방법이다. 인터넷을 찾아보면 3차원 그래프를 그려서 보여 주는 도구가 있다. $z=\frac{x}{y}$를 한번 시도해 보자. 그럼 2차원 평면의 각각의 위치에 대해 어떤 $z$ 값이 나오는지 볼 수 있다. 이것을 그냥 머릿속에 시각화해서 생각하기는 아주 어렵다.

이런 차원 줄이기는 정치적 성향을 평가할 때도 일어난다. 우리는 보통 사람들이 〈좌파〉냐 〈우파〉냐에 대해 얘기하는 경향이 있다. 이것은 정말 극단적인 단순화다. www.politicalcompass.org라는 웹 사이트에서는 여기에 두 가지 서로 다른 변수가 있다고 지적한다. 경제적 관점과 사회적 관점이다. 이것으로 2차원의 정치적 성향 그래프가 만들어진다. 그런데 우리는 이것을 하나의 차원으로 뭉뚱그려 버린다. 이런 단순화에는 항상 장점과 단점이 뒤따른다. 장점은 더 단순하니까 이해하기 쉽다는 것이고, 단점은 정보를 잃어버린다는 점이다. 이런 장단점을 언제나 잘 저울질해 보아야 하고, 적어도 자기가 무엇을 하고 있는지는 인식하고 있어야 할 것이다.

사실 정치적 성향은 2차원이 아니라 훨씬 고차원의 공간 속에 존재한다. 우리의 정치적 성향을 특징지을 때 고려할 수 있는 변수의 숫자에 제한이 없기 때문이다. 어쩌면 무한 차원의 공간이 만들어질지도 모른다. 하지만 우리는 이 차원을 줄여야만 한다. 그래야 사람들을 대충 뜻이 맞는 사람들끼리 나눌 수 있기 때문이다. 그런데 그렇게 할 때 차원을 무시하기보다는 차원을 합치는 경향이 있다는 것이 문제다. 우리는 어떤 기준은 중요하지 않다고 결정하는 대신, 그 기준들이 서로 연결되어 있는 것처럼 다룰 때가 많다. 수학적으로 보면 이 둘은 아주 다른 차원 줄이기 방법이다.

### 차원의 연속체

가끔 나는 어떤 상황의 〈장단점〉을 따지는 평가를 하다 보면 기준들을 서로 분리해서 생각하기가 너무 어려울 때가 있다. 예를 들어 단기적 이점과 장기적 이점에 대해 생각할 때가 그렇다. 그럼 중기적 이점에 대해 생각하기 시작한다. 나의 경우에는 초단기적 이점(즉각적인 만족)에 대해서도 생각하기 시작한다. 그렇다면 어디까지가 단기이고, 어디부터가 중기일까? 이런 구분 사이의 경계는 대체 어디일까?

서로 다른 직업에 대해 평가할 때 업무 만족도와 자존감을 함께 생각하는 경우가 있다. 하지만 이 두 가지는 서로 중첩된다. 업무에서 느끼는 자존감이 업무 만족도를 부여하기 때문이다. 혹시 자존감은 업무 만족도의 한 측면에 불과한 것이 아닐까? 그래서 업무 만족도를 좀 더 구체적인 기준으로 쪼개고, 또 쪼개 보기도 하지만 그러는 동안 그런 기준들 사이의 경계는 점점 더 흐려진다.

그리고 결국에는 기준들 그 자체가 하나의 연속체 위에 놓여 있음을 깨닫게 된다. 이것이 의미하는 바는 당신은 연속체 위에 있는 개별 기준에 대해 평가하고 있을 뿐이며, 그 기준이 전체 연속체 위의 무수한 점만큼이나 많이 존재한다는 것이다. 당신은 불가산 무한 차원을 가진 공간 속에 놓여 있는 것이다. 이러니 어떤 결정을 내리기가 그렇게 어려운 것도 당연하다.

# 13. 무한 차원 범주

내 친구 하나가 소셜 미디어에 맛있는 크루아상 샌드위치에 대한 글을 게시했는데, 나는 그 글을 보고 속에 크루아상이 들어간 샌드위치를 말하는 줄 알았다. 하지만 크루아상이 샌드위치 속이 아니라 샌드위치 바깥 빵을 말한다는 것을 이내 깨달았다.

혹시 〈샌드위치 샌드위치〉를 만들어 볼 생각을 해본 적이 있는가? 이것은 샌드위치의 속 자체가 샌드위치인 샌드위치다. 그럼 추가로 들어간 빵 조각들 사이에 양상추 정도는 넣어 줘야 할 것 같다. 어떤 사람은 양상추가 샌드위치에서 결정적인 역할을 한다고 주장한다. 빵이 샌드위치 속 때문에 습기로 눅눅해지는 것을 막아 준다는 것이다(개인적으로 나는 절대로 자진해서 양상추를 먹지는 않는다). 이런 식으로 샌드위치를 만드는 경우 〈$x$ 샌드위치〉는 다음과 같이 구성된다.

예를 들어 〈닭고기 샌드위치〉라면 다음과 같이 구성될 것이다.

그럼 이 경우 〈샌드위치 샌드위치〉는 다음과 같이 구성될 것이다.

이것을 모두 풀어 쓰면 다음과 같다.

빵

양상추

빵

양상추

닭고기

양상추

빵

양상추

빵

이것은 내가 좋아하는 〈반복되는 바텐버그 케이크iterated Battenberg cake〉와 비슷하다. 바텐버그 케이크를 하나 만들면 이렇게 보인다.

하지만 이번에는 바텐버그 케이크 자체를 바텐버그 케이크의 속으로 쓰면 이렇게 보인다.

큰 케이크 안에 들어간 작은 바텐버그 케이크 주변에도 마지팬*을 씌워야 할까?

이 두 가지 사례는 모두 본질적으로 자기 자신을 이용해서 무언가를 만들어 내고 있다. 수학은 저차원 공간으로부터 고차원 공간을 구축하는 경우처럼 자기 자신으로 무언가를 만들어 내는 일에 특히나 능하다. 그 이유는 수학이 공간과 차원, 무한 같은 추상적인 개념을 다루면서 또 그 자체로 추상적 개념이기 때문이다. 물리적 대상은 이런 식으로 행동하지 않는다. 새를 여러 마리 이어 붙인다고 새로운 새가 만들어지지는 않는다. 새는 그런 식으로 작동하지 않는다. 그렇다면 얼마나 추상적인 존재라야 이런 반복iteration이 가능해질까?

### 레고 레고

레고로 거대한 레고 블록을 만든다고 상상해 보자. 이것은 충분히 가능한 일이다. 레고에는 어느 정도 추상적인 요소가 들어 있기 때문이다.

* 아몬드와 설탕을 분쇄한 후 혼합해서 만든 반죽. 그냥 먹기도 하지만 얇게 민 후에 케이크에 씌워 장식하기도 한다.

새로 거대한 새를 만들 수는 없다. 적어도 진짜 새를 만들 수 없음은 분명한 사실이다. 하지만 작은 새 모형으로 거대한 새 모형을 만들 수는 있다. 실제 새는 추상적이지 않은 반면, 새의 모형은 충분히 추상적이기 때문이다. 화가 중에는 개개의 초상화를 타일로 이용해서 모자이크 패턴으로 사람의 추상화를 구축하는 사람이 있다. 추상화로 추상화를 만드는 일은 가능하다. 실제 사람은 추상적이지 않지만 초상화는 충분히 추상적이기 때문이다.

어릴 적에 나는 스펙트럼Spectrum 컴퓨터로 프로그램을 짜는 법을 배웠었다. 그때만 해도 영국의 프로그래머, 수학자, 그리고 그런 분야를 좋아하는 가족 들은 너나 할 것 없이 온 세대가 전부 그랬다. 앞에서 이미 내가 좋아하는 〈무한 HELLO〉 프로그램에 대해 이야기했다. 나는 아직 스펙트럼 컴퓨터를 접해 보지 못한 사람에게 그 개념에 대해 설명하면서 싫증 나본 적이 없다. 아주 간단하면서도 특별하기 때문이다. 혹시나 해서 여기서도 스펙트럼 컴퓨터에 대해 설명하고 넘어가겠다. 이 컴퓨터는 가정용 컴퓨터의 가장 초기 버전 중 하나다(어쩌면 말 그대로 가장 초기 버전일 수도). 이 컴퓨터는 기본적으로 키보드 하나만으로 구성되어 있다. 고무 키가 달린 작은 키보드다. 스크린은 따로 없어서 텔레비전에 연결해서 사용했다. 프로그램을 저장하려면 일반적인 카세트테이프와 녹음기를 이용했다. 녹음 버튼을 누른 다음에 스펙트럼 컴퓨터에서 〈세이브save〉를 누르면 재미있는 작은 소리가 나면서 프로그램이 테이프에 저장된다. 내가 이 소리를 노래로 부르면 제법 그럴듯하게 들린다. 적어도 스펙트럼 컴퓨터와 함께 어린 시절을 보낸 사람이라면 밀려오는 향수에 피식 웃음을 짓게 만들 수 있을 정도는 된다. 프로그램을 다시 로딩하려면 녹음기에서 재생 버튼을 누른 후에 컴퓨터에서 〈로

드load〉 버튼을 누른다. 그러면 다시 그 재미있는 소리가 나면서 마술처럼 프로그램이 로딩된다. 카세트테이프로 구입할 수 있는 꽤 재미있는 게임도 있었다(나는 비행 시뮬레이션 게임 같은 것에는 별 재미를 느끼지 못했다. 그런 게임은 게임을 해도 아무것도 안 하고 있는 것 같았다. 어쩌면 내가 그 부분에는 별로 재능이 없어서 그랬는지도 모르겠다).

프린터는 정말 사랑스럽고 귀여운 존재였다. 그것을 컴퓨터에 연결하려면…… 음, 어떻게 하는지는 잊어버렸다. 화장실 휴지처럼 생기고 크기는 더 작은 은박지를 사용했다는 것은 기억난다. 인쇄하는 면이 은박이었다. 내 생각에는 열을 이용해서 인쇄했던 것 같다. 프린터의 글꼴은 한 가지, 크기도 한 가지였다. 그리고 글자 간격이 모두 똑같았다.

나는 〈유지니아의 방〉 같은 표시판 만들기를 좋아했는데, 글꼴의 크기를 바꿀 방법이 없었기 때문에 표시판의 크기를 키우려면 아래 그림처럼 글자로 글자를 만드는 재미가 있었다.

```
EEEEEEEEEEE
EEEEEEEEEEE
EEEE
EEEEEEEE
EEEEEEEE
EEEE
EEEEEEEEEEE
EEEEEEEEEEE
```

이런 식이다. 글자로 이것이 가능한 이유는 글자 역시 추상적인 대상이기 때문이다. 수학에서는 모든 것이 추상적이기 때문에 항상 다른 수학적 대상으로 더 많은 수학적 대상을 만들어 낼 수 있다. 그것들이 완전히 똑같은 것이 아니어도 된다. 예를 들어 E를 A라는 글자로 만들 수도 있다. 이것은 이상하게 직관에 어긋나 보인다.

AAAAAAAAAA

AAAAAAAAAA

AAA

AAAAAA

AAAAAA

AAA

AAAAAAAAAA

AAAAAAAAAA

수학적 대상도 추상적이기 때문에 이런 식으로 구축이 가능하다. 행렬이 그 예다. 행렬은 이렇게 생겼다.

$$\begin{pmatrix} 1 & 0 \\ 3 & 2 \end{pmatrix}$$

이것은 수로 만든 행렬이지만 다른 대상으로도 행렬을 구축할 수 있다. 내가 A레벨 수학*을 배울 때 그래픽 계산기가 막 나왔는데 이것은 기적 중의 기적이었다. 행렬 계산도 가능했던 것이다. 하지만 A레벨 수

* 영국의 학과 과정으로 우리나라 고등학교 과정에 해당한다.

학 시험 문제를 출제하는 사람들도 이 사실을 곧 눈치챘고, 계산기를 사용할 수 없도록 수 대신 글자가 들어간 행렬 문제를 냈다. 글자로 만든 행렬은 이렇게 생겼다.

$$\begin{pmatrix} a & b \\ c & d \end{pmatrix}$$

하지만 새를 가지고 행렬을 만들 수도 있다.

아니면 행렬을…… 행렬로 만들 수도 있다.

$$\begin{pmatrix} \begin{pmatrix} 1 & 0 \\ 3 & 2 \end{pmatrix} & \begin{pmatrix} 2 & 5 \\ 1 & 1 \end{pmatrix} \\ \begin{pmatrix} 3 & 2 \\ 0 & 1 \end{pmatrix} & \begin{pmatrix} 1 & 2 \\ 4 & 3 \end{pmatrix} \end{pmatrix}$$

행렬은 충분히 추상적이라 행렬로 행렬을 만들기가 가능하다. 수학도 충분히 추상적이기 때문에 항상 수학으로 더 많은 수학을 만들 수 있다. 크리스토퍼 다니엘슨의 놀라운 책 『어울리지 않는 게 어느 거지?*Which One Doesn't Belong?*』에는 〈어울리지 않는 게 어느 거지?〉로 이루어진 〈어울리지 않는 게 어느 거지?〉 예제가 포함되어 있다. 그 예는 다음과 같다. 〈어울리지 않는 《어울리지 않는 게 어느 거지?》가 어느 거지?〉

앞서 출판한 책에서 나는 내 연구 분야인 범주론을 〈수학의 수학〉이라고 했었다. 그럼 범주론의 수학은 어떨까? 그것 역시 여전히 범주론이지만 점점 더 많은 차원을 갖게 된다. 그 방식은 이렇다. 이것은 범주론이 대상 간의 관계에 관한 학문 분야라는 사실에서 비롯된다. 여기서 그 〈대상〉 자체가 관계라면 어떻게 될까?

## 비행기, 기차, 자동차

이 책을 시작하면서 비행기 여행과 배 여행을 비교했었다. 비행기로 대서양을 건너는 경우는 경치를 구경하자고 타는 것이 아니다. 그 구간 대부분은 볼 것도 별로 없다. 언젠가는 배를 타고 대서양을 가로지를 날도 올지 모르지만, 보통은 빨리 가야 할 경우가 많아서 그럴 기회가 있을지 모르겠다.

휴가를 갈 때가 되면 다른 교통수단을 이용할 생각을 해보는가? 아니면 항상 비행기를 이용하는가? 어디 햇살 좋은 곳으로 가야겠다고 마음먹은 영국 사람이라면 아무래도 비행기를 타야 할 것이다. 아니면 기차에 아주 오랫동안 엉덩이를 붙이고 앉아 있던가.

내가 어렸을 적에 우리 가족은 차를 몰고 프랑스로 가서 포도밭을 구경하고, 와인을 사서 다시 차로 돌아왔다. 브라이튼 근처에 살았기 때문에 차를 몰고 페리를 타러 가기는 편했다. 크게 두 가지 선택지가 있었다. 뉴 헤이븐 - 디에프 항로, 그리고 도버 - 칼레 항로다. 뉴 헤이븐은 차로 가는 경로는 훨씬 짧은 대신, 대서양 횡단 구간은 훨씬 길어졌다. 어느 쪽이 비용이 더 비싼지는 모르겠다. 그때는 그런 질문을 하기에는 너무 어렸다.

내가 아직 어렸던 어느 시점에 가서는 호버크라프트가 선택 가능한 옵션으로 자리 잡았다. 이 기적의 교통수단은 물 위로 떠서 날았다. 내가 이것을 처음 타고 얼마나 실망했을지 상상해 보라. 이것은 전혀 하늘을 나는 기분이 들지 않았다. 배를 타는 것과 느낌이 똑같았다. 다만 내 기억이 정확하다면 바다가 거칠어지면 더 심하게 흔들리는 바람에 가족 모두 끔찍한 뱃멀미에 시달렸다.

아직 어린아이를 데려갈 때는 자동차도 가지고 가는 것이 실용적인 선택이다. 비용도 더 저렴할 뿐 아니라 자동차에 온갖 육아 용품을 잔뜩 싣고도 쇼핑에 필요한 공간을 남길 수 있다. 특히나 우리 가족의 낡은 사브Saab 자동차처럼 트렁크가 큰 차라면 더 유리하다. 일단 어딘가로 차를 몰고 가기로 결심한 후에는 서로 다른 경로를 비교해 봐야 한다. 인터넷 지도를 이용하면 그런 정보를 제공해 준다. 그 정보를 통해 시간, 거리, 운전할 도로의 종류 등을 비교해 볼 수 있다. 나 같은 사람이면 길을 잃지 않으려고 경로가 제일 단순한 큰 도로를 택하겠지만 사람들은 보통 제일 빠른 길이나, 제일 거리가 짧은 길을 택한다.

이 모든 것은 결국 한 곳에서 다른 곳으로 가는 경로를 비교하는 문제다. $A$에서 $B$로 가는 경로는 두 장소 사이의 일종의 관계이고, 동일한 두 장소 사이에서 여러 다른 경로가 존재할 수 있다. 그런데 이제 서로 다른 경로들 사이의 관계를 살펴본다면, 이것은 관계 사이의 관계가 된다.

범주론은 대상 간의 관계를 다루는 연구 분야이므로 이제 범주론에서의 차원이라는 개념이 등장한다.

* 만약 대상들 사이의 관계를 무시하고 모든 것을 마치 진공 속에 들어 있는 것처럼 취급한다면 이것은 0차원이다.

* 만약 대상들 사이의 관계, 혹은 장소들 사이의 경로를 허용한다면 이것은 1차원이다.
* 이런 관계들 사이의 관계를 고려한다면 이것은 2차원이다.
* 관계들 사이의 관계들 사이의 관계를 고려하면 이것은 3차원이다.

…… 이런 식으로 이어진다.

여기서의 기본 아이디어는 이렇다. 대상들 사이의 관계를 고려하기로 판단했다면, 그 관계들 사이의 관계에 대해서 고려하지 못할 이유가 무엇이란 말인가? 대상들 사이의 관계를 연구하는 것은 대상을 맥락 속에서 파악하는 것이다. 대상을 맥락 속에서 연구하기로 했다면 관계도 맥락 속에서 연구해야 하지 않을까? 휴가를 가는 서로 다른 방법들을 비교해서 비행기를 타는 것이 더 빠르지만 차를 운전해서 가는 것이 비용이 저렴하다는 것을 알게 되었다고 해보자. 그럼 다음으로 우리는 이 관계들을 비교해 보아야 한다. 속도가 비용보다 더 중요한가? 아니면 다른 사람들의 관계에 대해서 뒷담화를 하는 경우도 있다(물론 당신은 안 그러겠지만). 보아하니 어느 부부는 함께 즐거운 시간도 많이 보내지만 말다툼도 많이 하는 반면, 어느 부부는 말다툼을 하는 경우가 절대로 없지만, 함께 즐겁게 보내는 것 같지도 않다. 그럼 즐겁게 보내는 것이 말다툼하지 않는 것보다 더 중요한지 비교해 볼 수 있다.

범주론은 대상들 사이의 관계를 연구하고, 이것을 바탕으로 다양한 방식으로 구축해 올라간다. 대상들을 가진 속성을 통해 특징짓고, 대상을 맥락 속에서 이해하고, 대상들이 〈거의 비슷하다〉라는 미묘한 개념을 표현하는 등등의 방식이다. 고차원 버전에서는 이 모든 것, 곧 관계 그 자체를 대상으로 한다. 이것은 또 다른 수준의 추상이고, 이것이 우리를 고차원 범주론으로 이끈다.

범주론에서는 대상들 사이의 관계를 아래 그림처럼 화살표로 그린다.

$$A \xrightarrow{F} B$$

여기서 $A$는 우리가 사는 곳, $B$는 우리가 휴가를 가려는 곳, F는 거기에 가는 방법이다. 우리의 여행은 우리 집과 우리 휴가지 사이의 〈관계〉다. 이제 우리에게는 그곳까지 가는 두 가지 방법, $F$와 $G$가 있고, 그 두 방법을 비교하는 방법이 있다. 고차원 범주론에서는 이것을 아래 그림과 같은 화살표로 그린다.

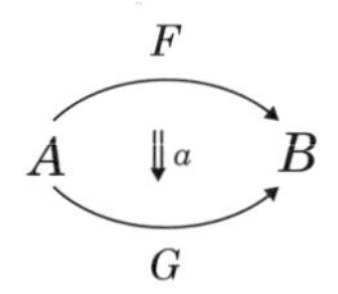


여기서 a라는 이름이 붙은 두 줄 화살표는 $F$ 경로와 $G$ 경로 사이의 관계다. 이것은 비용, 이동 시간, 재미, 혹은 가는 길에 보이는 경치 등에 대한 비교를 부호화할 수 있다.

그다음에는 이것들을 이용해서 다음 그림처럼 큰 도표를 구축할 수 있다. 이 도표는 내 실제 연구에서 가져온 도표다.

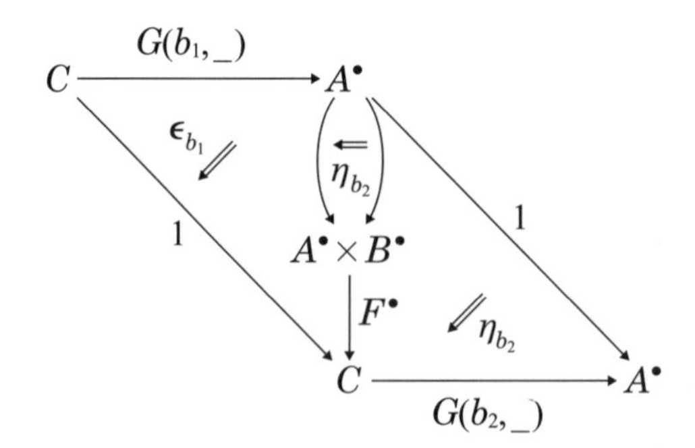

고차원 범주론은 이런 고차원 구조물을 연구하는 학문이다. 이 고차원 구조물은 당신이 이제 됐으니 그만 하라고 말릴 때까지는 결코 멈추지 않고 계속 올라간다. 하지만 당신이 말리지 않으면 영원히 계속 올라가 무한 차원의 범주를 갖게 된다. 어떤 면에서는 이 무한 차원 범주가 유한 차원의 범주보다 덜 복잡하다는 것을 뒤에서 확인하게 될 것이다. 무한 차원 범주가 더 〈자연스럽게〉 올라가기 때문이다. 수학에서는, 특히나 범주론에서는 우리가 어떤 제약을 가하지 않아 유기적으로 성장하는 대상은 덜 복잡할 때가 많다. 우리가 인위적으로 제약을 가하면 대상을 좀 더 실용적으로 만들 수 있지만 그와 함께 더 복잡해진다. 어찌 보면 이것은 상상력과 이상으로 가득한 아이들의 세상보다 어른들의 세계가 더 제약이 많다는 사실과 비슷한 면이 있다. 제약을 가하면 세상이 더 실용적으로 변하지만, 길 찾기 역시 더 복잡해진다. 이상을 실천으로 옮겨야 할 입장이 아니라면 이상주의가 편하다.

범주론에서는 이상과 실천 사이에 항상 긴장이 존재한다. 자연스럽게 무한한 차원을 갖고 싶어 하는 구조물이 많지만, 이런 구조물은 실용성이 너무 떨어지기 때문에 우리는 일단 이것을 유한한 차원의 맥락에 국한해서 생각한 후에 이런 실천 계획을 현실화하는 데 뒤따르는 결과를 해결하기 위해 씨름하게 된다. 앞 장에서 상황을 평가하는 기준에 대해 생각할 때 차원을 줄이는 서로 다른 방법들이 있음을 살펴보았던 것과 마찬가지로, 범주론도 차원의 수를 줄이는 여러 가지 방법들을 갖추고 있다. 이 방법들은 각각 서로 다른 문제를 야기한다. 지난 장에서 했던 것처럼 그냥 일부 차원을 잊어버리면 안 되나 궁금할지도 모르겠다. 이 부분에 대해서는 수학이 어떻게 전파되는지에 대해 생각한 후에 나중에 살펴보겠다. 우리가 고려하는 모든 관계의 차원이 새로이 고려해야 할 관계의 차원을 다시 창조해 내는 것처럼 우리가 던지는 모든 질문은 더욱 많은 질문을 창조해 낸다.

## 모든 산을 오르기

영화 「얼라이브Alive」(1993)는 우루과이 공군의 571번 항공기가 안데스 산맥에 추락했던 1972년의 유명한 사건을 다룬 영화다. 이 비행기는 기상 악화로 산비탈에 추락하고 만다. 영화에서 생존자들은 라디오 신호를 포착하지만, 생존자 수색 작업이 철회되었다는 뉴스를 접한다. 이들은 체력이 좋은 사람 몇 명이 도보로 산을 빠져나가 도움을 구하기로 결정한다. 우루과이 럭비팀이 전원 비행기에 타고 있었기 때문에 생존자 중에 체력이 좋은 사람들이 있었다.

그래서 그중 세 명이 이 정도면 안전하게 산을 빠져나갈 수 있겠다 싶을 정도의 보급품을 가지고 출발한다. 이들은 계곡을 따라 내려가기에 앞서 먼저 멀리 보이는 산등성이를 넘어가야 했다. 하지만 막상 산등성이 정상에 올라 보니 그들의 눈앞에는 훨씬 높은 산들이 펼쳐져 있었다. 산등성이에 가려 보이지 않았던 더 높은 산들이 이제 충분히 높은 곳에 올라오니 눈에 들어온 것이다. 그제야 이들은 자신들이 어떤 장애물을 가로질러야 하는지 알게 됐다.

이들은 자기네가 가져온 보급품이 세 사람 분량으로는 충분하지 않다는 것을 깨닫는다. 그래서 그중 한 사람이 자신의 보급품을 내어 주고 다시 추락 지점으로 귀환해서 구조를 기다리기로 한다. 상상하기도 힘든 시나리오이지만 두 사람은 결국 계곡에 도착하고, 나머지 생존자들 역시 구조된다.

수학에서는 이렇게 끔찍한 일은 벌어지지 않지만 끝없이 이어지는 산등성이와 비슷한 면이 있다. 한 산등성이를 정복할 때마다 잠깐씩 환희의 순간은 찾아오지만 머지않아 앞에 더 높은 산이 놓여 있음을 깨닫게 된다. 내가 뉴멕시코에서 산등성이 정상에 올랐을 때와 비슷하다. 거기에 오르고 나서야 나는 내 앞에 산등성이가 끝없이 이어져 있음을 볼 수 있었다. 아니면 휘어진 해변을 따라 수영을 하던 때와도 비슷하다. 그때도 코너를 돌 때마다 더 넓은 해변이 펼쳐져 있었다.

이것은 어쩔 수 없는 부분이다. 사실 이것이야말로 수학의 힘이기도 하다. 우리가 연구하는 개념들로부터 언제든 더 큰 개념을 구축하고, 다시 이 개념을 바탕으로 더더욱 큰 개념을 구축하고, 이런 식으로 영원히 이어 갈 수 있다는 의미니까 말이다. 이것은 수학이 가진 추상적 특성 덕분이다. 산을 오르는 경우에는 우리가 이미 오른 산을 이용해서 더 많은 산을 만들 수는 없다. 그저 더 많은 산이 놓여 있음을 확인할 수 있을 뿐이다. 하지만 수학에서는 오른 산을 이용해서 점점 더 큰 산을 구축할 수 있다.

일부러 구축하려고 해서 구축하는 것은 아니다. 우리가 수학의 대상을 연구하기 위해 개발한 방법들이 새로운 수학이 되는 것이다. 우리는 대상을 연구하기 위해 새로운 수학을 창조하는데, 결국에는 그 새로운 수학도 연구가 필요하다. 새를 연구할 때는 이런 일이 일어나지 않는다. 새를 연구하기 위해 개발한 방법은 그 자체로는 새가 아니다.

범주론은 수학을 연구하기 위한 새로운 수학으로서 등장한다. 어찌 보면 범주론은 궁극의 추상이라 할 수 있다. 세상을 추상적으로 연구할 때는 과학을 이용한다. 그리고 과학을 추상적으로 연구할 때는 수학을 이용한다. 그리고 수학을 추상적으로 연구할 때는 범주론을 이용한다.

각각의 단계는 한 단계 더 높은 추상이다. 하지만 범주론을 추상적으로 연구할 때는 역시 범주론을 이용한다.

## 왜 어려운가?

우리의 이론에 그냥 차원만 보태고 끝내면 되지 않을까 궁금해 할지도 모르겠다. 그것이 무슨 의미일까? 2차원 공간에서는 한 점을 명시하려면 두 개의 좌표를 제시해야 한다. $x$축 좌표와 $y$축 좌표다. 3차원 공간에서 한 점을 명시하려면 거기에 좌표 하나만 더 추가하면 된다. 차원을 높이고 싶으면 거기에 맞게 좌표를 얼마든 추가해 나갈 수 있다. 그런 차원이 공간 속에서 실제로 어떻게 보일지는 알 수 없지만 말이다.

좌표와 차원이 꼭 물리적 공간을 지칭할 필요는 없다. 네 개의 독립적인 변수를 갖고 있기만 하면 4차원을 가지고 있는 셈이다. 앞 장에서 차원이라는 개념이 우리가 무언가를 평가하는 데 사용하는 기준에서 나올 수도 있고, 로봇 팔의 관절에서 나올 수도 있다고 얘기했다. 이처럼 차원은 꼭 공간이나 시간에 관한 것일 필요가 없다.

컴퓨터에서 일어나는 내부적 충돌도 이런 식으로 연구할 수 있다. 달라지는 변수에 따라 컴퓨터가 취할 수 있는 다양한 구성으로 이루어진 한 추상 공간(물리적 공간이 아니라)을 구축할 수 있다. 여기서 막다른 길로 이어지는 경로는 충돌을 야기한다. 이 공간을 위상 기하학topology을 이용해 연구할 수 있다. 위상 기하학은 공간의 일반적인 형태를 연구하는 수학 분야다. 위상 기하학에서는 링 모양의 도넛이 손잡이가 달린 커피 잔과 일반적인 형태가 동일하다. 양쪽 다 구멍이 하나씩 있기 때문이다. 기본적으로 이것이 제일 중요한 부분이다.

그렇다면 이것이 왜 그다지도 힘들단 말인가? 우리가 아무리 노력해도 컴퓨터는 충돌을 일으키고 다운되어 버린다. 그 이유는 안타깝게도 이런 것들이 내가 설명한 것보다도 조금 더 미묘한 구석이 있기 때문이다. 그냥 관계 사이의 관계 등등만 보태면 범주에 차원을 더할 수 있는 것이 아니다. 공리, 혹은 그런 관계들을 지배하는 법칙도 함께 더해야 한다. 그리고 더하는 차원이 많아질수록 이 공리가 무엇이어야 하는지 알기가 더 어려워진다.

이렇게 발생하는 한 가지 문제가 바로 〈결합 법칙〉의 문제다. 흔히 결합 법칙은 다음과 같은 것을 의미한다.

$$(3+5)+5=3+(5+5)$$

계산 속에서 괄호를 어디에 두든 상관없다. 이렇게만 되면 모든 것이 아주 편리해지지만 수보다 더 복잡한 대상이 등장하는 상황에서는 이것이 더 이상 참이 성립하지 않는다. 앞에서 이 법칙이 성립하지 않는, 계란, 설탕, 우유의 사례에 대해 적었다.

(계란 노른자+설탕)+우유

이렇게 하면 커스터드가 만들어지지만……

계란 노른자+(설탕+우유)

이렇게 하면 만들어지지 않는다.

하지만 여기서 수학적 사례를 살펴보자. 위상 기하학은 공간의 형태를 연구하는 분야다. 그리고 대수적 위상 기하학algebraic topology은 공간을 통한 이동을 관찰하여 공간의 형태를 연구하는 분야다. 현대에 와서는 이런 연구에 범주를 이용한다. 범주는 다음의 요소들을 갖춘 수학적 구조물이다.

* 대상
* 대상들 사이의 화살표로 표현되는 대상들 사이의 관계
* 화살표들이 같은 방향을 가리키는 경우 관계를 결합하는 방법. 그리하여 만약 이런 화살표가 있는 경우에는……

$$A \xrightarrow{f} B \xrightarrow{g} C$$

이것을 결합해서 다음과 같은 관계를 얻는다.

$$A \xrightarrow{g \circ f} C$$

이 경우 우리의 대상은 공간 속에서 취할 수 있는 모든 장소이고, 우리의 화살표는 한 장소에서 다른 장소로 가는 이동이다. 이런 이동들을 결합할 수 있다. $A$에서 $B$로 가는 이동, 그리고 $B$에서 $C$로 가는 잠재적 이동이 있는 경우, 이동을 하나 하고, 또다시 이어서 이동을 하나 더 하면 $A$에서 $C$로 더 긴 이동을 할 수 있기 때문이다.

보통 우리는 $A$에서 $B$로 가려고 생각할 때 몇 분, 아니면 몇 시간 등 시간이 얼마나 걸릴지도 함께 생각한다. 추상의 수학적 공간에서는 거리의 단위가 없고, 시간의 단위도 없다. 둘 다 그냥 수에 불과하다. 당신도 나처럼 학교에서 시험 볼 때 단위 따위는 가볍게 무시하는 바람에 점

수를 깎아 먹는 사람이라면 이렇듯 단위가 존재하지 않는다는 사실에 안도감을 느낄 것이다.

비교하기 쉽게 모든 이동은 1이라는 시간이 걸리는 것으로 한다. 이것은 퍼센트를 계산할 때 전체를 100으로 쳐서 대상들끼리 서로 비교할 수 있게 하는 것과 비슷하다. 우린 그냥 어떤 경로를 취하는지, 그리고 여행의 각 부분에서 전체와 비교해 얼마나 많은 시간을 보내는지만 신경 쓴다. 따라서 우리는 거기에 걸리는 전체적인 시간을 1로 〈표준화〉한다.

우리는 $A$에서 $B$로의 이동이 있고, 다시 $B$에서 $C$로 이동이 있다면 두 개를 이어 붙여 $A$에서 C로 이동할 수 있음을 알고 있다. 여기서 문제는 이것을 그냥 이어 붙이기만 하면 전체 시간이 1이 아니라 2가 된다는 점이다. 따라서 이 이동을 〈표준화〉해서 $A \rightarrow C$의 화살표를 얻으려면 각각의 이동을 두 배 빨리 하는 척해야 한다. 따라서 절반의 시간은 A에서 $B$로, 절반의 시간은 $B$에서 $C$로 이동하는 데 보낸다.

여기까지는 괜찮다. 하지만 세 개의 이동을 할 경우엔 문제가 생긴다.

$$A \xrightarrow{\quad f \quad} B \xrightarrow{\quad g \quad} C \xrightarrow{\quad h \quad} D$$

각각의 이동을 세 배씩 빠르게 하면 합리적이지 않겠느냐는 생각이 들 것이다. 실제로 그렇다. 하지만 결합 법칙은 이런 식으로 작동하지 않는다. 그냥 무작정 세 개를 하나로 이어 붙이는 방법을 새로 만들어 낼 수는 없다. 두 개를 이어 붙이는 원래의 방식을 이용해야 한다. 그리고 괄호를 붙이는 위치를 바꿔 보면서 거기서 어떤 일이 일어나는지 지켜보아야 한다. 즉 다음과 같은 합성 이동을 먼저 하고 나서……

$$A \xrightarrow{f} B \xrightarrow{g} C$$

그 끝에 $h$를 이어 붙이면 이것은 다음의 이동을 먼저 한 다음,

$$B \xrightarrow{g} C \xrightarrow{h} D$$

앞쪽에 $f$를 이어 붙이는 것과 동일해야 한다. 그런데 문제는 그렇지가 못하다는 점이다. 첫 번째 차례에서 $f$와 $g$를 이어 붙였을 때는 두 배 빠른 속도로 이동했기 때문에 그것을 하는 동안 다음과 같은 시간을 보냈다.

| 이동 | 보낸 시간 |
| --- | --- |
| $f$ | $\frac{1}{2}$ |
| $g$ | $\frac{1}{2}$ |

그리고 끝에 $h$를 붙였을 때는 모든 것을 두 배로 빨리 해야 했으므로 절반의 시간은 $f$와 $g$를 합친 것을 하는 데, 그리고 또 절반의 시간은 $h$를 하는 데 보내야 한다. 그럼 시간을 다음과 같이 보냈다는 의미가 된다.

| 이동 | 보낸 시간 |
| --- | --- |
| $f$ | $\frac{1}{4}$ |
| $g$ | $\frac{1}{4}$ |
| $h$ | $\frac{1}{2}$ |

하지만 $g$와 $h$를 먼저 이어 붙인다면 각각의 이동을 두 배 빠른 속도로 하게 된다.

| 이동 | 보낸 시간 |
|---|---|
| $g$ | $\frac{1}{2}$ |
| $h$ | $\frac{1}{2}$ |

그리고 이어서 앞쪽에 $f$를 이어 붙이면 절반의 시간은 $f$를 하는 데, 절반의 시간은 $g$와 $h$를 합친 것을 하는 데 보내게 된다.

| 이동 | 보낸 시간 |
|---|---|
| $f$ | $\frac{1}{2}$ |
| $g$ | $\frac{1}{4}$ |
| $h$ | $\frac{1}{4}$ |

이 두 개의 표를 비교하면 답이 같지 않음을 알 수 있다. 첫 번째 차례에서는 $f$와 g를 하는 데는 $\frac{1}{4}$시간밖에 보내지 않고, $h$를 하는 데 절반의 시간을 보냈지만, 두 번째 차례에서는 $f$에 절반의 시간을 보내고, $g$와 $h$를 하는 데는 각각 $\frac{1}{4}$시간밖에 보내지 않았다. 따라서 이런 합성 방식에서는 결합 법칙이 성립하지 않는다. 괄호를 어디에 치느냐가 중요해지는 것이다.

수학에서는 실용적인 실천과 추상적인 이상 중 어디에 방점을 둘 것인가에 따라 다양한 방식으로 이 문제를 처리한다. 좀 더 실용적으로 만들기 위해 상황에 근사적으로 접근할 수 있지만 그럼 미묘한 부분들이 일부 소실되고 만다. 그런 방법 중 하나로, 이동에 더욱 강력한 〈동일성sameness〉의 개념을 부가해서 보내는 시간이 다른 두 개의 버전을 동일한 것으로 치는 방법이 있다. 이것은 호모토피 이론homotopy theory이라는 연구 분야로 이어진다. 여기서 관련된 동일성의 개념을 호모토피라고 하기 때문이다.

이것을 다루는 또 다른 방법으로는 내가 다른 데서 그렸던 것과 비슷한 트리를 이용해서 이런 약간의 차이들을 추적하는 것이다. 그럼 괄호가 들어갈 수 있는 서로 다른 위치들을 고려할 수 있다. 아래 나온 두 개의 트리는 서로 다른 위치를 묘사하고 있다.

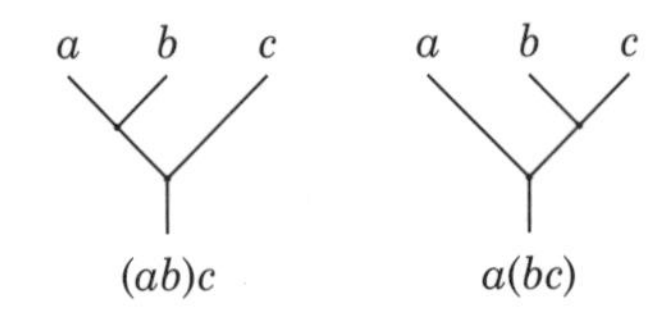


이것은 오퍼라드 이론operad theory이라는 연구 분야로 이어진다. 트리가 오퍼라드라는 대수적 구조를 형성하기 때문이다.

이것을 다루는 또 다른 방법으로 이 이동들 사이의 관계를 바라보는 방법이 있다. 그럼 이것은 고차원 범주론으로 이어진다. 그럼 고차원에서 무언가 이상한 일이 일어난다. 이 이동(혹은 공식적인 수학적 명칭은 〈경로path〉)들 사이의 관계, 그리고 그런 관계들 사이의 관계, 그리고 그 관계들 사이의 관계 등등으로 계속해서 바라볼 수 있는 것이다. 어느 시점에 가면 이제 피곤하니까 더 많은 차원에 대해서는 생각하지 말자고 결정할 수 있다. 그럼 그 시점에서 우리는 그 제일 위 차원에 동일성의 개념을 부과하여 더 이상의 관계에 대해서는 생각할 필요가 없게 만든다. 이것은 어떤 기준은 그리 중요하지 않으니, 그런 기준에 따르면 두 상황이 차이가 나는 것은 사실이지만 그냥 무시하고 두 상황을 동일하다고 생각하기로 결정하는 것과 비슷하다. 예를 들면 계란을 살 때 갈색 계란인지, 하얀색 계란인지는 상관하지 않겠다고 결정하는 것과 비슷하다.

범주론에서 이렇게 할 때 생기는 문제는 이것이 우리가 생각해야 하는 공리에 영향을 미친다는 점이다. 어떤 면에서는 더 많은 차원에 대한 생각을 절대로 멈추지 않는 편이 더 쉬울 수도 있다. 그럼 실제로는 동일하지 않은 것을 억지로 동일하다고 취급하는 데 따르는 결과를 감당하지 않아도 되기 때문이다.

직관에는 어긋나지만 이것을 이렇게 생각해 보면 이해가 빠를 것이다. 가장 큰 수가 존재해야 한다고 결정했다고 상상해 보자. 수가 커지면 너무 복잡하니 1,000보다 더 큰 수는 없다고 하기로 말이다. 이것은 무시무시한 결과를 초래할 것이다. 너무 부자연스럽기 때문이다. 우리는 사실 실제로 사용하는 일은 없더라도 점점 더 큰 수를 무한히 공급받을 수 있어야 한다.

범주론의 차원에 대해서 나는 이런 식으로 생각하기를 좋아한다. 차원이 늘어날 때마다 우리는 미묘함을 한층 더 보태서 대상을 강제로 동일시하고 어떤 공리를 부과해야 하는 문제를 뒤로 미룰 수 있다고 말이다. 우리에게 무한히 많은 차원이 있다면 이것을 영원히 뒤로 미룰 수 있다. 우리가 불멸의 존재라면 영원히 늑장을 부릴 수 있다.

# 14. 무한히 작은 값

나는 도시 상공을 날면서 하늘에서 건물을 바라보면 아직도 가슴이 두근거린다. 가까이서 보면 그리도 커 보이는 건물이 비행기를 타고 위에서 바라보면 그렇게 작아 보인다는 사실이 늘 겪는 일인데도 여전히 놀랍다. 맨해튼은 특히나 비현실적으로 보인다. 거대한 마천루들이 작은 섬 위에 다닥다닥 쭈그러들어 있는 듯 보이기 때문이다. 홍콩 카이탁 공항으로 들어가는 오래된 비행 경로는 식은땀이 흐를 정도로 드라마틱하다. 그곳에서는 비행기가 건물들과 아주 가까이 날아야 한다. 어느 순간에는 고층 건물이 작게 솟아 있는 핀처럼 보이다가 다음 순간에는 아파트에서 빨래를 하고 있는 사람의 모습이 눈에 들어온다.

우리가 지금까지 살펴본 것들은 대부분 무언가가 점점 커지는 경우, 혹은 각각의 단계가 또 다른 단계로 이어지기 때문에 무한한 것들이 등장하는 경우였다. 하지만 이 척도를 손바닥 뒤집듯 뒤집어서 정말 작은 것에 대해 생각해 볼 수도 있다. 이렇게 하면 완전히 다른 방식으로 무한히 많은 것을 얻을 수 있다. 무한히 작은 것이 무한히 많은 경우에 대해 생각하는 것이다. 뭔가 속는 기분이 드는가? 때로는 무언가를 살짝 다른 방식으로 바라보기만 해도 수학적 발전이 일어날 때가 있다. 무언가 새로운 것을 구축하거나, 어디 다른 데로 가지 않고, 그냥 바라보는 관점만 바꾸었을 뿐인데도 그 결과로 엄청난 가능성이 새로이 열리는 것이다. 이런 통찰이 결국 미적분학으로 이어졌고, 덕분에 우리는 휘어져 있는 것, 움직이는 것, 유동적인 것, 지속적으로 변화하는 것들을 모두 이해할 수 있게 됐다.

우리 세상에서 이 미적분학으로 기술하지 못할 것은 얼마 되지 않는다. 컴퓨터는 대체로 디지털이다. 연속적으로 변화하지 않고 명확하게 정의된 단계를 따라 변화하는, 명확하게 정의된 비트bit로 나뉜다는 의미다. 하지만 컴퓨터는 여전히 전기를 바탕으로 돌아가고, 전기는 〈연속적으로 변화하는〉 영역에 해당한다. 미적분학과 확실한 관련성이 보이지 않는 그 얼마 안 되는 것 중 지금 당장 내 눈앞에 보이는 것이 하나 있다. 내가 작업하고 있는 책상이다. 하지만 이 책상은 이케아 공장에서 만들어진 것이고, 그 공장은 분명 미적분과 확실한 관련이 있다. 결국 내가 말하려는 요점은 무한의 연구가 문자 그대로나, 상징적으로나 추상적이고 완전히 비현실적으로 보이지만 결국은 이것이 미적분학이라는 분야를 탄생시켰고, 미적분학은 현대 생활의 거의 모든 측면과 불가분의 관계로 얽혀 있다는 것이다.

이 모든 것의 출발점은 〈무한히 가까이 붙어 있는 대상〉에 대한 생각이었다. 컴퓨터 모니터에 디지털로 원을 그리거나, 〈O〉라는 글자를 타이핑하면 매끄럽게 이어져 있는 듯 보이지만 이것을 충분히 확대해 보면 결국에는 화소로 나뉘어 있는 것을 확인할 수 있다. 아래 그림은 내 컴퓨터에 찍힌 글자 〈O〉를 가까이 확대한 것이다.

그림을 보면 유한한 수의 정사각형 점들이 매끈하게 이어진 곡선을 흉내 낸 것에 불과함을 알 수 있다. 이 그림을 보면 회색 점이 들어 있어 곡선을 더 그럴듯하게 흉내 내고 있다. 컴퓨터 스크린은 이럴 수밖에 없다. 개개의 점만을 이해할 수 있기 때문이다. 스크린에는 유한한 개수의 점만 들어 있고, 이 점들 모두 측정 가능한 고정된 크기를 갖고 있다.

하지만 우리 뇌는 어떨까? 미적분학의 기본 아이디어는 우리의 뇌가 원칙적으로는 무한히 많은 대상을 다룰 수 있고, 또 이 대상들이 무한히 작아도 다룰 수 있기 때문에 컴퓨터의 경우보다 더 잘할 수 있다는 데 기본을 두고 있다. 지금부터 이런 부분을 살펴보자.

한번은 케임브리지 파크 스트리트 초등학교에서 학생들의 수학 공부를 도와준 적이 있다. 나는 여섯 살짜리 아동 두 명이 대칭을 이해할 수 있게 돕고 있었다. 나는 아이들에게 삼각형에서 대칭선을 그려 보게 한 후에 그다음에는 정사각형, 그다음에는 정오각형, 그다음에는 정육각형에서 그려 보게 했다. 그때 기분 좋은 순간이 찾아왔다. 그 아이들 중 한 명이 이렇게 말한 것이다. 「옥타곤(octagon, 8각형)은 면이 여덟 개라는 걸 알아요. 〈OCT〉가 다리가 8개인 옥토퍼스(OCTOPUS, 문어)를 나타내거든요.」 어쨌거나 마지막에는 아이들에게 원을 그려 주었다. 한 아이는 이런 선을 그렸다.

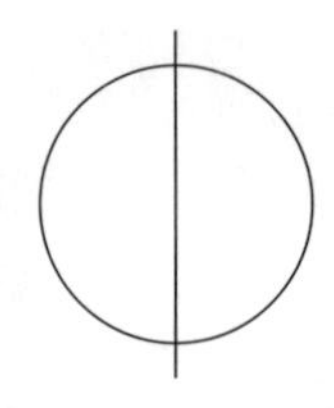

그러자 다른 아이는 이런 선을 그렸다.

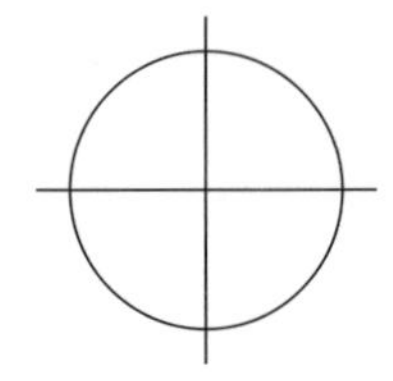

그러자 다른 아이가 또다시 선을 두 개 더 그렸다.

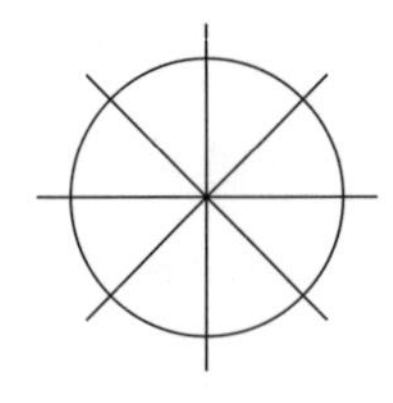

그러자 정말 흥미진진해졌다. 첫 번째 아이가 이렇게 주장했다. 「이런 선이 수백 개나 있어!」 그러자 두 번째 아이가 말했다. 「수만 개나 있어!」 그러자 첫 번째 아이가 다시 이렇게 주장했다. 「이 선을 평생 그려도 절대로 다 못 그릴 걸!」 그리고 잠시 침묵이 흐르다가 두 번째 아이가 연필을 들고 원 전체를 색칠하고는 이렇게 말했다. 「봐, 내가 했어.」

나는 이것을 보고 완전히 당황하고 말았다. 두 아이 모두 옳다는 것을 인정해야만 했다. 원에 평생 대칭선을 그린다 해도 결코 끝이 나지 않을 것이다. 대칭선이 무한히 많기 때문이다. 사실 이 대칭선들의 개수는 불가산 무한이다. 이것을 확인할 방법이 하나 있다. 대칭선이 수평과 이루는 각도가 몇 도인지 말함으로써 이 선이 향하는 방향을 명시한다고 상상하는 것이다.

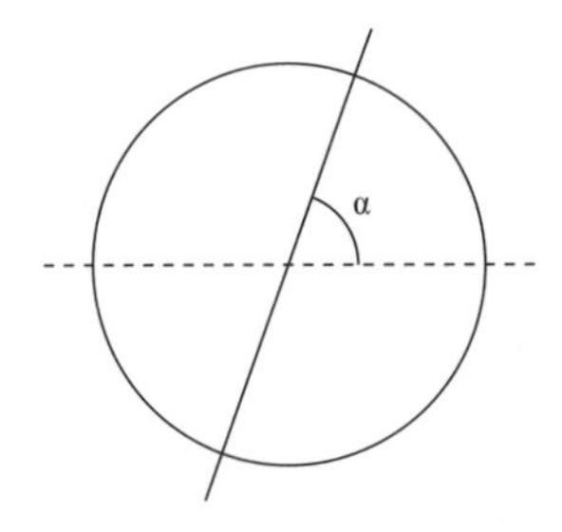


0도부터 180도 사이, 혹은 라디안(radian, 호도)으로는 0부터 π 사이의 임의의 각도를 고를 수 있다. 이보다 큰 각도를 선택하면 우리가 이미 그린 선이 나온다.

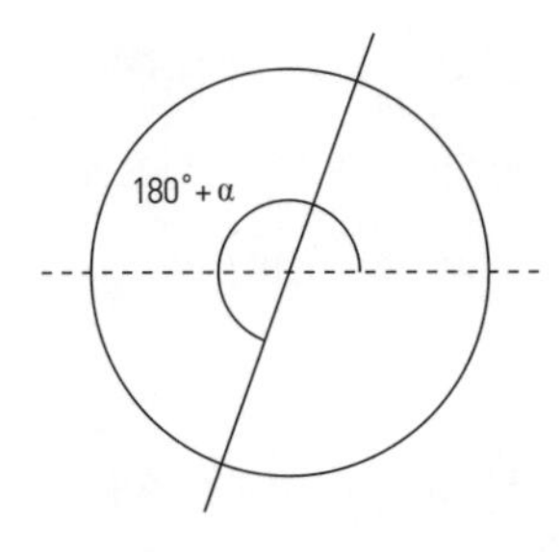


0도에서 180도 사이로 그냥 정수나 유리수만이 아니라 임의의 실수를 고를 수 있다. 0과 1 사이만 봐도 실수가 불가산 무한 개 존재함을 이미 살펴본 바 있다. 따라서 0과 180 사이에도 분명 불가산 무한 개의 실수가 존재한다.

따라서 원의 대칭선은 불가산 무한 개 존재한다. 하지만 원 안을 완전히 색칠하면 실제로 그 선을 빠짐없이 모두 그린 셈이 된다. 이것을 사기라 생각할 수도 있다. 대칭선을 실제로 무한히 그리면 원의 가운데 부분에서 선이 끝없이 중첩되기 때문에 실제로는 중앙 부위에 연필이 무한히 많은 층으로 덧칠되어야 하기 때문이다. 하지만 대칭선을 통째로 그리는 대신 원의 가운데 부분은 무시하고 원의 가장자리를 따라 대칭선과 원이 만나는 점만 표시하기로 하면 그냥 원의 가장자리를 따라 선만 하나 그려 주면 된다. 그런데 이것으로 무한히 많은 점을 그렸다고 할 수 있을까? 이 선 위에는 무한히 많은 점이 존재하는 것일까?

---

만약 무한히 많은 점이 존재한다면 이 점들의 폭은 얼마나 될까? 그리고 만약 이 점들이 유한히 많다면, 얼마나 많을까?

## 무한으로 나누기

선을 점점 더 많은 구간으로 나누면 각각의 구간이 분명 점점 더 작아질 것이다. 그럼 선을 무한히 많은 작은 점으로 나눌 수 있을까? 이것은 무언가를 무한으로 나누어서 무한히 작은 것을 만들 수 있느냐는 질문이다.

당신에게 로토복권이 한 장 있다고 상상해 보자. 모든 자연수가 이 복권의 당첨 번호로 나올 수 있다. 그럼 이 로토 기계에는 무한히 많은 추첨공이 들어 있을 테지만, 각각의 공에는 유한한 한 수만 적혀 있을 것이다. 이런 경우 로토에 당첨될 확률이 아주 이상해진다. 영국식 로토에서는 59개의 공 중 6개를 꺼내서 당첨 번호를 가린다. 4천 5백만 가지의 조합이 가능하고, 이 모든 조합은 당첨 번호가 될 가능성이 동일하다. 따라서 로토 1등에 당첨될 가능성은 4천 5백만 분의 1이다. 이것은 아주 작은 값이지만(약 0.00000002) 0은 아니다. 사실 내가 보기에는 0에 워낙 가까운 값이라 사실상 0이라고 봐도 무방하지만 말이다. 이 값에 나올 수 있는 조합의 총 숫자(4천 5백만)를 곱하면 1이 나온다. 당연히 1, 즉 100퍼센트가 나와야 한다. 나올 수 있는 로토 번호를 모조리 사들였을 때 로토 1등에 당첨될 확률이니까 말이다.

무한 로토에서는 무한히 많은 조합이 존재한다. 따라서 로토 1등에 당첨될 확률은 〈무한 중의 1〉이다. 이것을 분수로 표시하면 무슨 의미가 될까? 0보다 털끝만큼도 큰 값이 될 수는 없다. 그랬다가는 나올 수 있는 조합의 총 숫자(무한)에 다시 이 값을 곱했을 때 1보다 큰 값이 나오기 때문이다. 그럼 확률이 0이라는 의미일까? 하지만 매번 로토를 할 때마다 누군가는 로토 1등에 당첨되니 그럴 리는 없을 것 같다. 그럼 실제로는 그런 로토가 불가능하지 않느냐고 주장할 수도 있다. 맞는 말이다. 하지만 그것으로는 이 역설을 해결할 수 없다. 힐베르트 호텔의 문제를 그런 호텔이 존재할 수 없다는 말로 해결할 수 없는 것처럼 말이다.

여기서 우리가 처음으로 시도했던 무한의 정의 중 하나로 되돌아가 보자. 우리는 이렇게 무한을 정의하려 했었다.

$$\frac{1}{0} = \infty$$

여기서 양변에 0을 곱하려고 하니 모순이 발생했다. 이것과 관련된 시도로 무한으로 나누면 0이 되지 않겠느냐고도 했었다.

$$\frac{1}{\infty} = 0$$

이제는 우리도 무한에 대해 더 잘 알게 됐으니 이 등식이 무언가 잘못되어 있다는 것은 바로 알아볼 수 있다. 가장 큰 문제는 무한 집합을 이용해서 무한을 정의하는 방식을 보면 무한으로 나누는 개념이 아예 등장하지 않는다는 것이다. 이 진술에 대해서는 다음과 같이 대응하는 것이 수학적으로 훌륭한 방법이 될 것이다. 〈글쎄, 그럼 한번 시도해 보자고. 전에 그것을 해보지 않았다고 해서 그것이 불가능하다는 의미는 아니니까.〉

뺄셈에서 했던 것과 똑같은 방식으로 이것을 살펴본 다음 다시 되돌아가 모든 것을 대상의 집합으로 생각해 보아야 한다. 이것은 블록으로 세는 것과 비슷하다. 블록을 잘라서 쓸 수는 없다(때로는 이것이 아이들에게는 크나큰 실망을 안겨 주기도 한다). 자연수의 집합에 대해 생각하고 있다면 이 자연수를 부분적인 자연수로 자를 수는 없다.

무한이 등장하는 뺄셈을 정의하려고 했을 때 6－3 같은 것을 〈3에서 6까지 가려면 몇이나 세야 할까?〉라는 문제, 즉 다음과 같은 방정식을 푸는 문제로 돌아가서 생각했던 것이 기억나는가?

$$3 + x = 6$$

이번에는 6÷3에 대해 생각해 보자. 이것을 두 가지 방식으로 생각할 수 있다.

* 3이 6에 몇 번이나 들어갈까? 즉 3을 몇 번이나 더해야 6이 될까? 이것은 다음의 방정식을 푸는 것과 같다.

$$3 \times x = 6$$

* 어떤 수가 6에 정확히 3번 들어갈까? 즉 어떤 수를 3번 더하면 6이 될까? 이것은 다음의 방정식을 푸는 것과 같다.

$$x \times 3 = 6$$

두 경우 모두 정답은 2다. 유한한 수에 대해서는 질문의 표현 방법만 달라졌을 뿐 아무런 차이가 없다. 하지만 무한이 끼어들면 이 둘이 똑같은 질문이 아니란 것을 앞에서 확인했다.

예를 들어 3을 무한히 여러 번 더한 것과 무한을 3번 더한 것은 같지 않다. 즉 다음의 부등식이 성립한다.

$$3 \times \omega \neq \omega \times 3$$

〈3을 몇 번이나 더하면 $\omega$가 나오는가?〉라고 물어볼 수 있다. 그럼 그 정답은 $\omega$다. 다시 당신이 대기 줄을 선 사람들에게 번호표를 나눠 주는 사람이 되었다고 상상해 보자. 사람들이 3명씩 무리를 지어 도착한다. 당신이 번호표 무한 묶음을 다 나누어 주려면 3명씩 몇 무리나 도착해야 하는가? 그 정답은 $\omega$다. 한 번에 3장씩 영원히 계속 나누어 주면 되기 때문이다.

하지만 이것을 뒤집어서 〈어떤 수를 3번 더하면 $\omega$가 나오는가?〉 여기에는 정답이 없다. 유한한 수를 3번 더하면 유한한 값이 나온다. 그리고 만약 3개의 무한한 수를 더하면 각각의 무한한 수가 적어도 $\omega$만큼은 클 것이고($\omega$가 가장 작은 무한이므로), 이 수를 3번 더한 것은 〈영원하고도 하루 더〉처럼 훨씬 더 클 것이기 때문이다. 이것을 다시 번호표를 이용해서 생각할 수 있다. 만약 무한 버스 한 대분의 사람이 도착하면 당신은 번호표 묶음 하나를 통째로 사용하게 될 것이다(적어도 하나). 그리고 그다음 무한 버스가 도착하면 어쩔 수 없이 다른 색깔의 번호표 묶음을 꺼낼 수밖에 없다.

이 두 질문 모두 〈무한 나누기 3〉을 계산하려는 시도였지만 서로 다른 답이 나왔다. 이것은 뺄셈과 마찬가지로 나눗셈도 무한과 관련해서는 그리 좋은 개념이 아님을 보여 주었다. 게다가 이것은 그냥 작은 유한한 수로 나눈 경우였다. 무한으로 나누려 드는 경우에는 상황이 훨씬 더 심각해진다. $\frac{1}{\infty}$ 을 시도한다고 해보자. 여기서는 두 가지 옵션이 있다. 우선 〈$\omega$를 몇 번이나 더해야 1이 나오는가?〉라고 말할 수 있다. 하지만 처음부터 $\omega$가 너무 크기 때문에 이것은 분명 불가능하다. 아니면 이렇게 말할 수도 있다. 〈어떤 수를 $\omega$번 더하면 1이 나오는가?〉 이것 역시 불가능하다.

그럼에도 불구하고 1을 무한으로 나누면 0이 나와야 할 것 같다. 이것이 위의 질문에 대한 합리적인 답이 될 수 있을까? $\omega$를 0번 더해서는 그 어디도 갈 수 없으므로 이치에 닿지 않는다. 이것은 무한 버스 0대 분량의 사람이 대기 줄에 도착하는 것과 비슷한 상황이다. 그럼 번호표가 아예 필요하지 않게 된다. 두 번째 질문의 경우, 0을 무한 번 더해서 1을 만들 수 있을까? 이것은 0명의 사람이 대기 줄에 무한히 여러 번 도착하는 것과 비슷하다. 이 경우 역시 번호표가 아예 필요하지 않다.

이 시점에 오면 그냥 포기하고 이렇게 말할 수도 있다. 〈알았어. 알았다고. 그럼 $\frac{1}{\infty}$ 은 0이 아니야.〉 아니면 좀 더 수학적으로 이렇게 말할 수 있다. 〈사실 이런 식으로 생각하는 것이 어느 정도 말은 되는 것 같아. 그럼 거기에 무한 집합에 대한 사고방식에 기반하지 않은 다른 수학적 의미를 부여할 수는 없을까?〉 수학이 하는 일 중 하나가 무언가 직관적으로 옳아 보이는 것이 있으면 거기에 정확한 논리적 설명을 부과하는 것이다. 너무 쉽게 포기해서는 안 된다.

## 무한의 반대

이 시점에서 그냥 0이 아니라 무한히 작은 것을 발명하면 되지 않을까 궁금해질 수도 있다. 앞에서 내가 그냥 생각만 하면 추상적인 것을 존재하게 만들 수 있다고 했으니까 말이다. 실제로 수학자들도 이렇게 했다. 이것은 대충 말이 된다. 무한이라는 개념이 우리가 아주 진지하게 따지고 들기 전까지는 대충 말이 됐던 것처럼 말이다. 이것은 무한의 반대와 살짝 비슷하다. 무한은 그 어떤 수보다도 크다. 그와 비슷하게 무한소infinitesimal는 그 어떤 수보다도 작다. 무한에 무한을 더하면 무한이 나온다. 무한소에 무한소를 더하면 다시 무한소가 나온다. 그리고 무한을 무한소와 곱하면 1이 나온다. 이로써 로토의 확률 문제가 해결된다.

이런 접근 방식은 맨 처음에 막연하게 무한에 대해 구상했을 때와 똑같은 문제를 일으킨다. 이 문제를 신중하게(혹은 무한의 엄격한 정의를 만들어 냈을 때처럼 전문적인 방법을 통해) 해결할 수도 있겠지만, 많은 경우에서 그렇듯 문제를 피해 가는 것이 더 쉽고, 우아한 방법이다. 산책을 하다가 큰 물웅덩이를 만나면 그냥 그 위를 밟고 지나며 신발이 자기 발을 지켜 주기를 바랄 수도 있지만, 그냥 물웅덩이를 비켜서 돌아갈 수도 있다(물론 어떤 사람은, 특히나 어린아이들은 일부러 곧장 물웅덩이로 달려들어 즐긴다. 이것 역시 수학적으로 참이다).

여기 무한으로 나누는 문제를 깔끔하게 피해 갈 수 있는 방법을 소개한다. 당신이 몇몇 사람들과 초콜릿 케이크를 나눠 먹는다고 상상해 보자. 두 사람끼리만 나눠 먹는 경우에는 각각 꽤 많은 양의 케이크를 먹을 수 있다. 세 사람이 나눠 먹는 경우에는 여전히 많이 먹을 수 있지만, 각각의 사람에게 돌아가는 양은 줄어든다. 그러다 인원수가 정말로 많아지면 쥐꼬리만 한 케이크 하나를 나눠 먹어 봐야 부질없는 일이 된다. 케이크를 백 명의 사람과 나눠 먹어 본 적이 있는가? (웨딩 케이크는 케이크를 여러 단으로 만들어서 이 문제를 해결한다) 사람이 천 명이면? 백만 명이면? 어느 시점에 도달하면 사람이 너무 많아져서 개인에게 돌아가는 케이크의 양이 너무 적어진다. 그 양이 거의 무시해도 될 만한 양, 사실상의 0이 되는 것이다.

백만 명의 사람이 케이크 하나를 나눠 먹을 경우 엄밀하게 말하면 모든 사람이 케이크를 나누어 받기는 한다. 아마도 분자 몇 백만 개 정도가 되지 않을까 싶다. 하지만 이 양은 거의 0처럼 보일 것이고, 사람이 많아질수록 점점 더 0과 비슷해질 것이다. 실제 무한으로 나누는 일은 절대 없다(그 안에 합리적인 의미가 전혀 담겨 있지 않기 때문이다). 그 대신 11장에서 보았던 것처럼 무언가가 무한에 접근한다는 개념으로 다시 돌아간다. 우리는 무한에 접근하는 무언가로 나누어 볼 것이다. 그럼 거기서 나온 값이 0에 접근한다는 것을 알게 된다. 어떤 잘난 척하는 사람이 현미경을 들이대며 케이크가 눈에 보인다고 주장할지도 모르지만 언제든 그것을 조금 더 나누어 들어가면 다시 보이지 않게 만들 수 있다. 그렇다고 1 나누기 무한이 0이라는 의미는 아니지만, 이렇게 하면 수학자가 그 직관적 아이디어를 이해할 수 있는 방법이 생긴다. 그리고 이것이 바로 현대 미적분학의 모든 것이 시작하는 출발점이다.

### 제논의 역설

미적분학 개념의 시작은 아주 먼 옛날로 거슬러 올라간다. 무려 2,500년 전 그리스의 철학자 제논Zeno은 무한히 작으면서 무한히 많은 부분으로 이루어진 것에 대한 수수께끼를 연구했다. 수천 년 후에 등장할 힐베르트처럼 제논도 무한한 것에 대해 생각할 때는 조심할 필요가 있음을 보여 주는 몇몇 역설에 대해 생각했다.

제논의 패러독스 중 하나는 기본적으로 아이들이 맛있는 초콜릿 케이크를 먹을 때 생각하는 상황과 맥락이 맞닿아 있다. 남은 케이크의 절반을 먹고, 또다시 남은 케이크의 절반을 먹고, 이렇게 계속 남은 케이크를 절반씩 먹는다면 초콜릿 케이크가 영원히 남는다는 의미일까?

제논은 이것을 다음과 같이 표현했다. 당신이 $A$에서 $B$로 가고 싶다면 먼저 그 거리의 절반을 움직여야 한다. 그리고 거기서 남은 거리의 절반을 움직여야 한다. 그리고 다시 새로 남은 거리의 절반을 움직여야 한다. 이런 식으로 남은 거리의 절반을 계속해서 움직여야 한다.

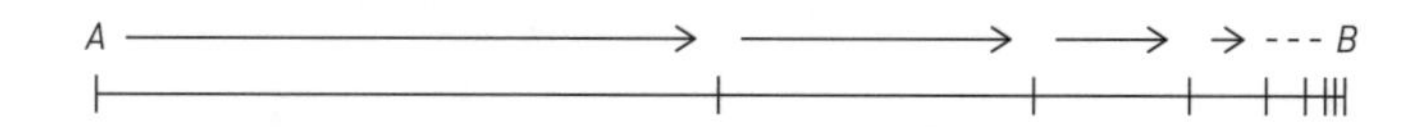


이렇게 매 단계를 거치고 난 후에도 여전히 당신이 아직 가지 못한 남은 거리의 절반이 존재한다. 그렇다면 당신이 결코 그곳에 도달할 수 없다는 의미가 아닌가?

수학자들은 항상 자기가 이미 이해하고 있는 개념으로부터 새로운 개념을 구축하기를 좋아한다. 그리고 우리 역시 다음과 같이 이 상황을 자연수의 무한과 다시 연관 지어 볼 수 있다. 우리가 앞에서 말한 부분을 정리하면 우리는 전체 거리의 절반, 그다음에는 $\frac{1}{4}$, 그다음에는 $\frac{1}{8}$, $\frac{1}{16}$ 등등을 〈무한히〉 움직여야 한다는 것이다. 전에도 얘기했듯이 자연수는 영원 속에 숨어 있다. 우리가 총 1킬로미터를 움직이려 한다고 가정해 보자. 그럼 우리의 여정은 다음과 같은 단계를 거치게 된다.

| | 킬로미터 |
|---|---|
| 1단계 | $\frac{1}{2}$ |
| 2단계 | $\frac{1}{4}$ |
| 3단계 | $\frac{1}{8}$ |
| ⋮ | |
| $n$단계 | $\frac{1}{2^n}$ |
| ⋮ | |

$n$의 양이 무한하므로 우리의 여정 속 단계도 무한히 많다. 우리는 각각의 단계마다 거리가 어떻게 되는지 정리한 목록을 마무리할 수는 없지만, 원칙적으로는 모두 적은 것이나 다름없다. $n$이 들어간 공식이 바로 그것 때문에 있는 것이다. 하지만 여정의 모든 단계를 일일이 다 적을 수 없는데 과연 여정의 모든 단계를 마무리할 수 있을까? 그 대답은 당연히 〈그렇다〉여야 한다. 짧은 거리일망정 우리는 매일매일 여정들을 모두 마무리하고 있기 때문이다(나는 매일 집을 나서지는 않지만, 그래도 냉장고까지의 여정은 한 시간에 몇 번꼴로 아무 탈 없이 마무리하고 있다).

그와 관련된 또 다른 역설이 있다. 이것 역시 제논이 제시한 것이다. 여기서는 $A$부터 $B$까지 아킬레스와 거북이가 달리기 경주를 한다. 거북이는 아킬레스보다 앞인 $A_1$ 지점에서 출발하지만 아무래도 거북이는 거북이이다 보니 속도가 아주 느릴 수밖에 없다. 이제 경주가 시작되면 아킬레스는 우선 거북이가 출발했던 장소까지 가야 한다. 아킬레스가 그 지점에 도착할 즈음이면 거북이는 느릴망정 조금은 앞으로 나가게 된다. 그 지점을 $A_2$ 라고 하자. 이제 아킬레스는 $A_2$까지 가야 하는데, 거기 도착할 즈음이면 거북이는 조금이나마 앞으로 나갔을 것이다. 그 지점을 $A_3$라 하자. 이제 아킬레스는 $A_3$까지 가야 하는데, 그가 도착할 즈음이면 거북이는 $A_4$까지 갔을 것이다. 아킬레스가 거북이가 그전에 도달했던 지점까지 갈 때마다 거북이는 거기서 조금 더 멀리 가 있을 것이다. 그렇다면 거북이가 이 경주에서 이긴다는 말인가?

이 두 역설은 얼핏 보면 논리적인 듯한 논증이 등장하는데 거기서 말도 안 되는 결론이 나온다. 분명 우리는 원하는 목적지에 도달할 수 있다. 그리고 우사인 볼트와 거북이가 달리기 경주를 한다면 분명 우사인 볼트가 이길 것이다. 이 역설의 핵심은 현실 세계가 잘못되어 있음을 보여 주려는 것이 아니라, 논리적으로 보이는 이 논증 속에 무언가 잘못된 것이 들어 있음을 보여 주려는 것이다.

이 역설은 이미 객실이 다 찼는데도 새로운 손님을 받을 수 있었던 힐베르트 호텔의 역설과는 유형이 다르다. 이 역설에서는 결론이 말이 안 되는 것처럼 느껴졌지만, 이는 무한 호텔에 대한 우리의 직관이 그리 뛰어나지 못했기 때문에 생긴 역설이었다.

힐베르트 호텔 같은 유형의 역설을 진실의 역설veridical paradox라고 한다. 진실의 역설이란 전적으로 정당한 논증을 거쳐 나온 결과가 모순을 일으키는 것으로 보이지만, 실제로는 모순이 아닌 역설을 말한다. 반면 제논 같은 유형의 역설은 거짓의 역설falsidical paradox이라고 한다. 이 경우에는 겉으로는 정당해 보이지만, 사실은 정당하지 않은 논증에 의해 모순된 결과가 나온다.

양쪽 사례 모두 역설의 핵심은 무한에 대해 생각하기 시작하면 이상한 일들이 벌어짐을 보여 주려는 것이다. 힐베르트 호텔의 경우는 대상이 무한히 클 때 일어나는 일이고, 제논의 역설의 경우는 대상이 무한히 작을 때 일어나는 일이다. 힐베르트 호텔의 사례에서는 대상이 무한히 공급된다는 개념을 이해하는 데 곤란을 겪었다. 그 대상이 신발이든, 양말이든, 번호표든, 호텔 방이든 실제 세계에서는 이런 일이 절대로 일어나지 않기 때문이다. 하지만 제논의 역설의 경우에서는 다음과 같은 빈틈을 허용하면 실제로 대상을 무한히 공급할 수 있음을 이해하게 된다. 바로 대상이 무한히 작아진다는 빈틈이다. 이 대상들이 무한히 〈작을〉 수는 없다. 무한히 작다는 것이 무슨 의미인지 우리가 모르기 때문이다. 하지만 무한히 〈작아질〉 수는 있다. 우리는 인식은 못하지만, 그리고 인식할 필요도 없지만, 이런 무한 집합을 매일 경험하고 있다.

## 무한히 작으면서 무한히 많은 것들

$A$에서 $B$까지 이동하는 것과 관련된 역설에서 우리는 실제로 $B$에 도착하는 데 성공한다. 즉 우리가 실제로 무한히 많은 구간을 넘어설 수 있다는 의미다. 하지만 이것이 가능한 이유는 그 구간들의 거리가 점점 더 작아지면 그에 따라서 각각의 거리를 이동하는 데 걸리는 시간도 계속해서 작아지기 때문이다. 여기는 실제 세상이지 무한히 많은 시간을 들여 무한히 많은 호텔 객실을 채우거나, 무한히 많은 번호표를 나누어 줄 수 있는 힐베르트의 판타지 세계가 아니다. 실제 세상에서 우리가 매일 무한히 많은 일을 할 수 있으려면, 각각의 일을 처리하는 데 보내는 시간이 무한히 작아질 때만 가능하다.

예를 들어 당신이 기차역까지 1킬로미터를 걸어간다고 해보자. 그리고 당신이 시간당 4킬로미터의 속도로 일정하게 걸어간다고 해보자. 그럼 1킬로미터를 가는 데는 15분이 걸린다. 하지만 제논의 역설에서는 이것에 대해 어떻게 말할까?

* 먼저 당신은 첫 번째 $\frac{1}{2}$킬로미터 구간을 걸어야 한다. 여기에 7.5분이 걸린다.
* 그다음에는 다음 $\frac{1}{4}$킬로미터 구간을 걸어야 한다. 여기에 3.75분이 걸린다.
* 그다음에는 다음 $\frac{1}{8}$킬로미터 구간을 걸어야 한다. 여기에 1.875분이 걸린다.
* 그다음에는 다음 $\frac{1}{16}$킬로미터 구간을 걸어야 한다. 여기에 0.9375분이 걸린다.
* ……

당신은 점점 짧아지는 이 모든 구간을 모두 거쳐야 하지만, 거기에 걸리는 시간도 점점 더 줄어든다. 기차역에 닿을 때까지 이 작은 구간들이 얼마나 많이 있을까? 무한히 많다. 만약 우리가 이 구간을 유한한 숫자만큼 이동한 후에 멈춘다면 약간의 거리는 항상 남아 있게 될 것이다.

기차역까지 가는 데 걸리는 시간을 이런 식으로 계산하는 것은 분명 말도 안 되는 방법이다. 특히나 어느 시점에 가면 남은 거리가 당신의 발 크기보다도 작아질 테니까 말이다. 하지만 이것은 다음과 같은 깨달음으로 우리를 이끌어 주는 중요한 사고 실험이다. 즉 더해 가는 것들이 점점 작아지기만 한다면 무한히 많은 것들을 더해서 유한한 답을 얻는 것이 가능해 보인다는 깨달음이다. 실제 세상에서는 무한히 많은 번호표를 나누어 줄 수 없다. 번호표는 모두 크기가 같기 때문이다. 그리고 설사 번호표의 크기가 점점 작아진다고 해도 번호표를 나누어 줄 때마다 각각 일정 시간이 걸리기 때문에 불가능하다. 그리고 케이크도 무한히 절반씩 먹을 수는 없다. 한 입씩 먹는 양이 무한히 작아지기는 하지만 케이크를 입으로 가져가는 거리는 항상 똑같기 때문이다(어쩌면 입으로 가져가는 거리도 점점 줄일 수 있을지 모르겠다. 그럼 결국에는 얼굴을 접시에 처박게 될 것이다).

사실 여기에는 두 가지 수수께끼가 들어 있다. 무한히 많은 대상을 더하는 것이 말이 되는 경우는 어떤 경우인가? 그리고 그것이 말이 된다면 그 답이 무엇인지 어떻게 알 수 있나? 이 질문이 수천 년 동안 수학자들을 괴롭혔고, 마침내 19세기에 미적분학이 공식화되면서 해소된다. 이 부분은 다음 장에서 다루겠다.

# 15. 무한에 수학이 거의 붕괴될 때
## (당신의 머리도)

나는 몇 번 스노클링을 해본 적이 있다. 물고기들과 함께 헤엄치고, 자연스러운 바다의 움직임을 쫓아다니고, 산호초를 경이로운 마음으로 바라보며 아주 즐거운 시간을 보냈다. 가끔 산호초를 따라 조용히 헤엄치며 그 장관을 지켜보다가 갑자기 산호초가 절벽 가장자리처럼 가파르게 꺼지는 경우가 있다. 그럼 나는 이상한 종류의 현기증을 느낀다. 이것은 떨어지면 정말로 죽을지도 모를 실제의 절벽 가장자리에 서 있는 것과는 다른 상황이다. 나는 바닷물 속에 떠 있는 상태이기 때문에 산호초에서 떨어질 일이 없다. 이 풍경이 내 인식을 비틀어 떨어질 것 같은 착각을 만들어 냈을 뿐이다.

수학에도 그렇게 인식을 비틀어 놓을 수 있는 부분이 존재한다. 무한도 그중 하나다. 어느 때 보면 상황이 어떻게 돌아가는지 알 것 같다가 그다음 순간 살짝 방향을 달리해서 바라보면 모든 것이 무너져 버린다. 수학자들도 자기가 딛고 선 땅이 더 이상 존재하지 않을지 모른다는 사실을 깨닫는 순간이 있다. 그럼 수학자들은 서둘러 그 부분을 고쳐야만 한다. 무한히 작은 것에 대해 생각했을 때도 그런 일이 벌어졌다. 그리고 결국 수학자들은 자신들이 실수의 정체를 제대로 알지 못한다는 것을 깨달았다.

앞 장에서 우리는 유한한 시간 동안에 무한히 작으면서 무한히 많은 일을 할 수 있고, 무한히 작으면서 무한히 많은 것을 유한한 공간 속에 집어넣을 수 있음을 발견했다. 사실 세상 모든 것은 무한히 작으면서 무한히 많은 것으로 만들어져 있다.

당신은 우리가 펼쳐 보인 것과 같은 논증에 납득이 가는가? 수학자들이 이 모든 것을 수학적 논리 기준을 충족시키는 형태로 정리하는 데는 아주 오랜 시간이 걸렸다. 이것은 여러 가지 서로 다른 질문들이 똑같은 대답으로 이어지거나, 수많은 다른 단서들이 모두 동일한 범인을 지목하고 있는 것과 비슷한 만족스러운 수학 이야기다. 제논의 역설은 우리를 무한히 작으면서 무한히 많은 것들을 더하는 질문으로 이끌었다. 우리는 곡선을 잘게 쪼개서 아주 작은 직선으로 만들어 곡선을 이해하고, 휘어진 도형을 작은 정사각형으로 쪼개서 그 면적을 이해하려 노력하는 과정에서도 이런 질문에 도달하게 될 것이다.

하지만 우리가 이 책의 1부에서 대충 얼버무리고 지나갔던 또 다른 질문이 있다. 무리수의 정체가 무엇인가 하는 질문이다. 우리는 수학 수업 시간에 흔히 그러는 것처럼 태평하게 무리수는 소수점 아래로 숫자가 반복 없이 무한히 이어지는 수라고 했었다. 사실 이것은 무한히 작으면서 무한히 많은 것을 더하는 문제이기도 하다. 수에 소수점 이하 자리 숫자를 더 많이 붙여 가는 것은 점점 더 작은 소수를 더하는 것과 같기 때문이다.

애초에 우리에게 무리수가 필요했던 이유는 모든 유리수 사이에 존재할 수밖에 없는 〈틈〉을 메우기 위함이었다. 그리고 정당하게 그럴 수 있는 한 가지 방법은 이렇게 무한히 긴 소수를 이용하는 것, 즉 무한히 작은 것들의 무한한 합을 이용하는 것이었다. 우리는 그냥 그 무한한 합이 무엇을 의미하는지만 알아내면 된다. 이 이야기에서 정말 기이한 부분은 수학자들이 자신이 이 문제를 해결하지 못했음을 깨닫지도 못한 채 그냥 우리처럼 태평하게 수를 이용하면서 지내 왔다는 점이다. 하지만 수학자 칸토어와 데데킨트는 둘 다 자기가 수를 엄격하게 정의하는 법을 모르고 있음을 깨달았다. 데데킨트는 수학 강의를 준비하다가 이것을 깨달았다고 한다. 나도 그 기분을 안다. 무언가를 학생들에게 가르칠 준비를 하는데 갑자기 자기가 그것을 이해하고 있는 줄 알았더니 사실은 남들에게 설명할 만큼 충분히 이해하지 못하고 있음을 깨달을 때가 있다. 칸토어와 데데킨트의 경우 사실은 두 사람뿐만 아니라 세상 누구도 그 부분을 제대로 이해하지 못하고 있었다. 다행히도 두 사람이 이런 토대를 고칠 수 있어서 수학 전체가 붕괴하는 일은 막을 수 있었다. 오히려 무한히 작은 것에 대한 이들의 연구 덕분에 수학의 발전 속도가 더 빨라졌다.

## 원의 근사치 면적 구하기

조카가 유치원에 들어갈 무렵, 추천 받은 아동용 수학 서적 목록이 있었다. 나는 자리에 앉아서 조카와 함께 마릴린 번즈의 『성형외과에 간 삼각형*The Greedy Triangle*』을 읽었다. 이 책의 주인공은 자기가 삼각형이라는 데 지겨워진 삼각형이다. 삼각형은 성형외과에 찾아가 변을 하나 더 만들어 자기를 사각형으로 만들어 달라고 한다. 하지만 어쩔 수 없이 사각형도 지겨워진 그는 다시 성형외과로 돌아가 변을 하나 더 만들어 달라고 해서 오각형이 된다. 그다음에는 다시 지겨워져서 육각형이, 그다음에는 칠각형, 그다음에는 팔각형이 된다.

나는 이 책을 읽으면서 아주 흥분됐다. 이것이 어떤 결론을 향하고 있는지 알 것만 같았기 때문이다. 사실 내 조카도 아주 흥분하고 있었다(어쩌면 내 흥분이 전염성이 있었는지도? 그랬기를 바란다). 나는 조카의 조그만 뇌가 핑핑 돌아가는 소리가 들리는 것만 같았다. 그러고는 조카가 소리쳤다. 「어떻게 될지 알아요! 삼각형은 원이 되고 말 거예요!」

하지만 결말이 이와 다른 것을 알고 조금 속상했다. 이 삼각형이 결국 원이 되었다면 미적분학 개념 입문서로 아주 안성맞춤이었을 테지만, 그 대신 도덕적인 결말로 끝나고 말았다. 삼각형은 자기가 평소의 모습일 때 더 행복했었다는 것을 깨닫고 다시 삼각형으로 돌아간다.

내 조카의 아이디어는 수천 년 전 바빌로니아의 수학자들이 원의 면적을 계산할 때 사용했던 방법과 동일하다. 원은 곡선으로 이루어졌기 때문에 그 면적을 계산하기가 쉽지 않다. 사실 〈원의 면적〉이라는 의미가 무엇인지 말하기도 어렵다. 원의 면적은 〈그 안에 집어넣을 수 있는 단위 면적 정사각형의 수〉라고 할 수 있다. 다만 그러려면 단위 면적 정사각형을 녹여서 원형의 틀에 쏟아부을 수 있어야 할 것이다. 아니면 그 반대로 할 수도 있다. 원을 녹여서 정사각형의 틀에 쏟아부어 원을 녹인 것이 얼마나 큰 정사각형을 채우는지 보는 것이다. 이것이 바로 〈원과 면적이 같은 정사각형 만들기squaring the circle〉*라는 오래된 문제다. 생활 속에서도 이 문제와 마주칠 때가 있다(매일 있는 일은 아니다). 둥근 케이크 만드는 요리법을 이용해서 정사각형 케이크를 만들고 싶을 때

* 이것은 주어진 원과 넓이가 같은 정사각형을 작도하는 문제로, 고대 그리스의 삼대 작도 문제 중 하나다. 결국 이런 작도는 불가능함이 증명되었고, 영어권에서는 이것이 불가능을 의미하는 표현으로 사용된다.

다. 나는 종종 이렇게 한다. 둥근 케이크 틀은 3가지밖에 없는 반면, 1인치에서 12인치까지 어떤 크기의 케이크라도 만들 수 있는, 크기 조절 가능한 정사각형 케이크 제작 틀이 있기 때문이다. 당연히 이런 경우에는 작도를 할 필요 없이 그냥 원의 면적을 구하는 공식을 이용하면 된다(보통은 대충 $\pi=3$으로 놓고 계산한다). 하지만 애초에 이런 공식은 어떻게 나온 것일까?

정사각형이나 원을 녹이지 않고(혹은 케이크 반죽을 낭비하지 않고) 이 공식을 구하는 한 가지 방법은 직선의 변을 이용해서 원의 근사치를 구하는 것이다. 변의 숫자가 많아질수록 그 근사치도 정확해질 것이다.

예를 들어 정사각형을 이용할 경우(원에 내접하는 것이나 외접하는 것으로) 이 직선들은 원의 근사치와는 꽤 거리가 있다. 8인치 정사각형 케이크 틀에 8인치 지름의 원형 케이크 요리법을 이용하려 들면 반죽이 모자랄 것이다.

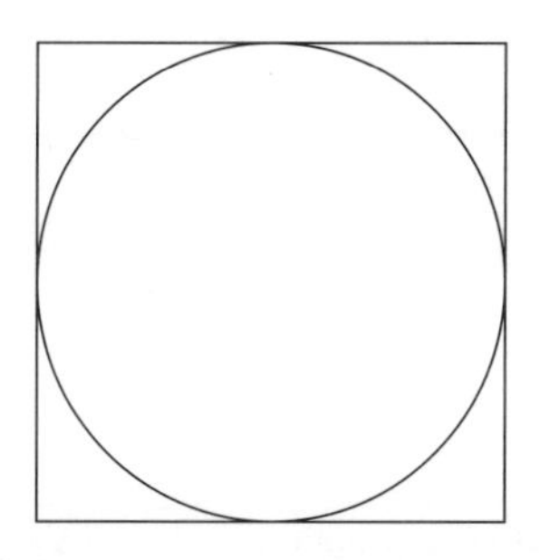

얼마나 거리가 있는 값인지 계산해 볼 수 있다. 원의 반지름을 $r$이라고 하자. 원에 내접하는 정사각형과 외접하는 정사각형으로 잡은 근사치에 이것을 적용해 볼 수 있다.

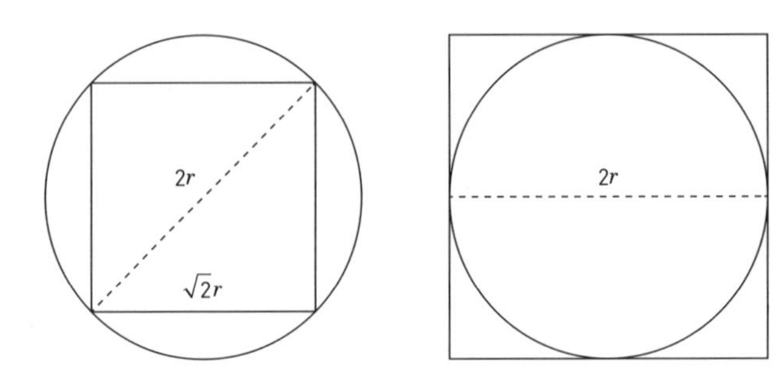


원의 면적은 $\pi r^2$이다. 내접하는 정사각형의 면적은 $2r^2$이다. 외접하는 정사각형의 면적은 $4r^2$이다.

> 내접 정사각형의 면적은 피타고라스의 정리를 이용해서 변의 길이를 알아내면 계산할 수 있다. 아니면 점선이 그려져 있는 삼각형 네 개를 가져다가 이어 붙여, 점선으로 둘러싸인 정사각형을 만들면 그 정사각형의 각 변의 길이는 $2r$이 된다. 그럼 이 새로운 정사각형의 면적은 $4r^2$이고, 우리가 계산하려는 정사각형의 면적은 그 값의 절반이 된다.

그럼 원의 〈실제〉 면적과 이 두 근사치를 비교해 볼 수 있다.

| | | | |
|---|---|---|---|
| 원 | = | $\pi r^2 \approx 3.14r^2$ | |
| 내접 정사각형 | = | $2r^2$ | 오차 $\approx -36\%$ |
| 외접 정사각형 | = | $4r^2$ | 오차 $\approx +27\%$ |

정사각형 대신 팔각형을 이용하면 더 가까운 근사치를 얻는다.

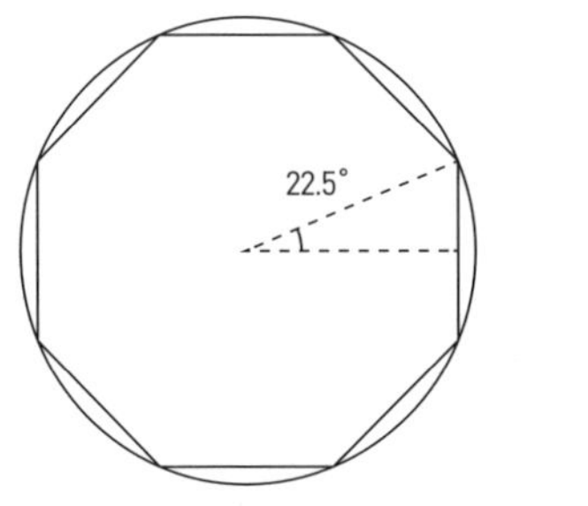

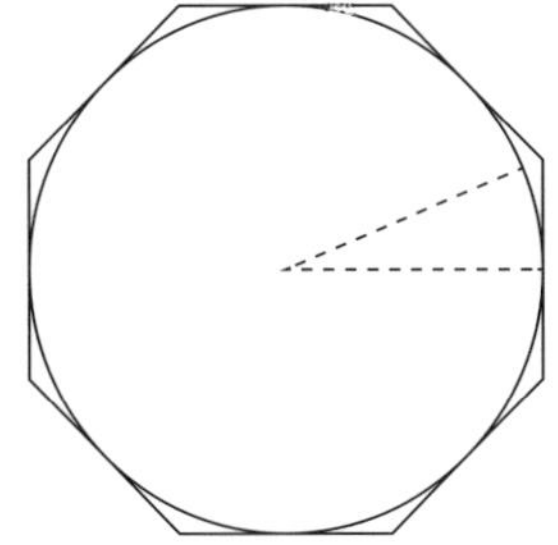

이 경우에는 다음과 같다.

| | | | |
|---|---|---|---|
| 원 | = | $\pi r^2 \approx 3.14r^2$ | |
| 내접 정사각형 | = | 2.83 | 오차 $\approx -5\%$ |
| 외접 정사각형 | = | 3.31 | 오차 $\approx +10\%$ |

이 팔각형의 면적은 위 그림에 나온 것처럼 16개의 직각 삼각형으로 잘게 쪼개면 구할 수 있다. 원의 중심부에 있는 작은 각은 다음과 같은 식을 통해 계산할 수 있다.

$$\frac{360}{16} = 22.5$$

그럼 여기서 전통적인 삼각법을 이용해서 삼각형 변들의 길이를 구할 수 있다. 뜬금없이 삼각법을 쓰는 것이 반칙이라 여겨질 수도 있겠지만 여기서의 목적은 역사를 그대로 재현하는 것이 아니라 요점만 입증하려는 것이니 그냥 넘어가자.

여기서의 핵심 아이디어는 점점 더 변이 많아지는 다각형을 이용하는 것이다. 변이 많아질수록 직선 가장자리의 길이가 짧아져 직선 가장자리와 원의 실제 곡선 가장자리 사이의 오차가 줄어들 것이기 때문이다. 원의 〈진짜〉 면적은 내접 다각형 근사치와 외접 다각형 근사치 사이에 끼어 있다. 다각형의 변의 수를 늘리면 정확도는 원하는 데까지 얼마든지 높일 수 있다.

이것이 아래 그림과 같이 곡선으로 둘러싸인 면적, 혹은 곡선 아래 면적의 계산을 뒷받침하는 개념이기도 하다.

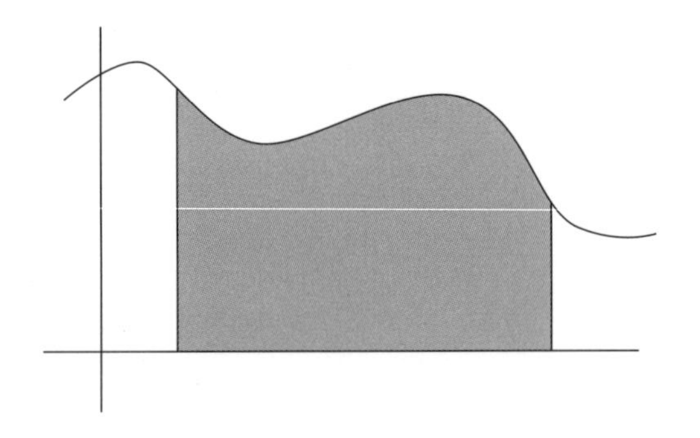

곡선 아래 면적을 직선의 가장자리로 이루어진 조각으로 잘게 조각내서 면적의 근사치를 구할 수 있다. 그리고 부정확한 직선 가장자리를 최대한 작게 만들려고 노력해 볼 수 있다. 조각을 잘게 쪼갤수록 근사치도 더욱 정확해질 것이다.

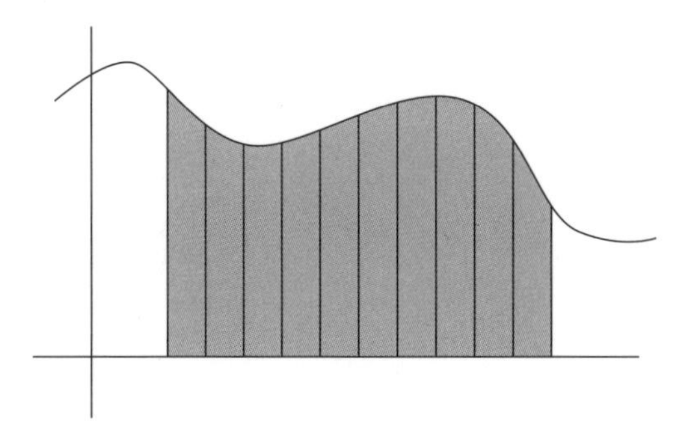

하지만 이렇게 해서 마침내 정답에 도달할 수 있을까? 분명 정답에 점점 더 가까워지기는 하겠지만 결코 실제로 도달하는 일은 없을 것이다. 직선 가장자리는 곡선 가장자리와 절대 정확하게 일치할 수 없지 않은가?

이 수수께끼를 해결하려는 것이 현대 미적분학을 뒷받침한 커다란 동기 중 하나였다. 이 답을 들어 보면 처음에는 살짝 짜증이 날지도 모르지만, 이것이 추상 수학의 전형적인 작동 방식이다(솔직히 말하면 수학과 수학자가 가끔 짜증 나는 존재로 비쳐지는 이유도 이 때문이다). 그 답은 바로 우리 편하도록 〈답〉의 의미가 무엇인지 결정한다는 것이다. 이것이 의미하는 바는 이것이 적어도 그 어떤 모순도 일으키지 않아야 하고, 또한 우리의 직관에 관한 한, 그 직관과 맞아떨어질 수 있도록 기본적인 행동 테스트를 통과해야 한다는 것이다. 예를 들어 곡선이 실제로는 직선인 경우에 이런 방법을 사용해서 정답이 나와야 한다!

여기서 핵심은 원, 곡선, 제논의 역설 등 그 어떤 경우에서든 우리는 무언가를 점점 더 여러 번에 걸쳐서 하고, 한 단계씩 더 밟을수록 정답에 점점 더 가까워진다는 것이다. 유한한 단계만 거쳤을 때는 정답에 도달하지 못하겠지만, 영원히 계속 가까워질 수 있다. 우리는 그 일을 영원히 한 후에 일어나는 일에 어떤 의미를 부여할지 선택해야 한다. 여기서 우리의 직관은 난관에 부딪힌다. 우리는 영원히 살 수 없으므로 우리가 거기에 도달했을 때 일어날 일을 상상할 수 없다. 하지만 이 장에서 우리는 말이 되는 답이 한 가지밖에 없다면 그것을 선택해서 어떤 일이 일어나는지 확인해 보는 것이 낫다는 사실을 확인하게 될 것이다. 과연 어떤 일이 일어날까? 마치 기적처럼 유리수 사이에 존재하는 짜증 나는 모든 틈이 채워진다.

## 유리수 사이의 틈

4장에서 정수의 비율에 해당하는 수에 대해서만 생각하면 그 사이에 항상 틈이 존재하게 된다는 얘기를 했었다. 그 틈이 작아도 너무 작아 무한히 작을지라도 말이다. 이것이 무슨 의미일까?

우선 유리수 사이에 존재하는 틈을 하나쯤 만나 보기는 어렵지 않다. 변의 길이가 1(단위는 무엇이든 상관없다)인 정사각형 하나만 그려 보면 된다.

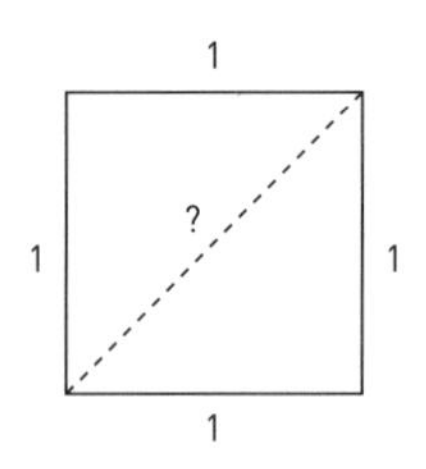


이 대각선의 길이는 얼마나 될까? 이 정사각형에서 대각선을 그려 보면 두 개의 직각삼각형이 나온다. 피타고라스의 정리에 의해 〈직각삼각형의 빗변의 제곱은 나머지 두 변을 각각 제곱하여 더한 값과 같다〉. 이 경우 대각선의 길이를 $d$라고 하면 다음의 식이 성립한다.

$$d^2 = 1^2 + 1^2 = 2$$

따라서 대각선의 길이는 제곱했을 때 2가 되는 어떤 수다. 2의 제곱근이 되기는 만만치 않은 일이다. 하지만 이 값이 두 정수의 비율이어야 하는 경우, 그런 수는 존재하지 않음을 입증할 수 있다. 그 방법은 다음과 같다.

증명. 우선 우리가 증명하려는 내용을 반대로 가정하면서 시작한다. 따라서 $\sqrt{2} = \frac{a}{b}$를 만족시키는 두 정수 $a$와 $b$가 존재한다고 가정한다. 여기서의 요령은 이 분수가 기약 분수, 즉 분자와 분모의 공약수가 1뿐이라서 더 이상 약분할 수 없는 분수라고 가정하는 것이다.

이제 양변을 제곱하면 다음의 식을 얻는다.

$$2 = \frac{a^2}{b^2}$$

따라서 $2b^2 = a^2$

여기까지는 문제가 없다. 이제 $a^2$이 어떤 값의 2배수라는 것을 알고 있다. 짝수라는 의미다. 그럼 이 말은 $a$ 역시 짝수라야 한다는 의미다. $a$가 홀수라면 $a^2$도 홀수일 것이기 때문이다.

$a$가 짝수라는 말의 의미는 무엇일까? 2로 나누어 떨어져야 한다는 의미다. 그럼 $\frac{a}{2}$도 여전히 정수라야 한다는 의미다. 그럼 다음과 같이 놓아보자.

$$\frac{a}{2} = c$$

$$\text{따라서} \quad a = 2c$$

이제 이것을 위의 방정식에 대입하면 다음과 같이 나온다.

$$2b^2 = (2c)^2$$

$$= 4c^2$$

$$\text{따라서} \quad b^2 = 2c^2$$

이제 $b$에도 방금 $a$에 했던 것과 똑같은 추론을 적용할 수 있다. $b^2$이 어떤 수의 2배수이므로 짝수다. 따라서 $b$도 짝수여야 한다.

이제 $a$와 $b$가 모두 짝수여야 한다는 사실을 알아냈다. 하지만 처음 시작할 때 $\frac{a}{b}$가 기약 분수라고 가정했었다. 그럼 $a$와 $b$가 모두 짝수일 수는 없다는 의미다. 이것은 모순이다.

따라서 애초에 $\sqrt{2} = \frac{a}{b}$라고 가정했던 것 자체가 틀렸다. 이것은 $\sqrt{2}$를 소수로 표현하기는 불가능하며, 따라서 무리수라는 의미다.

위의 그림처럼 정사각형 하나만 그려 보아도 길이로 표현되는 무리수와 어쩔 수 없이 만나게 된다. 이것은 유리수 사이에 2의 제곱근이 들

어갈 작은 틈이 반드시 존재해야 한다는 의미다. 반지름이 1인 원을 그리면 유리수 사이에 존재하는 또 다른 틈과 마주치게 된다. 우리가 실제로 그릴 선의 길이, 즉 원의 둘레 길이가 무리수가 될 것이기 때문이다(이것은 정사각형의 대각선보다 증명이 훨씬 어렵다).

원의 둘레 길이를 기술하기는 조금 어렵지만 정사각형의 대각선 길이는 그리 어렵지 않다. 정사각형 하나를 머릿속에 상상하면 그 대각선 길이는 분명 어떤 길이를 가져야 한다. 그 길이가 수가 아니라면 우리 수 체계에 결함이 있다는 의미다. 그런 틈이 다른 문제도 야기할 수 있다. 이상한 말이지만 이는 두 선이 서로를 가로지르면서도 전혀 교차하지 않을 수 있다는 의미가 된다. 선에 작은 틈이 존재할 테니까 말이다. 이것은 또한 내가 좋아하는 수학 응용 분야와도 관련이 있다. 바로 꼬마 당근이다.

## 꼬마 당근은 존재하는가?

한번은 수학 학회에서 휴식 시간에 먹으려고 사온 꼬마 당근을 우적우적 씹어 먹고 있었다. 얼굴에 과자 부스러기를 묻히기 싫어 대신 사온 것이었다. 그런데 어떤 사람과 꼬마 당근이 진짜로 작은 당근이냐 아니냐를 두고 논쟁이 붙었다. 당시만 해도 내가 아직 미국에 살 때가 아니었는데, 알고 보니 미국에서는 작은 크기로 잘라 놓은 꼬마 당근을 팔았다. 이것은 일반적인 크기의 당근을 꼬마 당근 크기로 잘라 놓은 제품이었다. 이 제품은 반듯한 원통형 형태로 잘라 끝을 둥글게 다듬어 놓은 것이다. 미국에서는 이런 가공한 꼬마 당근이 훨씬 널리 보급되어 있는 반면, 영국에서는 덜 자란 진짜 꼬마 당근을 판다. 가끔은 껍질도 온전하고 초록색 머리 부분도 그대로 달려서 나올 때가 있다. 그럼 눈으로 봐도 완전한 하나의 당근이다. 어릴 때 나는 정원에서 직접 당근을 키우기도 했었다. 그 당근을 뽑아 보면 그중에는 분명 다른 것보다 작은 녀석들이 있었다.

이 모든 것이 내게는 너무도 당연한 사실인데도, 내 미국 동료는 이 이야기를 듣고 아주 놀랐다. 하지만 우리는 모두 수학자였으므로 나는 중간값의 정리intermediate value theorem를 이용해 그를 설득할 수 있었다. 중간값의 정리의 기본적인 의미는 당근은 아무것도 없었던 상태에서 출발해 연속적으로 성장하므로 어느 시점에서는 크기가 작았던 상태를 반드시 거쳐야 한다는 것이다.

물론 우리는 모두 수학자였으므로 곧바로 반박이 터져 나왔다. 당근이 연속적으로 성장하는지 어떻게 알 것인가? 당근이 번데기에 들어 있다가 완전히 자란 모습으로 찢고 나오는 나비처럼 특정 크기에 도달할 때까지는 초록색 젤리로 만들어져 있다가 그 시점에 도달하면 저절로 당근으로 변하는 것이 아니라고 어떻게 확신할 수 있나? 수학적 증명은 수학자와 의심하는 자, 혹은 수학자와 잘난 척하는 자 사이에서 주고받는 논쟁과 비슷할 때가 많다. 사실 이런 이야기들이 수학적 농담이라는 것은 우리 모두 알고 있었다. 하지만 여전히 이것은 내가 좋아하는 수학적 정리의 응용 사례 중 하나다(이것을 보면 내가 수학적 정리를 거창한 곳에 응용하려는 욕심이 별로 없는 사람임을 추측할 수 있을 것이다. 제대로 추측했다).

어쨌거나 이 중간값의 정리라는 것이 대체 무엇일까? 이것을 좀 더 수학적으로 표현할 또 다른 방법이 있다. $y = x^2$을 그래프로 그리면 다음 그림처럼 나온다.

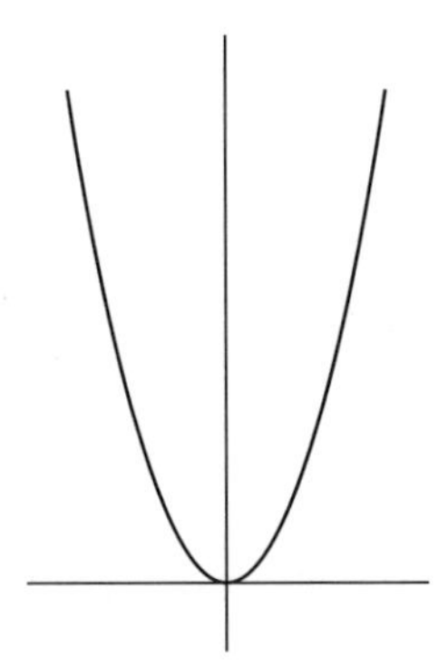

이런 형태를 포물선parabola이라고 한다. 그리고 $y=2$를 그래프로 그리면 이렇게 보인다.

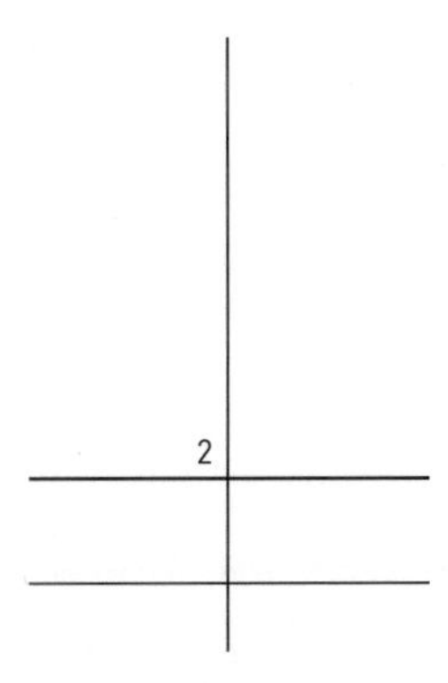


이제 두 그래프를 겹쳐 보면 두 선이 어디서 만나는지 알 수 있다.

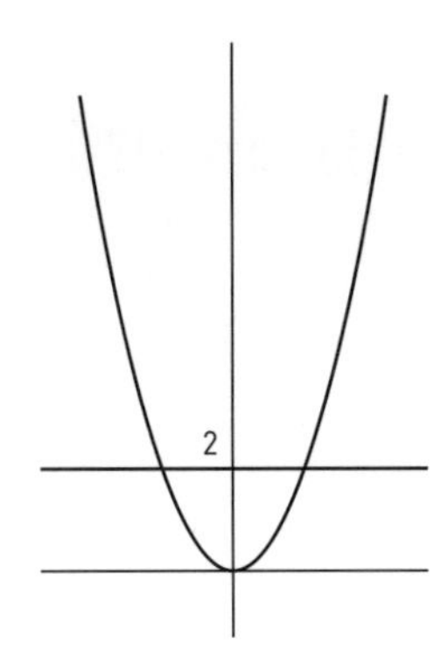

우리에게 유리수밖에 없다면 $x^2=2$를 만족시키는 유리수 $x$는 존재하지 않는다. 그럼 이 말은 이 두 선이 어디서도 만나지 않는다는 뜻이 된다. 포물선 안에 작은 틈이 있어서 직선이 포물선과 어디서도 만나지 않고 그냥 포물선의 한쪽에서 반대쪽으로 유령처럼 빠져나온다. 이것을 생각하니 뉴욕 지하철이 떠오른다. 뉴욕 지하철은 온갖 곳에서 지하철 노선이 교차하는데도 그 교차점에 환승역이 없는 반면, 런던 지하철에서는 노선이 교차하는 곳에서는 항상(아니면 거의 항상) 기차를 갈아탈 방법이 있다(런던 중심부에서는 예외를 찾아볼 수 없었지만, 서쪽에서는 두 군데 정도 있다).

포물선 위에 틈이 있다고 했는데 어쩌면 직선에도 있지 않을까? 사실은 양쪽 모두에 있다. 그리고 그 지점에만 있는 것도 아니다. 틈이 어디에나 널려 있다. 그래서 직선이 포물선과 만나지 않고 통과할 수 있는 곳이 곳곳에 존재한다. 직선을 2에서 3으로 옮기면 또 다른 틈이 나타날 것이다. 이런 것 때문이라도 그런 틈들을 모두 메우고 싶은 마음이 간절해진다. 우리는 선을 두 개 그어서 두 선이 교차하는 경우 이 선들이 실제로 어디선가 만나고 있는지 알아낼 수 있었으면 한다. 이것이 중간값의 정리다. 이것을 중간값의 정리라고 부르는 이유는 이 정리의 가장 기본적인 형태에서는 만약 값이 $A$에서 $B$까지 연속적으로 커진다면 어느 지점에서는 그 사이의 모든 중간 값을 거쳐야 한다고 말하기 때문이다. 지금 키가 180㎝인 사람은 과거 어느 시점에서는 150㎝였던 때가 반드시 있어야 한다. 그리고 모든 당근은 어느 한 지점에서는 반드시 꼬마 당근이었어야 한다.

## 틈은 어디에나

이제 우리는 유리수 사이에 〈틈〉이 적어도 하나는 존재한다는 것을 안다. 바로 $\sqrt{2}$가 있어야 할 곳이다. 4장에서 이미 임의의 두 유리수 사이에는 무리수가 존재한다는 것을 언급했었다. 이것이 의미하는 바는 무리수가 불가항력적으로 어디에나 존재하기 때문에 모든 유리수 사이에는 이런 종류의 〈틈〉이 존재할 수밖에 없다는 것이다. 실수는 유리수와 무리수가 일종의 줄무늬를 이루고 있는 셈이다. 물론 그것의 진정한 의미는 신중하게 생각해야 한다.

지금부터는 어느 잘난 척하는 사람이 우리에게 임의의 두 유리수를 던져 주어도, 그리고 그 두 유리수 사이가 아무리 촘촘해도 그 안에 들어갈 무리수를 찾을 수 있음을 입증해 보이겠다. 잘난 척하는 사람이 두 유리수 $a$와 $b$를 던져 주었다고 가정해 보자. 우리는 그저 $a$에 아주 작은 무리수를 더하기만 하면 된다. 유리수 더하기 무리수는 무리수이기 때문이다.

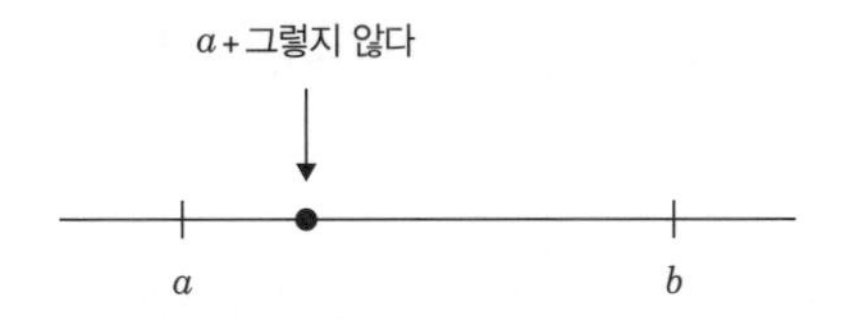


추가적으로 보태는 저 값이 얼마나 작아야 틈 안으로 들어갈 수 있을까? 그냥 $b-a$보다 작으면 된다. 이것은 쉽다. 그냥 $\sqrt{2}$를 엄청 큰 값으로 나누기만 하면 얼마든 작은 무리수를 찾을 수 있기 때문이다. 이를테면 $\frac{\sqrt{2}}{100}$ 또는 $\frac{\sqrt{2}}{1000000}$ 또는 $\frac{\sqrt{2}}{10000000000}$ 같은 값이다. 분모는 얼마든 큰 값을 잡을 수 있기 때문에 거기서 나오는 무리수는 얼마든지 작아질 수 있다. 우리의 사악한 적이 $a$와 $b$를 제아무리 가까운 값으로 잡는다 하더라도 말이다.

무리수를 유리수로 나눠도 무리수다. 유리수에 무리수를 더하면 무리수가 나온다는 사실을 증명할 때와 마찬가지로 이것 역시 귀납법을 이용해 증명할 수 있다.

여기서의 핵심 아이디어는 $a$에 무한소만큼 가까운 무리수를 찾을 수 있다는 점이다. 만약 〈무한소〉가 정당한 값이었다면 그것을 $\varepsilon$(그리스 알파벳 입실론)이라 부르고 우리는 $a$에서 $\varepsilon$ 안쪽으로 들어오는 무리수를 찾으려 한다고 할 수도 있었을 것이다. 하지만 이 $\varepsilon$은 하나의 개념으로서만 정당한 것이지 양으로서 정당한 것은 아니다. 따라서 이것을 논리적으로 정당하게 만드는 방법은 잘난 척하는 우리의 사악한 적이 $\varepsilon$의 실제 값을 얼마든지 작게 고를 수 있게 하는 것이다. 그들은 당신을 골탕 먹이고 싶은 만큼 얼마든 작은 값을 고를 수 있다. 그럼 당신이 풀어야 할 숙제는 그들이 $\varepsilon$의 값을 아무리 작게 잡아도 $a$에서 $\varepsilon$ 안쪽으로 들어오는 값을 찾을 수 있음을 밝히는 것이다. 이것은 잘난 척하는 사람이 $a$와 $b$로 어떤 값을 내놓든 그 사이에 들어가는 무리수를 항상 찾아낼 수 있는 승리 전략을 만들어 내는 일이라 할 수 있다. 우리는 결코 패배해하지 않을 물샐틈없는 전략을 만들어 낼 것이다. 현대 미적분학이 무한히 큰 것과 무한히 작은 것을 엄격하게 다룰 수 있게 된 것도 바로 이 개념 덕분이다. 무한히 크다는 것의 실제 의미는 〈너무 커서 잘난 척하는 사람이 절대로 우리를 능가할 수 없다〉라는 것이고, 그와 비슷하게 무한히 작다는 것의 실제 의미는 〈너무 작아서 잘난 척하는 사람이 절대로 우리를 골탕 먹일 수 없다〉라는 의미다.

잘난 척하는 사람들이 우리를 골탕 먹이려고 사용하는 작은 거리를 보통 수학적 전통에 따라 $\varepsilon$이라고 부른다. 그래서 이런 종류의 증명에는 〈$\varepsilon$ 증명〉이라는 별명이 붙었다. $\varepsilon$의 개념은 이것이 잘난 척하는 사악한 적이 우리에게 던질 임의의 작은 수를 대표한다는 것이다. 이들이 우리에게 큰 수를 던지는 것은 아주 나쁜 전략이 될 것이다. 그만큼 우리가 쉽게 이길 수 있기 때문이다. 이것을 보니 수학자들이 실제로 〈무한히 작은infinitesimally small〉 양을 이용해서 이런 종류의 논증을 하려고 했을 때가 떠오른다. 하지만 $\varepsilon$은 어떤 고정된 작은 값이 아니라 잠재적으로 작은 수일 뿐이다. 그래서 $\varepsilon$은 비공식적으로 가끔 〈아주 작은 양〉과 같은 의미로 쓰이기도 한다. 수학자들은 이런 표현을 종종 쓴다. 〈$\varepsilon$만큼만 더 가면 논문을 마무리할 수 있을 것 같은데 그게 벌써 몇 달째야.〉 사실 $\varepsilon$을 그냥 큰 음수로 놓자는 수학적 농담도 있다. 몇 년 동안이나 $\varepsilon$ 증명을 하기 위해 노예처럼 살아온 사람이라면 이런 생각만 해도 히스테리 발작을 일으킬 수 있다.

이런 종류의 정당화는 당신이 방정식이나 작도 문제를 풀 때의 정당화와는 사뭇 다르다. 이것은 마치 한 쟁점을 돌아가거나, 아예 그런 쟁점과 마주치지 않으려는 것처럼 느껴진다. 이런 느낌이 드는 것도 당연하다. 그래서 미적분학을 공부하는 학생들은 처음에 이것을 보고 상당히 당혹스러워할 때가 많다. 자신들이 기대했던 수학이 아니기 때문이다. 처음에 미적분학이라는 것을 접하면 보통은 그래프의 경사나 곡선 아래 면적 같은 것을 구할 수 있는 아주 잘 조직된 규칙과 절차들로 이루어져 있다. 어떻게 이런 것들이 정답으로 이어지느냐는 의문은 수면 아래로 잠기고 만다. 머리를 엉망진창으로 만들어 놓기 때문이다. 그 이유는 대상이 무한히 작다는 개념을 이해해야 해서 그렇다. 우리는 이미 무한히 큰 대상이 어떻게 머리에 쥐가 나게 만드는지 살펴보았다. 이제 무한히 작은 대상에 대해 생각하면서 다시 한 번 머리에 쥐가 날 차례다.

누군가가 당신에게 어느 정도 떨어진 거리에서 과녁을 총으로 사격해 명중할 것을 요구했다고 상상해 보자. 처음 몇 번은 과녁을 맞히지 못해도 좋지만, 어느 시점 이후로는 무한히 과녁을 계속해서 명중해야 이 시험을 통과할 수 있다. 당신이 이 시험을 통과하면 상대방은 다시 과녁을 더 작게 만들 것이고, 당신은 다시 시험을 치러야 한다. 여기서도 마찬가지로 처음 몇 번은 과녁을 맞히지 못해도 좋지만 어느 시점 이후로는 무한히 과녁을 계속 명중해야 한다. 이렇게 당신이 시험을 통과하면 상대방은 다시 과녁을 훨씬 더 작게 만들 것이다. 그리고 당신을 골탕 먹이려고 계속해서 과녁의 크기를 줄여 나갈 것이다. 이들이 과녁을 아무리 작게 만들어도 이 시험을 통과할 수 있어야만 당신은 과녁을 명중할 능력을 인정받을 수 있다.

### 사격 연습

$n$이 점점 커질 때의 $\frac{1}{n}$을 무한히 작아지는 것의 사례로 들어 이 〈사격 과제〉에 도전해 보자. 우리는 이것이 〈무한으로 나누어 0이 나오는〉 경우와 비슷하다는 것을 살펴보았고, 이제는 이것의 이치를 어느 정도 이해할 수 있다. 여기서의 기본 아이디어는 $\frac{1}{n}$은 절대로 0과 같아지지는 않지만 0이 과녁의 중심이라면 사악한 적이 과녁을 아무리 작게 만들어도 우리는 항상 그 과녁 안쪽으로 명중할 수 있다는 것이다.* 한 번만 과

* $\frac{1}{n}$의 값이 과녁 안으로 들어간다는 의미다.

녁에 명중하는 것만으로는 부족하다. 우리가 달성해야 할 목표는 처음 몇 번은 과녁을 조금 빗나가도 괜찮지만 그다음부터는 무한히 계속해서 명중하는 것이다. 이 〈몇 번〉이 도대체 몇 번인지 궁금할 것이다. 그 정답은 〈유한한 수면 무엇이든〉이다. 〈영원〉에 대해 이야기할 때는 처음 시작할 때 과녁을 빗나가는 횟수가 유한하기만 하면 아무리 여러 번 빗나간다 한들 영원과 비교하면 별것 아니기 때문이다.

예를 들어 사악한 적이 과녁의 크기를 겨우 반지름 0.01의 크기로 만들었다고 해보자. 그럼 우리가 명중하려는 과녁의 크기는 다음과 같다.

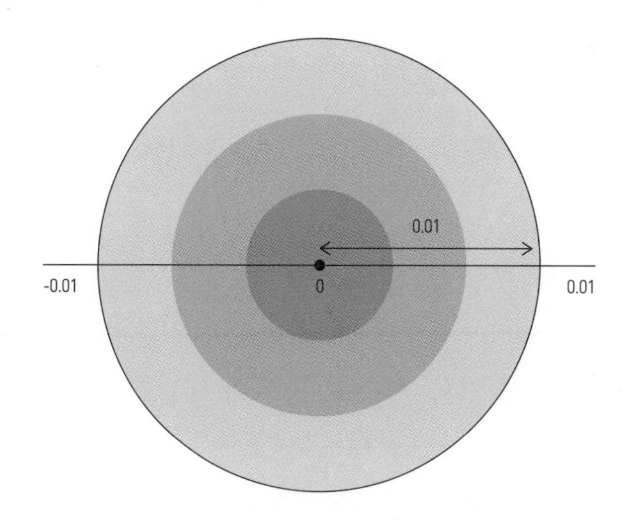


사실 우리의 과녁은 실수 직선 위의 어느 한 구간이 되어야 하지만, 여기서는 사격 연습처럼 보이게 과녁을 원형으로 그려 놓았다.

우리가 시도하는 값은 $n$값을 점점 키우면서 나오므로 다음과 같이 이어진다.

$$1, \frac{1}{2}, \frac{1}{3}, \frac{1}{4}, \frac{1}{5}, \frac{1}{6}, \frac{1}{7}, \frac{1}{8}, \frac{1}{9}, \cdots\cdots \frac{1}{99}, \cdots\cdots$$

백 번째 시도하는 값은 $\frac{1}{100}$, 즉 0.01이다. 이 시도에서는 탄환이 과녁 가장자리에 살짝 걸칠 것이다. 그다음인 $\frac{1}{101}$부터는 처음으로 확실하게 과녁에 명중하게 된다. 여기부터는 문제없다. 그 이후에 시도하는 모든 값은 그보다 더 작아질 것이기 때문에 모두 과녁에 명중하게 된다.

이렇게 시험을 통과했다. 하지만 사악한 적은 쉽게 포기하지 않는다. 그들은 기존의 과녁을 반지름이 0.001밖에 되지 않는 새로운 과녁으로 대체한다. 이번에는 과녁에 명중하는 데 더 오랜 시간이 걸릴 테지만, 그래도 상관없다. 유한한 횟수이기만 하면 처음에는 얼마든 과녁을 빗맞혀도 된다는 것을 기억하자. 이번에 과녁 가장자리에 걸치는 값은 $\frac{1}{1000}$, 즉 0.001이다. 하지만 그다음 시도하는 값은 $\frac{1}{1001}$로 더 작아지기 때문에 과녁에 명중하게 된다. 그 이후로 시도하는 모든 값은 더 작아지므로 모두 과녁에 명중한다. 따라서 이번에도 역시 시험을 통과한다.

이제 이런 과정이 무한히 이어질 것처럼 보이지만 사악한 적이 과녁을 아무리 작게 만들어도 우리가 항상 이길 수 있다는 것을 입증할 교묘한 메커니즘을 생각할 수 있다. $a$와 $b$의 간격을 아무리 좁게 잡아도 그 사이에 들어가는 무리수가 반드시 존재함을 입증했던 경우와 살짝 비슷하다. 이번에는 $\varepsilon$이 아무리 작아도 $\varepsilon$ 크기의 과녁을 명중하는 시험에 통과할 수 있음을 보여 주고 싶다. 이번에도 역시 $\varepsilon$은 어떤 고정된 무한히 작은 크기가 아니다. 그런 크기를 엄격하게 정의할 수 없기 때문이다. 대신 이것은 잘난 척하는 사악한 적이 원하는 대로 얼마든지 작게 잡을 수 있는 잠재적인 크기다.

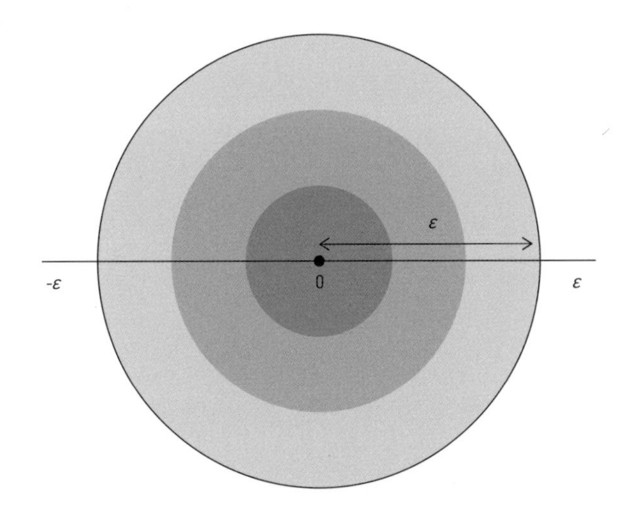


이것은 그저 우리의 $\frac{1}{n}$이 언제부터 모두 과녁에 명중하게 될지 찾아내는 문제에 불과하다. 이제 $\frac{1}{n}$은 뒤로 갈수록 계속해서 작아지기 때문에 그냥 과녁에 명중하는 값을 어느 것이든 하나 찾기만 하면 그 뒤로는 모두 명중하리라는 것을 알 수 있다. 꼭 처음으로 명중하는 것을 찾아낼 필요는 없다. 어디서든 명중하는 경우를 하나만 찾아내면 된다.

이것은 우리가 $\frac{1}{n} < \varepsilon$을 만족시키는 $n$을 찾아내야 한다는 의미다. 이것은 $n$을 필요한 만큼 정말 큰 값으로 잡기만 하면 분명히 할 수 있는 부분이다. $\sqrt{2}$를 필요한 만큼 큰 수로 나누어서 작은 무리수를 만들었던 것과 비슷하다.

아주 정확하게 하고 싶으면 무언가를 충분히 작게 만들려면 얼마나 큰 수로 나누어야 하는지 계산해 볼 수 있다. 이번 경우 우리는 $\frac{1}{n} < \varepsilon$을 얻으려 하고 있으므로 이 부등식을 새로 정리하면 $\frac{1}{\varepsilon} < n$이 된다. 따라서 그냥 어떤 수가 되었든 $\frac{1}{\varepsilon}$보다 큰 $n$만 찾으면 된다. 그리고 이것은 언제든지 할 수 있는 부분이다. $n$은 점점 더 커지는 수이고 절대 다 떨

어질 일이 없기 때문이다.

이것은 원칙적으로 사악한 적이 아무리 작은 과녁을 선택하더라도 우리는 항상 이 과녁 명중 시험을 통과할 수 있다는 의미이다.

수학적으로는 다음과 같은 수열의 극한limit은 0이라고 한다.

$$1, \frac{1}{2}, \frac{1}{3}, \frac{1}{4}, \frac{1}{5}, \frac{1}{6}, \frac{1}{7}, \cdots\cdots$$

이것은 이 수열이 실제로 0이 된다는 의미는 아니다. 대신 우리가 방금 설명했던 사격 과제의 의미 그대로, 이 값이 0에 계속해서 가까워진다는 의미다.

## 다시 케이크

이제 이 방법을 이용하면 케이크를 절반, 그리고 다시 남은 케이크의 절반($\frac{1}{4}$에 해당), 그리고 다시 남은 케이크의 절반, 그리고 다시 남은 케이크의 절반……. 이런 식으로 영원히 먹으면 케이크가 영원히 남아 있게 만들 수 있느냐는 질문에 엄격한 의미를 부여할 수 있다. 케이크가 영원히 남아 있으리라 생각할 수도 있지만 이렇게 남은 양은 결국 무시할 수 있을 만큼 너무 작아지기 때문에 기본적으로 케이크를 모두 먹어치운 셈이 될 것이다.

이것을 정사각형의 케이크 위에 그림으로 그려 보면 잘 이해된다. 다만 어떤 조각은 정사각형이고, 어떤 조각은 길쭉한 형태로 나온다는 점을 양해 바란다.

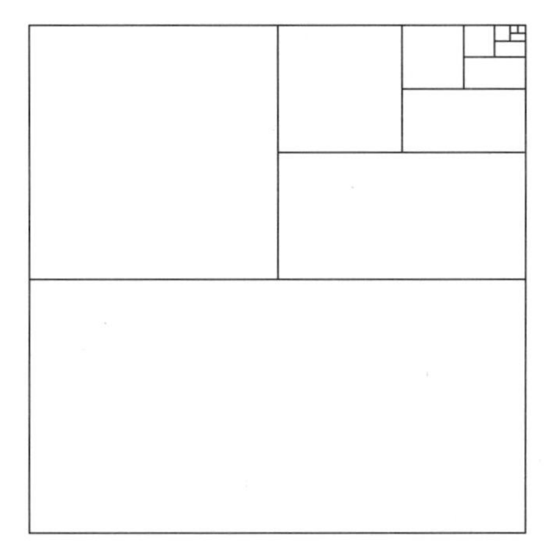

여기서 질문은 우리가 이렇게 무한히 먹었을 때 케이크가 얼마나 많이 남겠느냐, 하는 것이다. 각각의 단계에서 우리가 먹은 양은 다음과 같다.

$$\frac{1}{2}, \frac{1}{4}, \frac{1}{8}, \cdots\cdots$$

다만 이번에는 우리의 관심사가 매 단계마다 먹는 양이 아니라, 그 단계까지 먹은 총량이다. 각각의 단계 이후로 우리가 먹어 치운 총량은 다음과 같다.

$$\begin{aligned}&\frac{1}{2}\\&\frac{1}{2}+\frac{1}{4}\\&\frac{1}{2}+\frac{1}{4}+\frac{1}{8}\\&\frac{1}{2}+\frac{1}{4}+\frac{1}{8}+\frac{1}{16}\\&\vdots\end{aligned}$$

이제 우리는 이렇게 영원히 계속 가면 케이크를 모두 먹어 치우게 되리라고 주장할 것이다. 이것의 의미는 잘난 척 사람이 아무리 기준을 까다롭게 잡아도 앞에 나온 사격 과제 방식에 따르면 우리가 그 기준을 넘어서 케이크를 모두 먹어 치우는 상황에 점점 더 다가설 수 있다는 의미다. 이것을 수학적으로 표현하면 우리가 먹게 될 케이크 양의 극한은 1, 즉 케이크 전체라는 것이다.

여기 잘난 척하는 적들이 다시 한 번 우리를 골탕 먹이러 온다. 이번에는 과녁 중심이 1이다. 먼저 이들은 우리에게 반지름이 0.1인 과녁을 제시한다.

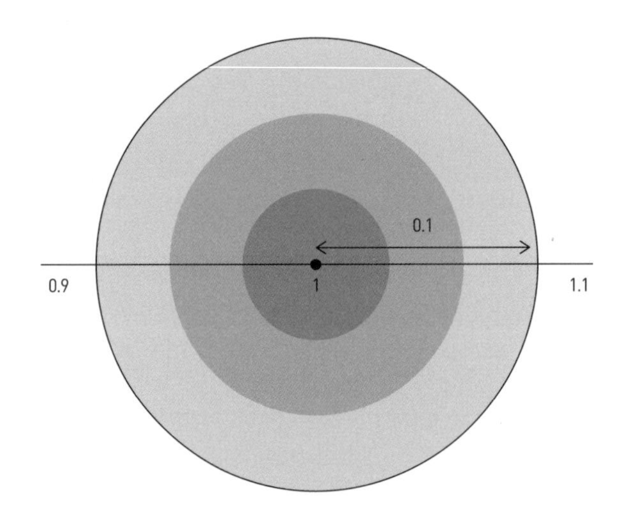


우리는 유한한 횟수만큼 과녁을 못 맞힌 이후로는 과녁에 명중할 수 있고, 그 후로 시도하는 모든 값이 계속 명중할 수 있음을 보여야 한다. 이번에는 시도하는 값이 위에 나온 수열대로 진행된다. 매 단계마다 저 분수들을 더해 나가야 문제를 풀 수 있을 거라 생각할지도 모르겠다. 하지만 그보다 훨씬 더 게으른 방법이 있다(수학의 비결 중 하나는 최대한 게을러지는 것이다). 케이크를 먹은 양보다는 케이크가 남은 양을 생각하는 편이 훨씬 쉽다. 그럼 우리가 매 단계마다 과녁 중심에서 얼마나 떨어져 있는지 알 수 있을 것이다.

첫 시도에서는 여전히 $\frac{1}{2}$의 케이크가 남아 있다. 따라서 우리는 1에서 $\frac{1}{2}$만큼 떨어져 있다. 과녁의 반지름이 0.1밖에 안 되고, $\frac{1}{2}=0.5 > 0.1$이므로 이 시도에서는 과녁을 맞히지 못했다.

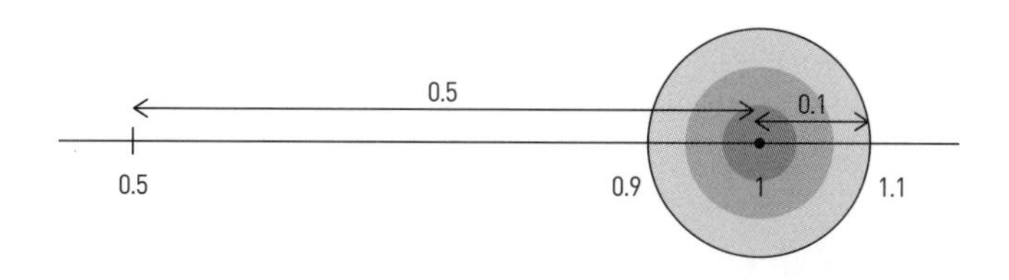


다음 시도에서는 더 가까워지지만 여전히 $\frac{1}{4}$의 케이크가 남아 있다. $\frac{1}{4}=0.25$만큼 과녁 중심 1에서 떨어져 있다는 얘기다. 0.25는 여전히 0.1보다 크니까 아직 과녁을 명중하지 못했다.

그다음에 시도한 후에는 0.125가 남는다. 아직도 과녁에 충분히 가까워지지 못했다. 그리고 그다음에는 0.0625가 남는다. 마침내 0.1보다 작은 값이 나왔다. 따라서 이번 시도에서는 과녁 중심 1에 충분히 가까워져 과녁 안에 들어갔다. 그 이후의 모든 시도는 과녁 중심에 점점 더 가까워질 것이기 때문에 영원히 과녁 안에 명중하게 된다. 따라서 이번 과녁에 대해서는 시험을 통과했다.

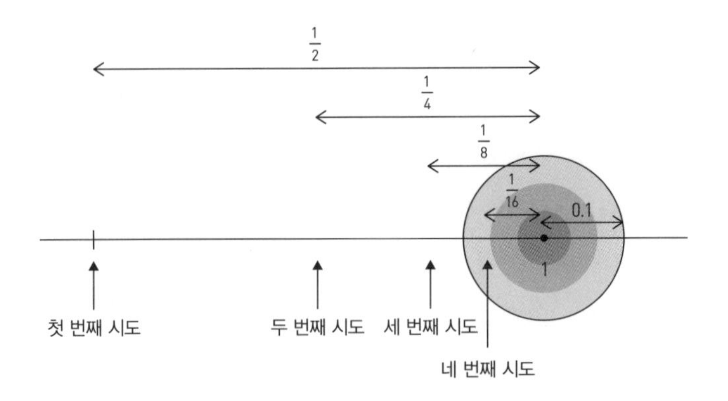


사실 과녁의 크기가 어떻게 주어지든 우리는 항상 이 시험을 통과할 수 있다. 잘난 척하는 적들이 폭이 $\varepsilon$인 과녁을 제시했다고 해보자. 이번에는 조금 더 어렵다. $\varepsilon$의 값이 무엇이든 무조건 이길 수 있는 전략을 만들어 내야 하기 때문이다. 과녁의 크기가 특정한 수인 경우에는(위에서 나온 0.1처럼) 매 단계마다 케이크가 얼마나 많이 남았는지 계속 확인하다가 그 수보다 작은 값이 나올 때 멈추면 된다. 임의의 $\varepsilon$값에서도 이길 수 있는 전략을 만들려면 $\varepsilon$값을 모르는 상태에서도 남은 케이크의 양이 $\varepsilon$보다 언제 작아질지 알아내야 한다. 이런 시점이 오면 수학을 이해하기가 불가능해 보이기 시작한다. 실제 수 대신 글자가 등장하는데 그 글자의 값이 무엇인지 모르기 때문이다.

여기서 우리는 단계별로 먹을 때마다 남아 있는 케이크의 양이 절반으로 줄어들고 있음을 깨달아야 한다. 그럼 남는 양은 다음과 같이 이어진다.

$$\frac{1}{2}, \left(\frac{1}{2}\right)^2, \left(\frac{1}{2}\right)^3, \left(\frac{1}{2}\right)^4, \cdots\cdots$$

그럼 $n$단계 이후에 남는 케이크의 양은 다음과 같다.

$$\left(\frac{1}{2}\right)^n = \frac{1}{2^n}$$

비공식적으로는 이제 다음과 같이 말할 수 있다. 〈$n$이 점점 커짐에 따라 $2^n$은 더욱 거대해지므로 $n$을 더 큰 값으로 만들면 언제든 남은 케이크의 양이 임의의 $\varepsilon$보다 작아지게 만들 수 있다.〉

더 정확하게 하려면 이 남은 양이 $\varepsilon$보다 작아지는 지점, 즉 다음의 부등식이 성립하는 지점을 찾아야 한다.

$$\frac{1}{2^n} < \varepsilon$$

이것은 다음과 같은 의미다.

$$\frac{1}{\varepsilon} < 2^n$$

이제 $2^n$은 $n$보다 항상 크기 때문에($n$이 2보다 큰 한) $n > \frac{1}{\varepsilon}$이 분명히 성립하게 만들기만 하면 이런 부등식을 얻을 수 있다.

$$2^n > n > \frac{1}{\varepsilon}$$

이것이 우리가 필요로 하는 결론이다. 과녁에 명중하는 첫 순간이 언제인지 찾아내지 못했다는 점을 생각하면 이것은 가장 효과적인 방법은 아니다. 하지만 상관없다. 그냥 무한히 과녁에 명중할 수 있다는 사실만 알면 되기 때문이다. 이런 일이 정확히 언제 일어나는지는 알 필요 없다. 게으름을 피우고 싶은 사람이면 여기서 만족할 것이고, 정확성을 중시하는 사람은 불만이 있을 것이다. 나는 둘 다 좋다. 그래도 굳이 따지자면 게으름의 손을 들고 싶다.

그럼 우리는 과녁이 크기가 어떻든 간에 시험을 통과할 수 있는 물샐 틈없는 전략을 갖게 되었다. 수학적 정의에 따른 이것의 의미는 남은 케이크 양의 극한이 0이라는 것이다. 따라서 우리가 실제로 먹는 케이크 양의 극한은 1이 된다. 이것이 〈우리가 영원히 계속해서 먹을 경우 일어나는 일〉에 우리가 부여한 의미다.

이 〈극한〉이 어떤 〈한계〉를 의미하는 것이 아님을 명심하자.* 이것이 우리가 먹을 수 있는 최대의 양이라는 의미는 아니다(공교롭게도 여기서는 처음에 케이크 하나로 시작했기 때문에 이것이 우리가 먹을 수 있는 최대량이지만 말이다). 여기서는 무언가가 영원히 이어지다가 결국에는 어느 한 값으로 정착해서 더 이상 움직이지 않는다는 개념을 담기 위해 〈limit(극한)〉라는 단어를 사용한 것이다.

이 설명은 $A$ 장소에서 $B$ 장소로 가려면 그 절반 거리, 그리고 남은 거리의 다시 절반 거리 등등을 끝없이 가야 한다는 제논의 역설의 수수께끼로부터 우리를 탈출시켜 주는 역할도 한다. 여기서 핵심은 우리가 이 각각의 이동 단계마다 시간이 얼마나 걸리는지 살펴보는 것이다. 우리가 전체적으로 일정한 이동 속도를 유지한다면 각각의 단계는 그 이전 단계보다 절반의 시간이 걸릴 것이다. 따라서 우리는 무한히 여러 단계를 거쳐야 하는 것이 사실이지만 그 단계가 점점 더 짧아지기 때문에 그것을 하는 데 들어가는 총 시간은 여전히 유한하게 된다. 사실 기본적으로 이것은 초콜릿 케이크 사례와 계산이 똑같다. 첫 번째 단계가 $\frac{1}{2}$시간이 든다면, 두 번째 단계는 $\frac{1}{4}$시간, 세 번째 단계는 $\frac{1}{8}$시간 등등으로 시간이 걸린다. 이런 시간들을 무한히 여러 번 더해 가면 〈잘난 척하는 사람

* 우리말 〈극한〉에는 한계라는 의미가 별로 들어 있지 않지만 영어 limit에는 그런 의미가 들어 있어서 나오는 이야기다.

의 사격 시험〉과 비슷한 상황이 되고, 결국 초콜릿 케이크의 정답과 아주 비슷해진다. 무한히 여러 단계를 거쳐야 함에도 불구하고 거기에 걸리는 전체 시간을 더하면 1시간이 된다.

이렇게 해서 결국 유한한 시간 속에서 무한히 많은 일을 할 수 있음이 밝혀졌다. 사실 우리는 하루도 빠짐없이 이 장소에서 저 장소로 이동하며 살아간다. 다만 하루 종일 침대에만 누워 있다면 이야기가 달라지겠지만 여기서는 해당 없는 이야기다.

### 순환 소수

이제는 순환 소수도 사격 시험 비슷하게 취급할 수 있다. 가장 혼란스러운 순환 소수인 0.99999999……에 대해 생각해 보자. 이것은 $0.\dot{9}$라고도 쓴다. 아마 언젠가 한 번쯤은 이 값이 1과 같다는 말을 들어본 적이 있을 것이다. 이것의 실제 의미는 무엇일까? 우리는 순환 소수를 〈0.999…… (9가 영원히 이어짐)〉로 생각하는 경향이 있다. 하지만 이제 우리는 이것을 엄격하게 수학적인 방식으로 다루는 법을 안다. 케이크 먹기와 아주 비슷하다. 우리는 소수점 아랫자리를 하나씩 따라갈 것이다. 첫 번째 자리를 지난 다음에는 0.9가 나온다. 두 번째 자리를 지난 다음에는 0.99가 나온다. 세 번째 자리를 지난 다음에는 0.999가 나온다. 이런 식으로 이어진다. $0.\dot{9}$은 이러한 과정의 극한으로 정의된다. 따라서 $0.\dot{9}=1$이라고 하는 것은 이 과정의 극한값이 1이라고 주장하는 셈이다. 이 값이 실제로 1에 도달한다는 의미는 아니다. 잘난 척하는 사악한 적이 찾아와 1을 중심으로 하는 과녁을 제시했을 때 그 과녁이 아무리 작아도 우리는 그 사격 시험을 통과할 수 있다는 의미다.

한번 해보자. 첫 번째 과녁은 반지름이 0.01이라고 해보자. 그럼 이렇게 보일 것이다.

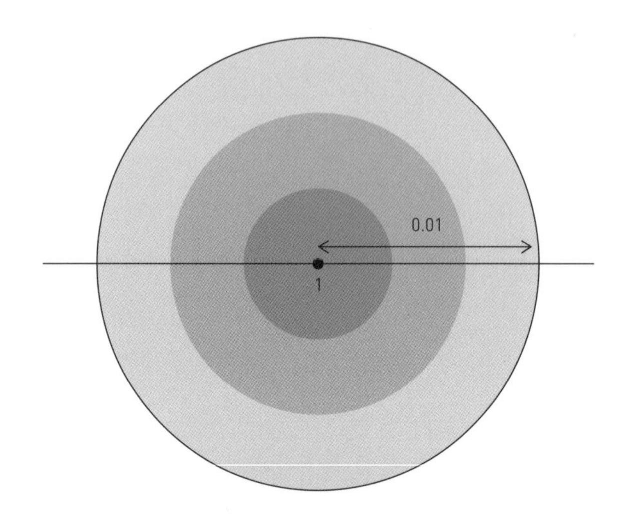


우리가 첫 번째 시도한 값은 0.9가 나온다. 이것이 과녁 중심 1과 얼마나 떨어져 있을까? 0.1 떨어져 있다. 이 값은 0.01보다 크다. 그럼 과녁을 못 맞혔다.

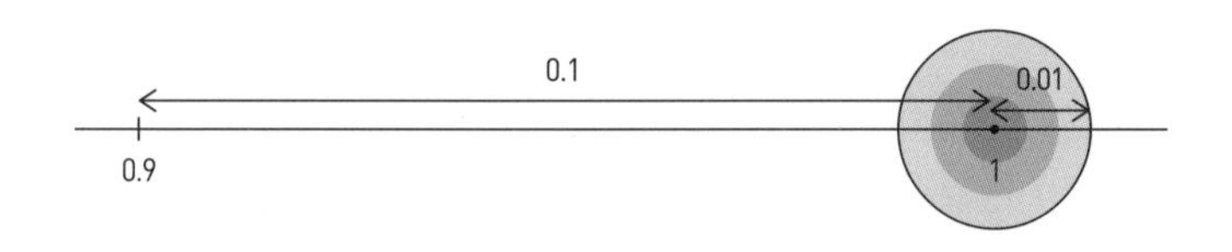


우리가 그다음 시도한 값은 0.99다. 이것은 과녁 중심 1에서 0.01 떨어져 있다. 탄환이 과녁 가장자리에 걸쳤다는 의미다.

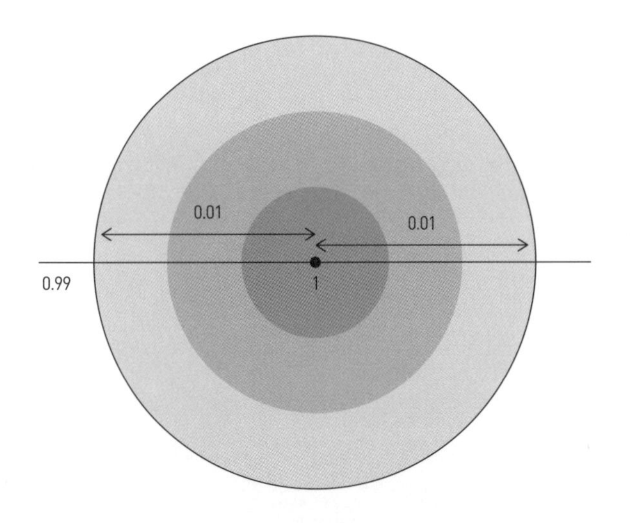


그다음 시도한 값은 0.999다. 이제 과녁 중심 1에서 0.001밖에 떨어지지 않았다. 이번에는 분명하게 과녁에 명중했다는 의미다. 더군다나 그 이후의 모든 시도는 과녁 중심에 점점 더 가까워지므로 앞으로는 모든 시도가 과녁에 명중하리라는 것을 알 수 있다. 그럼 우리는 사격 시험을 통과했다.

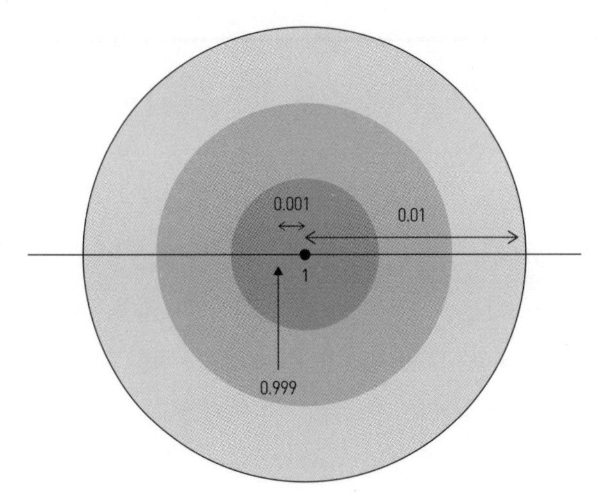

이번에는 과녁이 아무리 작아져도 이 시험을 무사히 통과할 수 있음을 확실하게 밝혀야 한다. 잘난 척하는 사악한 적이 반지름이 $\varepsilon$인 과녁을 주었다고 해보자. 그럼 언제부터 과녁에 명중하기 시작할까?

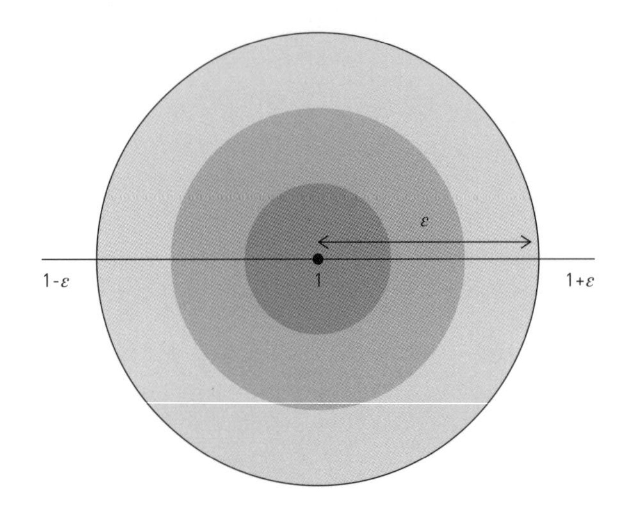


일단 우리의 오차 범위가 $\varepsilon$보다 작아지기만 하면 명중하리라는 것을 알 수 있다. 이는 어떤 개수의 0에 대해 $0.0000\cdots\cdots001 < \varepsilon$가 성립해야 한다는 의미다. 이것은 분명 가능하다. 0은 우리가 원하는 만큼 얼마든 집어넣을 수 있기 때문이다.

이것은 케이크 사례와 아주 비슷하다. 다만 차이점이라면 이 경우는 매번 절반으로 줄여 나가는 대신 10으로 나눈다는 것이 다르다. 따라서 우리는 다음의 부등식을 만족시키는 $n$이 필요하다.

$$\frac{1}{10^n} < \varepsilon$$

이것은 다음과 같은 이야기다.

$$\frac{1}{\varepsilon} < 10^n$$

지난번과 비슷하게 $10^n > n$이라는 사실을 이용할 수 있다. 그럼 $n > \frac{1}{\varepsilon}$인 $n$만 고르면 다음의 부등식이 성립한다.

$$10^n > n > \frac{1}{\varepsilon}$$

우리가 원했던 내용이다.

따라서 당신이 0.999……가 실제로는 절대 1에 명중하지 못한다고 생각한다면 맞는 생각이기는 하지만 핵심을 놓치고 만다. 이 순환 소수의 정의는 이미 그 안에 그러한 사실을 내포하고 있다. 따라서 순환 소수가 1과 같은 값이 되기 위해 1에 실제로 명중해야 할 필요가 전혀 없다.

다른 방식으로도 생각할 수 있다. 이렇게 물어보자. 만약 0.999……가 1이 아니라면 대체 어떤 값일까? 1보다 작을 수는 없다. 1 옆으로 틈을 아무리 좁게 잡아도 0.999……의 값이 그 틈보다 1에 더 가까이 다가갈 수 있음을 방금 입증해 보였으니까 말이다. 따라서 $0.\dot{9}$와 1 사이의 틈을 아무리 좁게 잡아도 그 실제 틈은 0보다 조금도 더 클 수 없다. 그럼 이제 우리에게는 두 가지 옵션이 남아 있다.

① 0.999……는 도저히 이해할 수 없으므로 실수가 아니라고 선언한다.
② 0.999……는 1이라고 선언한다.

이 두 가지 옵션을 비교해 보자. 첫 번째 옵션을 선택한다면 다른 그 어떤 무한 소수 전개도 이해할 수 없게 되므로 유리수 사이의 틈도 채울 수 없게 된다. 두 번째 옵션을 선택한다면 유리수 사이의 틈을 채울 수 있고, 논리적으로 말이 안 되는 일도 전혀 일어나지 않는다. 그냥 살짝 멀미가 날 뿐이다. 0.999……가 그냥 〈$n$이 무한에 접근할 때, 9가 소수점 아래 $n$자리까지 이어지는 수 0.99……9의 극한값〉의 약자라는 사실만 기억하면 멀미가 가라앉고 신나게 드라이브를 즐길 수 있지 않을까 싶다.

십진수 소수 대신 이진수 소수를 이용하면 순환 소수의 사례가 케이크 사례와 같은 꼴이 된다. $\frac{1}{2}$이 이진수로는 0.1이고, 거기에 $\frac{1}{4}$을 더하면 0.11이고, 거기에 다시 $\frac{1}{8}$을 더하면 0.111이 되고, 이런 식으로 계속 이어지기 때문이다. 따라서 우리가 영원히 케이크를 먹을 때 먹는 총량은 이진수 순환 소수 0.1111……과 같은 값이 된다. 그리고 위의 논증에 따라 이 극한값이 1임을 증명할 수 있다.

## 〈영원〉에 대한 여담

우리는 무언가가 영원히 이어질 때 일어나는 일을 상상해 보는 여러 가지 상황들을 살펴보았다. 그것이 사람들에게 나눠 주는 번호표일 때도 있었고, 호텔에 도착하는 손님이나 초고층 건물의 층일 때도 있었다. 이런 것을 상상하기는 참 어렵다. 이런 영원들 중에 실제로 가능한 것은 없기 때문이다. 무언가 불가능한 것이 가능해졌을 때 일어날 일을 어떻게 상상할 수 있을까?

허구의 이야기 속에서는 실제 세상에 존재하는 것들 중 한 가지만 바꾸고 나머지는 그대로 남겨 두는 것이 아주 재미있는 장치로 이용된다. 예를 들어 슈퍼맨은 지구를 찾아온 외계인이지만, 지구 위의 다른 모든 사람들은 보통 사람들이다. 혹은 누군가가 타임머신을 만든 사람이 나와도 나머지 인류는 모두 보통 사람들이다. 영원에 관한 사고 실험을 할 때도 우리는 이런 식으로 시도한다.

수학적으로나 논리적으로 이것이 쉽지는 않다. 논리적으로 보면 무언가 거짓인 것을 참으로 만들면 모든 것이 참이 되기 때문이다. 1 = 0으로 놓으면 모든 수가 0과 같아질 수밖에 없다는 사실과 비슷하다.

논쟁이 붙어서 누군가 이렇게 말했다고 생각해 보자. 〈네 말이 맞다면 날아다니는 저 파리가 새다.〉 이 말의 의미는 당신의 말이 옳다면 파리가 새라는 말도 안 되는 사실을 비롯해서 다른 모든 주장이 참이어도 이상할 것이 없다는 의미다. 논리에서는 거짓인 무언가를 가져다가 참으로 만들어 놓고도 그에 뒤따르는 결과가 없으리라 생각할 수는 없다. 그 결과란 당신의 논리 체계가 더 이상 일관성을 유지할 수 없다는 것이다. 논리 체계의 일관성을 유지하면서 그렇게 하려면 모든 것을 참으로 놓는 수밖에 없다. 그럼 〈참〉과 〈거짓〉이 결국 똑같은 의미를 갖게 되고, 세상은 붕괴하고 만다. 이것이 바로 힐베르트 호텔과 무한히 많은 쿠키를 상상하는 것이 그저 사고 실험일 뿐, 논리적 논증이 될 수 없는 이유다. 그리고 이것이 논란의 대상이 될 수밖에 없는 이유이기도 하고, 이런 사고 실험을 더 이상 논란의 여지가 없는(적어도 수학을 잘 이해하고 있는 사람들 사이에서는) 진정한 수학적 논증으로 바꾸어 놓기 위해 열심히 연구해야 하는 이유이기도 하다.

## 다른 긴 소수 전개

이제 우리는 〈무한히 긴 소수 전개〉가 무엇을 의미하는지 말해 주는 힌트를 갖고 있다. 과녁에 관한 이런 부분을 의미하는 것이다. 한 수에 소수점 아랫자리를 더할 때마다 그 수는 조금씩 변화한다(새로운 소수점 아랫자리가 0만 아니면). 하지만 소수점 아랫자리를 점점 더해 갈수록 그 수가 변화하는 양은 점점 더 작아진다. 그리고 어느 시점에 가면 거의 무시할 수 있을 정도가 된다. 즉 사악한 적이 과녁을 아무리 작게 만들어 놓아도 그 과녁에 계속해서 명중할 수 있음을 알 수 있다는 것이다.

순환 소수의 경우에는 소수점 아랫자리가 반복적인 패턴에 따라 전개된다. 이 패턴이 꼭 처음부터 시작할 필요는 없다. 그리고 반복 구간은 당신이 원하는 만큼 얼마든지 길어질 수 있지만, 결국에는 반복되어야 한다. 여기 몇 가지 사례를 살펴보자.

| | |
|---|---|
| 0.111111…… | $0.\dot{1}$ |
| 0.131313…… | $0.\dot{1}\dot{3}$ |
| 0.18640278278278…… | $0.18640\dot{2}7\dot{8}$ |

오른쪽 줄은 소수를 애매한 구석 없이 어느 부분이 반복될지 백 퍼센트 확실하게 표현할 수 있는 방법이다.

무리수의 이상한 수수께끼는 소수점 아랫자리가 전개되는 방식에 아무런 패턴이 존재하지 않는다는 점이다. 숫자들은 무작위로 등장하며 주기를 아무리 길게 잡아도 절대 반복되지 않는다. 그럼 이 수가 대체 어느 과녁 중심을 향하는지 어떻게 알 수 있을까? 아주 좋은 질문이다. 그리고 그 대답은 〈알 수 없다〉이다.

여기까지 오면 모든 것을 위아래로 뒤집어 모두 거꾸로 해야 한다. 이것은 수학에서 가끔 일어나는 일이다. 이런 일을 겪으면 멀미가 날 수 있다. 배에 탈 때(특히나 작은 배) 심한 멀미에 시달리지 않으려면 파도에 흔들리는 배의 리드미컬한 움직임에 나를 완전히 내맡겨야 한다. 그리고 그 지경까지 가면 오히려 짜릿한 기분이 든다(하지만 나는 테마파크에 있는 커다란 스윙 라이드를 탈 때는 도저히 못 그러겠다. 그것을 타면 그냥 속이 뒤집어진다). 그럼 다시 땅에 오르는 것이 오히려 더 힘들어진다. 배의 흔들림에 완전히 익숙해져 있다 보니 심심하게 고정되어 있는 땅이 오히려 적응이 안 된다.

과녁에 대해 위아래로 뒤집는 방법은 다음과 같다. 앞에서 우리의 사악한 적은 우리가 겨냥하고 있는 중심 주변으로 과녁을 설정했다. 그러고 나서 우리는 다양한 시험을 통과해야 했다. 그런데 이번에는 우리가 과녁 중심을 어디에 놓아야 하는지 모른다. 그냥 점점 더 작아지는 과녁을 갖고 있을 뿐이다. 그전과 마찬가지 방법으로 계속해서 과녁을 명중할 수만 있다면 우리가 승리를 따낸다. 어떤 승리를 따는 것일까? 과녁 중심이 어디에 있는지는 몰랐지만 그래도 과녁 중심이 어딘가에 존재하고 있었다는 사실을 알게 되는 것이 바로 그 승리다.

이것이 바로 무리수의 무한히 긴 소수 전개에서 일어나는 일이다. 우리는 소수 전개가 길어짐에 따라 그 수가 정착하면서 아주 작은 과녁을 계속해서 명중하리라는 것은 알지만 그 과녁 중심이 무엇인지는 절대로 알아내지 못한다. 예를 들어 π에 대해 생각해 보자. 어떤 원을 취하든 그 직경에 대한 둘레 길이의 비율이 항상 동일하다는 것은 아주 놀라운 사실이다. 크기가 다른 모든 원에 대해 비율이 모두 똑같다. 이 비율은 무리수이고, 우리는 이것을 $\pi$라 부른다.

하지만 $\pi$는 대체 어떤 수일까? 우리도 알 수 없다. 지금까지 $\pi$의 소수 전개를 아주 길게 계산해 냈지만(10조 자리까지) 이것이 그 수의 소수 전개 전체를 안다는 의미는 아니다. 1995년 시몽 플루페가 만든 알고리즘을 사용하면 심지어 앞자리 수들을 계산하지 않고도 주어진 특정 자리의 숫자를 계산할 수도 있다. 하지만 여전히 전체 소수 전개를 그 자리에서 바로 알아낼 수는 없다.

우리는 아무리 무한히 작은 과녁이라도 소수 전개를 따라 멀리, 아주 멀리 내려가면 얼마든지 명중할 수 있다는 것을 안다. 예를 들어 5백만 자리 이후로는 숫자를 더 추가해도 수 자체는 거의 변화가 없기 때문이다. 하지만 그래도 여전히 변화하고 있는 것은 사실이기 때문에 과녁 중심이 정확히 어디를 향하고 있는지는 알 수 없다. 이것이 무리수에서 보이는 이상한 사실이다. 무리수는 어디에나 있다. 그런데 우리는 그 수의 정체가 무엇인지 말할 수 없다. 다만 크기가 점점 작아지는 과녁을 이용하는 논증을 통해 간접적으로 말할 수 있을 뿐이다. 공교롭게도 $\pi$는 소수 전개를 전혀 참고하지 않아도 그 특성을 정확하게 묘사할 수 있다. 그냥 원의 직경에 대한 둘레 길이의 비율이기 때문이다. 마찬가지로 $\sqrt{2}$도 제곱했을 때 2가 되는 양수라고 특징을 묘사할 수 있다. 하지만 대부분의 무리수는 이런 식으로 특징을 묘사하기가 불가능하다. 그럼 이들의 정체를 대체 무엇이라 말할 수 있을까? 어려운 부분이다.

## 실수의 정체는 무엇인가?

실수의 정체를 정확히 파악하는 데 오랜 시간이 걸린 것도 무리가 아니다. 그전 단계 유형까지는 수의 정체가 무엇인지 말하기가 꽤 쉬웠다. 자연수, 정수, 유리수까지는 별다른 어려움 없이 그 정체를 밝힐 수 있었다. 하지만 일단 무리수를 끼워 넣기 시작하면 상황이 아주 어려워진다.

그런데 수학의 역사에서 한 번의 짜릿한 순간이 찾아 왔다. 두 사람이 서로 다른 나라에서 서로 다른 방식으로, 거의 같은 시간에 그 방법을 알아낸 것이다. 이런 일이 종종 일어나는 것을 보면 정말 놀랍다는 생각이 든다. 마치 전 세계 서로 다른 장소에 있는 수학자들이 똑같은 문제를 똑같은 시간에 풀 수 있게 해주는 무언가가 에테르* 중에 들어 있는 것 같다. 그렇다고 정말 에테르가 존재한다는 의미는 아니다. 어쩌면 수학 연구가 어떤 역치에 도달하면 그러한 발견이 이루어질 시간이 무르익는 것인지도 모를 일이다. 실수의 정체는 마침내 1872년에 칸토어와 데데킨트에 의해 독립적으로, 그리고 서로 완전히 다른 방법을 통해 밝혀졌다.

칸토어는 우리가 방금 설명한 크기가 줄어드는 과녁 방법을 이용해서 이 일을 해냈다. 헷갈리게도 이 구성 방법에는 보통 또 다른 수학자인 코시의 이름이 따라붙는다. 크기가 작아지는 과녁 방식이 그의 아이디어를 바탕으로 하고 있기 때문이다. 칸토어는 이 방법론을 적용해서 실수를 구성할 수 있었다. 데데킨트는 유리수 사이의 틈을 발견하는 것

* ether. 빛을 파동으로 생각하던 시절에 이 파동을 전파하는 매질로 여겼던 가상의 물질. 후에 그 존재가 부정되었다. 본문에서는 정보를 전달하는 매개체라는 의미로 사용되고 있다

과 비슷한 방법을 이용해 이 일을 해냈다. 이 두 방법 모두 결국에는 우리가 수라고 생각하는 데 익숙해진 그 무엇과도 완전히 다른 실수와 만나게 된다. 이것은 앞에서 무한을 구성했던 경우와 아주 비슷하다. 거기서 무한은 결국 〈집합 안에 들어 있는 수의 양〉으로 밝혀졌다. 그 집합이 무엇인지는 모르지만 말이다.

칸토어의 방법을 이용하면 실수는 사격 훈련 조건을 충족하는 유리수들의 수열로 구성된다. 여기 유명한 사례 두 가지를 소개한다. 무리수 $e$는 유리수의 수열을 통해 정의할 수 있다. 바로 $\frac{1}{n!}$이다. $n!$이 다음과 같음을 기억하자.

$$n \times (n-1) \times (n-2) \times \cdots\cdots \times 3 \times 2 \times 1$$

여기서는 일종의 기술적 문제 때문에 계승을 0에서 시작하고, 0!은 1로 놓자.

$n$!을 당신의 아이팟에 들어 있는 $n$개의 노래를 재생할 수 있는 서로 다른 순서의 숫자라고 하면 이것을 정당화할 수 있다. 아이팟에 0곡밖에 없는 경우에는(내 새 스마트폰이 현재 이런 상태다) 곡을 재생할 수 있는 방법이 한 가지밖에 없다. 바로 아무 곡도 재생하지 않는 것이다.

여기서 우리가 고려하고 있는 수는 다음과 같다.

$$\frac{1}{0!}, \frac{1}{1!}, \frac{1}{2!}, \frac{1}{3!}, \frac{1}{4!}, \frac{1}{5!}, \cdots\cdots$$

여기서는 이렇게 무한히 이어지는 수들을 모두 더할 것이다. 이렇게 하면 사악한 적들이 낸 사격 시험에서 승리할 수 있고, 과녁 중심이 실제로 어디에 있는지는 알 수 없지만, 그 어딘가에는 존재한다는 것을 알 수 있다. 그리고 그 값을 $e$라고 부른다.

마치 기적처럼 이 값은 더 잘 알려진 $e$의 정의에서 나오는 값과 똑같다. 바로 함수 $e^x$을 통한 정의다. 이 함수는 다음의 두 속성을 만족시킨다.

① 이 함수의 기울기는 모든 곳에서 자기 자신의 값과 같다. 즉 이 함수를 그래프로 그렸을 때 임의의 점에서 곡선의 기울기는 그 점에서의 $y$값이다.

② 0에서의 $y$값(그리고 기울기)은 1이다.

그럼 $e$라는 수는 1에서의 $y$값(그리고 기울기)이다.

또 다른 예를 들어 보자. 이번에는 다음과 같은 유리수들을 더한다.

$$4, -\frac{4}{3}, \frac{4}{5}, -\frac{4}{7}, \frac{4}{9}, -\frac{4}{11}, \cdots\cdots$$

이것 역시 사악한 적이 낸 과녁 시험을 통과한다. 그리고 이번에도 역시 우리는 과녁의 중심이 무엇인지 알 수 없다. 이 값을 우리는 $\pi$라고 부른다. 이 값이 $\pi$라는 사실은 참으로 신기한 결과다. 상당히 복잡한 미적분 기술을 이용하면 이 결과를 증명해 보일 수 있다.

이 복잡한 추상적 대상들이 수와 비슷하게 행동한다는 사실을 입증하려면 많은 수고를 들여야 한다. 이들을 더하는 법과 곱하는 법을 보여 준 다음, 수에 대해 우리가 참이기를 바라는 규칙들을 증명해야 한다.

예를 들면 덧셈과 곱셈의 순서는 중요하지 않다는 사실이나, 등식의 양변에서 같은 값을 뺄 수 있다는 등등의 사실이다. 직관적으로 보면 너무도 당연한 것인데 그것을 엄격한 수학으로 바꾸어 놓기가 그리 힘들다는 것이 놀랍다. 이런 점 때문에 어떤 사람에게는 수학이 짜증 나는 존재로, 어떤 사람에게는 무기력감을 주는 존재로, 어떤 사람에게는 무의미한 존재로 다가온다. 하지만 내게는 수학이 아주 매력적인 존재로 다가온다. 우리의 직관적 본능이 그토록 강력하다는 사실이 놀랍고, 오히려 직관보다 뇌로 이해하기가 더 어렵다는 사실이 놀랍기 때문이다. 그렇다고 어려우니 시도해 보지 말라는 의미는 아니다. 어쨌거나 칸토어나 데데킨트 같은 위대한 수학자가 우리 대신 이 문제를 해결해 주었으니 그것 또한 기쁜 일이다. 우리는 직접 풀어 볼 필요 없이 그들이 내놓은 해법을 감상하며 감탄하면 된다.

# 16. 무한의 기묘함

이 책을 마무리하기 전에 무한히 작은 것을 새로이 이해했을 때 비롯되는 기이한 사실들을 몇 가지 살펴보자. 그럼 무한한 것과 유한한 것들이 이상한 방식으로 뒤섞이기 시작한다.

우선 유한한 양의 쿠키 반죽으로 무한히 많은 쿠키를 만드는 법을 소개한다. 우선 첫 번째 쿠키를 만든다. 그리고 두 번째 쿠키는 반죽의 양을 절반으로 줄여서 만든다.

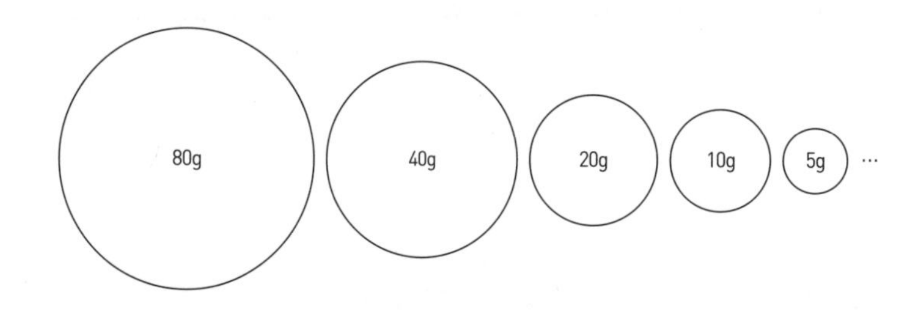


그리고 그다음 쿠키는 그것의 절반, 그리고 그다음은 다시 절반……. 이런 식으로 계속 만들어 간다. 첫 번째 쿠키가 전체 반죽의 절반 이상을 이용해 만든 거대 쿠키가 아닌 한 반죽이 떨어질 일은 없을 것이다(요즘에는 전체 반죽으로 쿠키를 하나 만들어서 피자 접시에서 구워 내

는 사람도 있는 것 같다). 이렇게 하면 무한히 많은 쿠키를 만들 수 있다. 딱 한 가지, 쿠키들이 무한히 작아지기 때문에 일단 어떤 크기 이하로 줄어들고 나면 더 이상 눈에 보이지 않는다는 것이 문제라면 문제다.

쿠키의 크기가 살짝 더 느리게 줄어들게 하면 어떨까? 각각의 쿠키를 앞선 쿠키에 사용한 반죽의 절반으로 만드는 대신, 매 단계마다 첫 쿠키에 사용한 반죽의 양과 비교하면서 반죽의 비율을 점점 줄여 나가는 것이다. 그럼 두 번째 쿠키는 첫 번째 쿠키의 $\frac{1}{2}$, 그다음 쿠키는 $\frac{1}{3}$, 다음 것은 $\frac{1}{4}$, 그다음은 $\frac{1}{5}$……. 이런 식으로 이어진다.

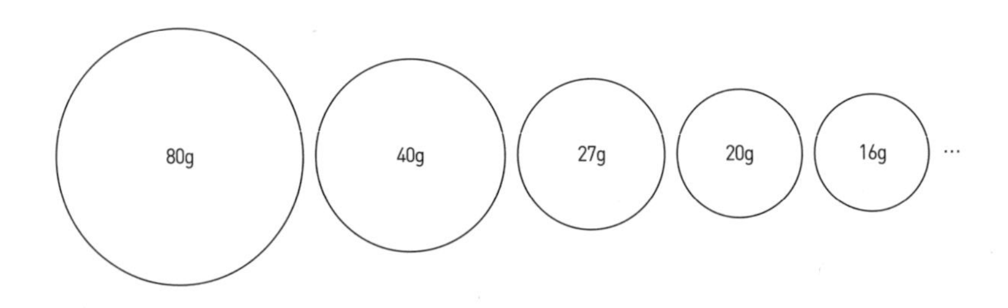


그런데 이렇게 하면 무한히 많은 반죽이 필요하다는 것이 문제다.

반면, 두 번째 쿠키 반지름은 첫 번째 쿠키 반지름의 $\frac{1}{2}$로, 그다음 것은 첫 번째 쿠키 반지름의 $\frac{1}{3}$, 그다음 것은 $\frac{1}{4}$, 그다음 것을 $\frac{1}{5}$ 등등으로 이어 나갈 수도 있다.

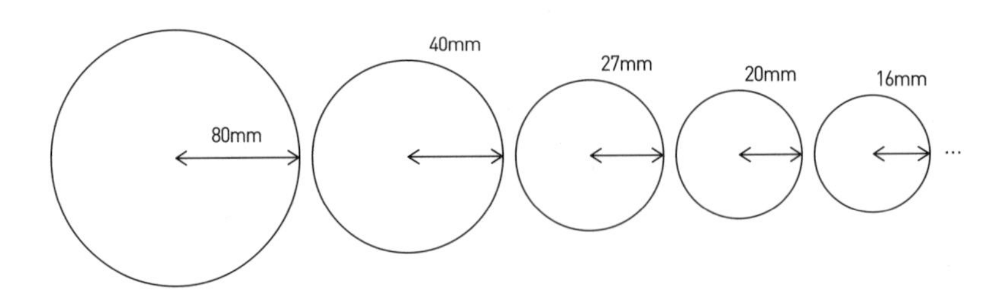


이렇게 하면 유한한 양의 반죽으로 해결이 가능하다. 하지만 이 쿠키

들을 모두 한 줄로 세워 놓으면 무한한 거리로 뻗어 나가게 될 것이다.

잉? 뭐시라고라?

## 조화수열

우리가 지금 생각하고 있는 수는 다음과 같이 진행한다.

$$\frac{1}{2}, \frac{1}{3}, \frac{1}{4}, \frac{1}{5}, \frac{1}{6}, \frac{1}{7}, \cdots\cdots$$

이것을 조화수열harmonic series이라고 한다. 이것은 음악의 화음과 관련이 있다. 이 수들은 음에 화음을 부여해 주는 파장을 주음과의 비율로 나타낸 값이다. 예를 들어 바이올린에서 G선을 손가락으로 누르지 않고 그대로 연주하면 G음이 나온다. 손가락으로 선을 눌러 실제로 진동하는 선의 길이를 줄여 주면 더 높은 음을 연주할 수 있다. 하지만 어떤 지점에서 줄을 끝까지 세게 누르지 않고 가볍게 누른 채 줄을 켜면 〈하모닉스harmonics〉 주법으로 연주할 수 있다. 그럼 일반적인 음에 비해 더 가볍고 영롱한 천상의 소리가 나온다.

선을 $\frac{1}{2}$ 지점에서 건드리면 기본음 G보다 한 옥타브 높은 G가 나온다. $\frac{1}{3}$ 지점에서 건드리면 원래의 G선보다 1옥타브 더하기 5도 높은 D가 나온다. 그다음 하모닉스는 $\frac{1}{4}$ 지점을 건드리면 나온다. 그리고 그다음은 $\frac{1}{5}$ 지점, 그다음은 $\frac{1}{6}$ 지점을 누르면 나온다. 바이올린 줄에서는 그 이상은 듣기 힘들다. 반면 첼로의 경우는 줄이 훨씬 길어서 하모닉스를 찾을 공간이 많은 덕분에 더 많은 하모닉스를 연주할 수 있다.

금관 악기 연주자도 손가락을 전혀 사용하지 않고 입술의 긴장도에만 변화를 주어 이런 음들을 연주할 수 있다. 금관 악기의 기본음은 B 플랫인 경우가 많지만, 하모닉스는 기본음 위에 1옥타브, 그리고 1옥타브 더하기 5도, 이렇게 똑같은 간격으로 자리 잡고 있다.

조화수열은 음악뿐만 아니라 수학에서도 중요하다. 여기에는 기묘한 사실이 한 가지 있다. 이 소수들을 〈영원히〉 계속 더해 나가도 어떤 과녁에도 절대 명중하지 않는다는 점이다. 바꿔 말하면 잘난 척하는 사악한 적들이 항상 이긴다는 의미다. 이 소수들의 합은 무한을 향해 나아간다. 11장에서 천천히 커지는 대상에 대해 이야기할 때도 이 점을 언급했지만, 당시는 그 주장이 옳음을 입증할 수 있는 처지가 아니었다.

사격 시험에서 이기려고 하면 어떤 일이 일어날까? 당분간은 과녁에 명중하겠지만 결국에는 다시 빗맞기 시작한다. 점점 많은 소수를 더할수록 그 합이 더욱 커지다가 결국에는 과녁 반대편으로 벗어나고 만다. 우리가 매번 더하는 양은 점점 무시해도 될 만큼 작은 양으로 변해 가는데도 그 합은 무한을 향해 나간다. 합이 계속 커진다는 것이 곧 사격 시험을 통과하지 못한다는 의미는 아니란 사실을 명심하자. $\frac{1}{2}$, $\frac{1}{4}$, $\frac{1}{8}$ 등으로 계속 더할 때도 그 합은 여전히 커진다. 다만 그 합이 절대로 1을 넘어서지 못할 정도로 느리게 커질 뿐이다. 반면 조화수열의 경우에는 커지는 속도가 느리기는 하지만 우리가 그 어떤 한계를 부과해도 번번이 언젠가는 그 한계를 넘어설 수 있을 정도로 빨리 커진다.

몇 가지 예를 들어 보자.

* 매 단계마다 남은 케이크의 절반을 먹을 경우에는 아무리 먹어도 영원히 아슬아슬하게 그 케이크를 모두 먹어 치울 수는 없었던 것(즉 1에 도달하지 못했던 것)과 달리 이 수열은 과연 1을 넘어설 수 있는

지 확인해 보자. 즉 조화수열에 등장하는 소수를 충분히 더하면 1보다 큰 값을 얻을 수 있는지 확인하면 된다. 다음의 값을 계산해 보자.

$$\frac{1}{2} + \frac{1}{3} + \frac{1}{4} = \frac{6}{12} + \frac{4}{12} + \frac{3}{12}$$
$$= \frac{13}{12}$$

1보다 큰 값이 나왔다.

* 이 수열이 2를 넘어설 수 있는지 확인해 보자. 솔직히 고백하면 이것을 계산하려니 스프레드시트 프로그램이 필요했다. 계산해 보니 $\frac{1}{11}$까지 가면 합이 2를 넘어선다고 나온다. 즉 아래의 부등식이 성립한다.

$$\frac{1}{2} + \frac{1}{3} + \frac{1}{4} + \frac{1}{5} + \frac{1}{6} + \frac{1}{7} + \frac{1}{8} + \frac{1}{9} + \frac{1}{10} + \frac{1}{11} > 2$$

* 이왕 스프레드시트 프로그램을 동원했으니 5까지 가려면 얼마나 걸리는지도 계산해 보자. 속도가 정말로 느려지기는 하지만 $\frac{1}{227}$까지 가면 결국에는 합이 5를 넘어선다.

사실 처음에는 10을 넘어서는 데 얼마나 걸릴지도 확인해 보려고 했는데 시간이 너무 걸려서 포기했다. 이것이 무한을 향하는지 입증하려면 분명 이보다는 더 나은 방법이 필요해 보인다. 우선 〈스프레드시트 프로그램에 의한 증명〉은 사실 정당한 수학적 기법이 아님을 지적해야겠다. 하지만 설사 이것이 정당한 방법이라고 해도 그 값이 10보다 크다는 것을 증명하려고만 해도 막대한 시간이 걸리는 마당에 그 값이 무한을 향하는지 입증하는 방법으로는 적절치 못하다.

여기 그보다 훨씬 교묘한 방법이 있다. 교묘하다지만 꽤나 기특한 방법이다. 여기서는 처음에는 1개, 그다음에는 2개, 그다음엔 4개, 그다음엔 8개 등등으로 몇 개씩 항들을 덩어리로 묶을 것이다.

① 첫 번째 덩어리에는 조화수열의 첫 번째 항인 $\frac{1}{2}$만 들어간다.

② 두 번째 덩어리에는 그다음 나오는 소수 2개인 $\frac{1}{3}$과 $\frac{1}{4}$이 들어간다.

③ 세 번째 덩어리에는 그 앞 덩어리보다 2배 많은 분수가 들어간다. 즉 다음과 같이 4개의 분수가 들어간다.

$$\frac{1}{5}, \frac{1}{6}, \frac{1}{7}, \frac{1}{8}$$

* 네 번째 덩어리에는 다시 그보다 두 배 많은 소수가 들어간다.

$$\frac{1}{9}, \frac{1}{10}, \frac{1}{11}, \frac{1}{12}, \frac{1}{13}, \frac{1}{14}, \frac{1}{15}, \frac{1}{16}$$

이것을 요약하면 다음과 같은 덩어리가 나온다.

$$\underbrace{\frac{1}{2}}_{\text{첫 번째 덩어리}} + \underbrace{\frac{1}{3}+\frac{1}{4}}_{\text{두 번째 덩어리}} + \underbrace{\frac{1}{5}+\frac{1}{6}+\frac{1}{7}+\frac{1}{8}}_{\text{세 번째 덩어리}} + \underbrace{\frac{1}{9}+\frac{1}{10}+\frac{1}{11}+\frac{1}{12}+\frac{1}{13}+\cdots\cdots}_{\text{네 번째 덩어리}}$$

이제 잠시 멈추고 지금까지 한 것을 검토해 보자. 내가 여기서 보여주려는 것은 이 각각의 덩어리의 값이 첫 번째 덩어리를 빼고는 모두 $\frac{1}{2}$보다 크다는 것이다(첫 번째 덩어리는 항이 $\frac{1}{2}$밖에 없으므로 덩어리의 총합이 정확히 $\frac{1}{2}$이다).

우린 게으른 사람들이기 때문에(아니지, 지력을 아끼려는 사람이기 때문에) 이 덩어리들의 값을 실제로 계산할 생각은 없다. 그냥 더하면 $\frac{1}{2}$을 넘는다는 것만 입증하면 된다. $\frac{1}{3}$과 $\frac{1}{4}$이 들어 있는 두 번째 덩어리를 보자. 이 각각의 값은 $\frac{1}{4}$보다 크거나 같다. 따라서 합한 값이 $2 \times \frac{1}{4}$ 이상이다. 항이 두 개 있는데, 각각의 항이 $\frac{1}{4}$보다 크거나 같기 때문이다. 그런데 $2 \times \frac{1}{4} = \frac{1}{2}$이다.

$$\underbrace{\frac{1}{3} + \frac{1}{4}}_{> \frac{1}{4} + \frac{1}{4} = \frac{1}{2}}$$

그냥 두 소수를 더해 보면 될 일이지 $\frac{1}{3} + \frac{1}{4} > \frac{1}{2}$을 증명하려고 이런 방법을 쓰는 것은 지나친 것이 아닌가 생각이 들 수도 있다. 하지만 여기에는 이 방법을 일반화해서 임의의 긴 합을 구할 수 있는 방법을 고안하려는 속셈이 들어 있다. 반면 분수를 공통분모로 약분해서 더하는 방법이나 스프레드시트 프로그램을 쓰는 방법은 일반화하기가 어렵다. 일반화가 용이한 기법들을 기초적인 사례에 적용하다 보면 이게 뭐하는 짓인가 싶을 때가 종종 있다. 이것이 수학을 배우기 어려운 이유 중 하나다. 기본적인 사례들을 다룰 때는 수학이 바보스럽거나, 무의미해 보이거나, 억지스러워 보일 때가 많기 때문이다.

계속해서 세 번째 덩어리를 살펴보자. 여기에는 항이 모두 4개가 들어 있다. 그중 제일 값이 작은 것은 마지막 항인 $\frac{1}{8}$이다. 따라서 나머지 항들은 모두 이보다 값이 크고, 결국 모두 더한 값은 $4 \times \frac{1}{8} = \frac{1}{2}$보다 크다.

$$\underbrace{\frac{1}{5} + \frac{1}{6} + \frac{1}{7} + \frac{1}{8}}_{> \frac{1}{8} + \frac{1}{8} + \frac{1}{8} + \frac{1}{8} = \frac{4}{8} = \frac{1}{2}}$$

이제 네 번째 덩어리를 보자. 여기에는 8개의 항이 들어 있고, 그중 제일 작은 항은 $\frac{1}{16}$이다. 따라서 총합은 $8 \times \frac{1}{16} = \frac{1}{2}$보다 크다.

$$\underbrace{\frac{1}{9}+\frac{1}{10}+\frac{1}{11}+\frac{1}{12}+\frac{1}{13}+\frac{1}{14}+\frac{1}{15}+\frac{1}{16}}_{>\frac{1}{16}+\frac{1}{16}+\frac{1}{16}+\frac{1}{16}+\frac{1}{16}+\frac{1}{16}+\frac{1}{16}+\frac{1}{16}=\frac{8}{16}=\frac{1}{2}}$$

이런 식으로 영원히 이어 갈 수 있다. 다음번에는 16개의 항을 취하는데 거기서 마지막 항은 $\frac{1}{32}$이다. 각각의 항은 $\frac{1}{32}$보다 같거나 그보다 크므로 총합은 $\frac{16}{32} = \frac{1}{2}$보다 크다. 그다음에는 32개의 항을 취하고, 마지막 항이 $\frac{1}{64}$이다. 그다음에는 64개의 항을 취하고, 마지막 항이 $\frac{1}{128}$이다. 이런 식으로 계속 이어진다.

〈영원히 이어진다〉, 〈이런 식으로 계속 이어진다〉라고 말하는 것보다는 $n$번째 덩어리(여기서 $n$은 임의의 수)에서 어떤 일이 일어나는지 말하는 것이 더 나은 방법이다. $n$번째 덩어리는 $2^{n-1}$개의 항을 가지고 있고 마지막 항은 $\frac{1}{2^n}$로 끝난다. 각각의 항은 $\frac{1}{2^n}$보다 크거나 같으므로 우리가 주장했던 대로 총합이 $\frac{2^{n-1}}{2^n} = \frac{1}{2}$보다 크다.

따라서 이 모든 항을 영원히 모두 더해 가면 $\frac{1}{2}$을 영원히 더한 값보다 크다는 것을 알 수 있다. 그리고 이렇게 영원히 더하는 값은 멈추는 법 없이 영원히 커질 것이다.

이것을 다르게 생각하는 방법도 있다. 사악한 적이 우리에게 과녁을 제시하고 우리가 간신히 그 과녁을 명중하더라도 결국에는 다시 과녁을 빗나갈 수밖에 없는 운명이라고 말이다. 각각의 값이 $\frac{1}{2}$보다 큰 수 덩어리를 더해 가다 보면 결국 어느 덩어리를 더하는 순간 총합이 너무 커져서 과녁의 반대편으로 벗어날 수밖에 없다.

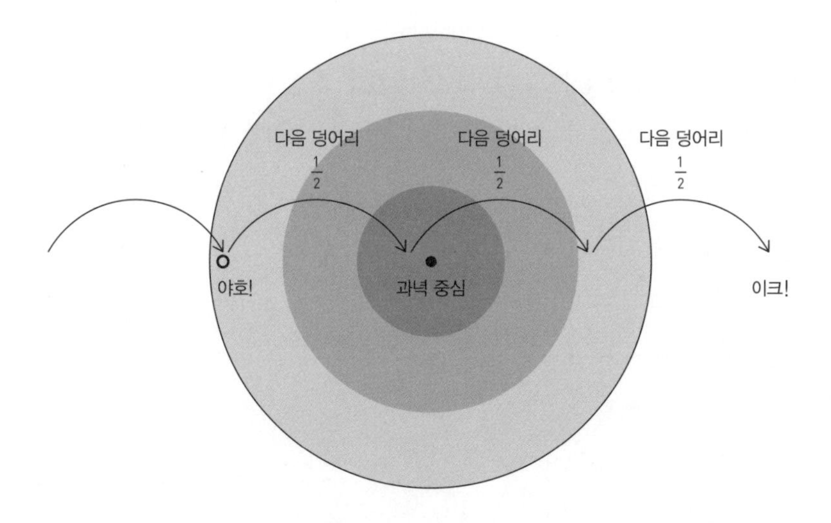


이 경우에는 사악한 적이 승리한다.

### 막대그래프

조화수열을 다음 그림처럼 일종의 막대그래프로 그릴 수도 있다.

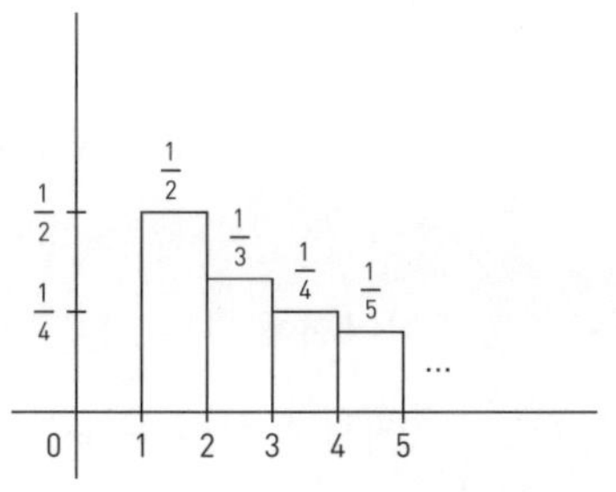


여기서 각각의 막대는 너비가 1이다. 따라서 각각의 직사각형의 면적은 너비 곱하기 높이이고, 각각의 $n$에 대해 높이는 $\frac{1}{n}$이다. 따라서 이 모든 막대들의 총면적은 우리가 방금 계산했던 값, 즉 조화수열에 들어 있는 모든 항을 더한 값과 같다. 그럼 여기 나타낸 면적이 〈무한〉이라는 의미다. 이것이 실제로 의미하는 바는 우리가 제아무리 큰 수를 생각해 내도, 그래프를 따라 충분히 따라가면($n$값을 점점 더 키워 나가면) 그 점까지의 면적이 우리가 생각한 수보다 커지는 지점을 분명 찾을 수 있다는 것이다. 점점 더 큰 $n$값을 포함시켜 나가면 11장에서 말했던 의미로 영역이 무한에 접근한다.

지금 우리는 곡선 아래 면적이라는 개념으로 되돌아가기 시작했다. $\frac{1}{x}$의 그래프를 그려 보면 다음과 같다.

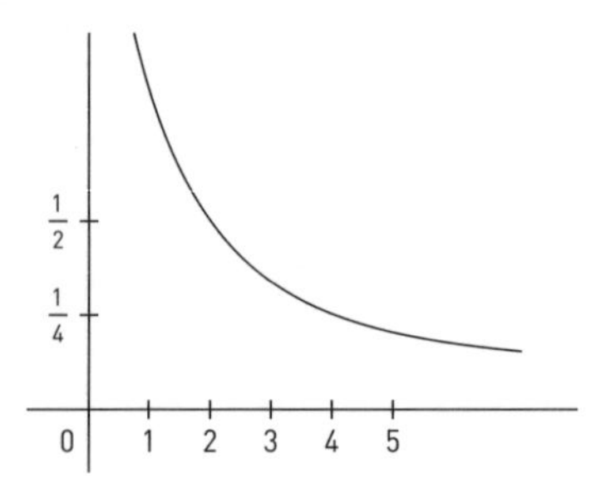


우선 x가 0에 가까운 값일 때는 $\frac{1}{x}$이 아주 큰 값이라는 점에 주목하자. x가 실제로 0일 때 $\frac{1}{x}$의 값이 어딘지는 알 수 없지만 $x$가 0에 가까워지면 $\frac{1}{x}$이 무한으로 향해 나간다고 말할 수 있다. 즉 위의 경우처럼 우리가 아무리 큰 수를 생각해도 $\frac{1}{x}$이 그보다 커지는 작은 $x$ 값을 찾을 수 있다는 의미다.

반면 그래프가 오른쪽으로 이어짐에 따라 $x$는 무한히 커지고, $\frac{1}{x}$은 무한히 작아진다. 따라서 그래프에서 무한한 부분인 시작 부분만 무시해 버리면 그래프 아래 포함된 영역이 유한할 것 같은 생각이 든다. 하지만 그렇지 않다.

이 곡선에 막대그래프를 중첩해서 그려 보면 막대가 곡선 아래로 딱 맞게 들어간다.

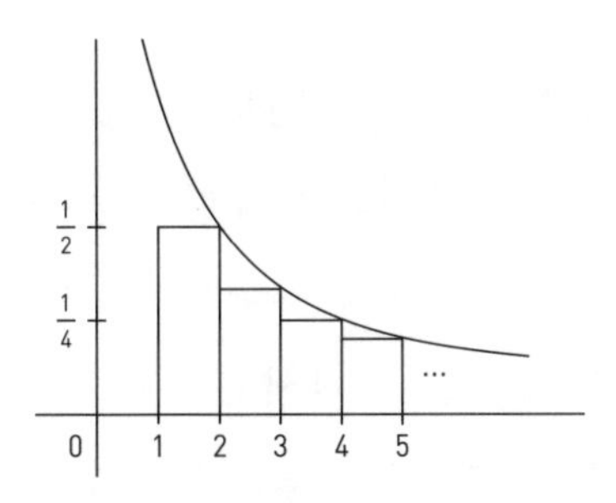


우리는 막대들의 총 면적이 무한하다는 것을 알고 있다. 그리고 막대와 곡선 사이의 틈을 보면 막대들이 모든 면적을 채우지도 않았음을 알 수 있다. 즉 곡선 아래 면적이 막대의 면적보다 크다. 곡선 아래 포함된 면적이 이미 무한인 것보다 더 크므로, 이 면적 역시 무한해야 한다.

사실 곡선 아래 면적은 자연로그로 계산할 수 있다. 자연로그는 ln으로 쓴다(자연로그는 밑이 $e$인 로그를 말한다. 여기서는 이 부분을 다루지는 않겠다). 사실 이것은 자연로그 함수를 정의하는 한 가지 방법이다. $\ln b$는 이 그래프에서 1에서 $b$까지의 면적이다. 막대그래프 버전은 우리가 11장에서 주장했던 대로 자연로그가 (느리지만) 무한을 향해 커진다는 것을 보여 준다.

## 곡선 아래 면적

이렇게 그래프 아래 딱 맞게 들어가는 〈막대그래프〉를 찾아내는 것이 곡선 아래 면적을 구하는 핵심이다. 이것을 〈적분integration〉이라고도 한다. 이것은 앞에서 원을 깔끔하게 다각형으로 쪼갠 후에 다시 삼각형으로 쪼개서 면적의 근사치를 구했던 방법과 비슷하다. 이번에는 그래프를 직사각형의 막대로 잘게 쪼갠 다음 그 직사각형들의 면적을 더해서 곡선의 면적 근사치를 구할 것이다. 이 직사각형의 너비를 좁게 잡을수록 곡선 아래 면적의 근사치도 더 정확해진다.

곡선 아래 면적을 구하는 일은 무한히 작은 것과 관련된 모든 것을 이해하려고 노력하게 된 큰 동기들 중 하나였다. 처음에 사람들은 〈무한히 작은 실제 길이〉라는 개념을 이용해서 〈무한히 작은 너비〉를 가진 직사각형의 의미가 무엇인지 파악하려 했었다. 수학자들은 이런 접근 방식에 대해 걱정이 많았는데, 그렇게 걱정할 만도 했다. 앞에서도 말했듯이 무한히 큰 실수가 수학적으로 말이 안 되는 것처럼, 무한히 작은 길이도 실수로 취급하려 하면 수학적으로 말이 안 되기 때문이다.

그 대신 또다시 두 사람이 비슷한 시기에, 서로 다른 국가에서, 서로 다른 방식으로 이것을 해결할 방법을 찾아내는 순간이 찾아왔다. 이번에는 르베그와 리만이 그 주인공이었다. 하지만 이 경우는 칸토어와 데데킨트가 실수를 구축했을 때처럼 서로 가깝지는 않았다. 리만은 우리가 위의 $\frac{1}{x}$ 사례에서 했던 것처럼 수직의 막대를 이용했다. 그런데 신기하게도 르베그는 수평의 막대를 이용했다(이렇게 설명하니 지나치게 단순화시킨 면이 있지만 그 대략적인 차이를 감 잡을 수 있을 것이다). 르베그의 방법은 다소 직관적인 면이 떨어질 수는 있지만 더욱 강력하다. 이것은 기술적으로 훨씬 복잡하기 때문에 여기서는 다루지 않겠다.

리만이 사용한 방법은 수직 막대를 이용해서 면적의 두 근사치를 구하는 것이었다. 하나는 면적을 과대평가한 근사치, 하나는 과소평가한 근사치다. 다시 $\frac{1}{x}$을 예로 들어 보자. 이 그래프를 다음 그림과 같이 쪼갠다.

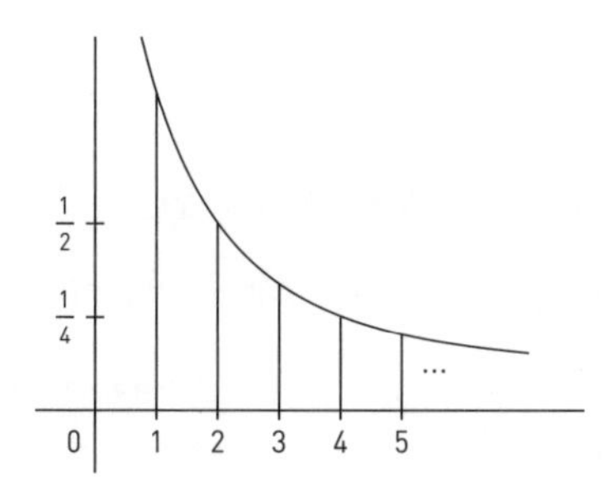


여기서 직사각형을 만드는 방법은 두 가지가 있다. 수평선을 그래프 위쪽에서 그을 수도 있고,

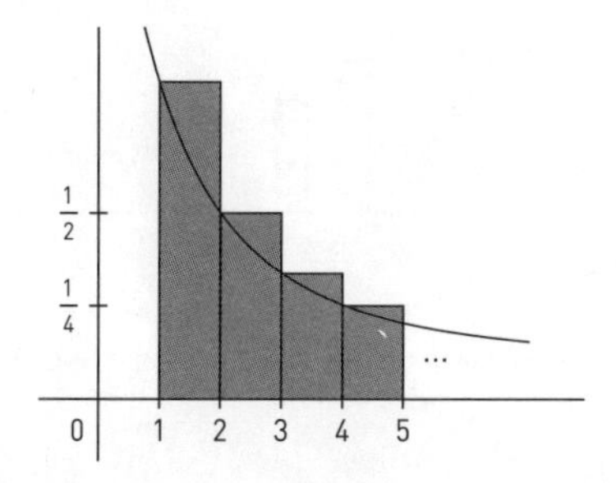


그래프 아래쪽에서 그을 수도 있다.

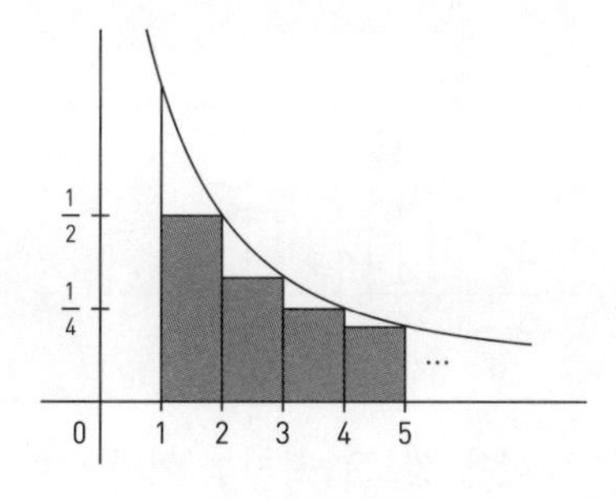


이것은 원의 안팎으로 외접 다각형과 내접 다각형을 그려서 원의 근사치 면적을 구했던 경우와 비슷하다. 여기서 직사각형을 그래프 위로 그리면 그 밑에 있는 그래프보다 더 많은 면적을 포함하게 되므로, 곡선

아래 면적을 과대평가한 근사치가 된다. 하지만 직사각형을 그래프 아래로 그리면 그래프 아래 면적 중 일부를 빠뜨리게 되므로 과소평가한 근사치가 된다. 막대의 너비를 좁게 잡으면 두 측정치 모두 곡선에 더 가까워지므로 정확도가 개선된다. 예를 들어 막대의 폭을 1 대신 0.5로 잡으면 이런 그림이 나오고, 과대평가 근사치는 아래 그림의 음영 처리된 양만큼 개선된다.

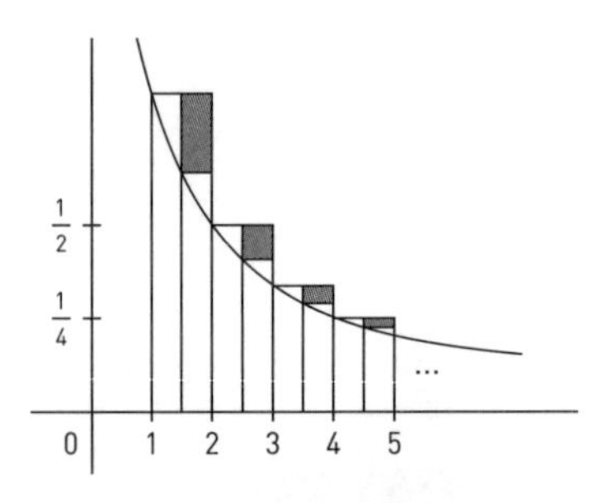


과소평가 근사치에 대해서도 똑같이 해보면 아래 그림의 음영 처리된 양만큼 개선된다.

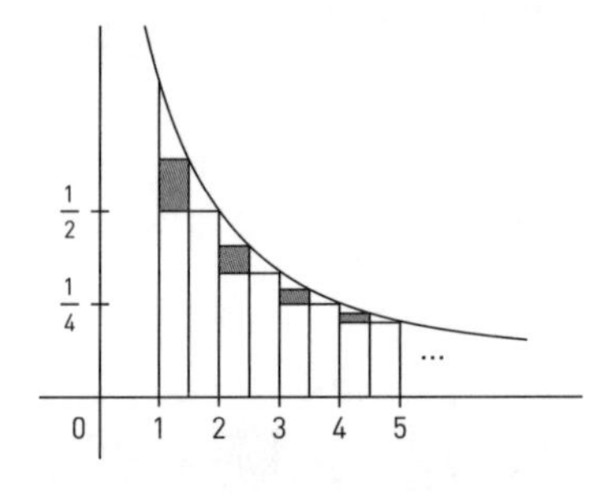


진짜 그래프는 그 중간에 샌드위치처럼 끼어 있다. 여기서 의문은 과연 과소평가 근사치와 과대평가 근사치가 결국 만나게 될 것인지 여부다. 이들이 실제로 만나는 일은 없을지도 모르지만 너무 가까워져서 둘 사이의 차이가 무시할 수 있을 정도로 작아질지도 모른다. 무시할 수 있을 정도라니 얼마나? 우리의 오랜 적, 그 잘난 척하는 인간들을 다시 무찌를 수 있을 정도로 말이다. 이것은 당신과 당신의 친구 한 명이 함께 사격 시험을 보는 것과 비슷한 상황이다. 과녁이 아무리 작아도 두 사람 모두 똑같은 과녁을 영원히 명중할 수 있어야 한다. 두 사람이 함께 이 일을 해낼 수 있으면 당신의 승리가 된다. 이번에도 마찬가지로 과녁 중심이 어디에 있는지 꼭 알고 있는 것은 아니지만, 과녁 중심이 어딘가에는 반드시 하나 존재해야 한다. 그리고 그 과녁 중심이 바로 곡선 아래 면적을 구하는 문제의 답이다.

학교에서 적분을 배울 때는 보통 편하게 계산할 수 있는 공식으로 배운다. 그럼 특정 함수를 적분하라는 문제를 받으면 함수를 조작해서 정답이 무엇인지 계산할 수 있다. 하지만 이런 방법이 효과적으로 작동하는 이유는 이렇게 그래프를 무한히 작은 막대로 쪼개는 과정 덕분이다. 그리고 무한 쿠키의 경우와 마찬가지로 사격 시험을 해보면 이 과정이 무엇을 의미하는지 이해할 수 있다.

## 궁극의 쿠키 수수께끼

이제 마지막으로 기묘하고도 기묘한 쿠키 수수께끼로 돌아가려 한다. 우리는 유한한 양의 반죽으로 무한히 많은 쿠키를 만들어 냈는데, 이 쿠키를 일렬로 세우면 그 줄이 무한히 뻗어 나갔다. 어떻게 그럴 수가 있을까?

우리는 두 번째 쿠키의 반지름은 첫 번째 쿠키 반지름의 $\frac{1}{2}$, 세 번째 쿠키의 반지름은 첫 번째 쿠키 반지름의 $\frac{1}{3}$, 그다음은 $\frac{1}{4}$…… 이런 식으로 이어갔다.

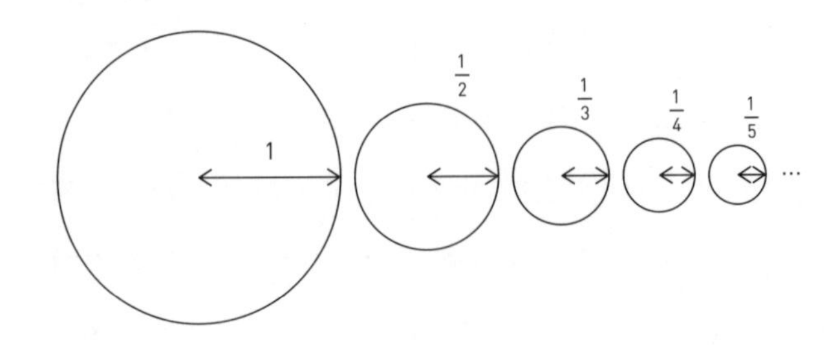


이 쿠키들을 일렬로 나열하면 쿠키들이 차지하는 거리는 조화수열의 두 배다. 즉 이미 무한인 것의 두 배다. 따라서 이 거리는 분명 무한이다. 하지만 쿠키 반죽의 부피는 어떨까? 왜 쿠키 반죽의 부피는 여전히 유한한가?

이 쿠키들이 완벽하게 고른 원형이라고 가정하자. 나는 예전에 스콘을 대상으로 이렇게 가정했다가 공장에서 찍어 낸 스콘을 사다 먹느냐고 비난을 받은 적이 있다. 참고로 나는 스콘을 직접 만들어 먹는다. 그리고 세상에 완벽하게 둥근 것은 존재하지 않는다는 것도 잘 안다. 하지만 수학적 논의를 위해서는 이 정도면 충분히 훌륭한 근사치다! 이것이 정확성에 목숨이 걸린 문제도 아니고 말이다.

어쨌거나 각각의 쿠키에 들어가는 쿠키 반죽의 부피는 원의 면적 곱하기 쿠키의 두께가 될 것이다. 원의 면적은 $\pi r^2$이고 $n$번째 쿠키의 반지름은 $\frac{1}{n}$이다. 그리고 쿠키의 두께는 고정된 값인 $t$로 두자. 쿠키가 무한히 작아지고 있는데도 그 두께는 똑같이 유지된다고 상상하려니 좀 이상하긴 하지만 그렇게 해도 총 부피는 유한한 값이 나온다. 따라서 쿠키가 작아지면서 두께도 함께 작아지는 경우에도 분명 그 총 부피는 유한할 것이다.

이런 식으로 살짝 비현실적인 가정을 하는 것이 순수 수학의 핵심이다. 우리는 특정 질문의 답을 구하려 하고 있다. 그래서 답을 구하는 과정에서 우리는 답에 중요한 영향을 미치지만 않는다면 다양한 가정을 세운다. 설사 그것 때문에 비현실적인 계산이 이루어진다고 해도 말이다. 만약 우리가 지금 〈정확히 얼마나 많은 반죽을 사용하는가?〉라는 질문에 대한 답을 구하고 있었다면 쿠키의 두께가 모두 동일하다는 가정은 분명 정답에 영향을 미칠 것이다. 하지만 우리는 지금 〈반죽의 양이 유한한가, 무한한가〉라는 질문의 답을 구하고 있다.

이런 가정 아래 $n$번째 쿠키의 부피를 구하면 그 부피는 $\pi r^2$ 곱하기 두께이므로 다음과 같이 나온다.

$$\pi \times \left(\frac{1}{n}\right)^2 \times t = \frac{\pi t}{n^2}$$

그럼 부피의 수열은 다음과 같이 나온다.

$$\frac{\pi t}{2^2}, \frac{\pi t}{3^2}, \frac{\pi t}{4^2}, \frac{\pi t}{5^2}, \frac{\pi t}{6^2}, \cdots\cdots$$

$\pi t$는 변하지 않고 고정된 값이므로 여기서 잠깐 멈춰 서서 변하는 부분에 대해서만 생각해 보자. 변하는 부분만 추리면 다음과 같다.

$$\frac{1}{2^2}, \frac{1}{3^2}, \frac{1}{4^2}, \frac{1}{5^2}, \frac{1}{6^2}, \cdots\cdots$$

이것은 조화수열과 비슷하다.

$$\frac{1}{2}, \frac{1}{3}, \frac{1}{4}, \frac{1}{5}, \frac{1}{6}, \cdots\cdots$$

하지만 이번에는 각각의 항이 조화수열 항의 제곱이다(둥근 쿠키 대신 정사각형 쿠키를 만들어도 똑같이 나온다). 1보다 작은 분수를 제곱하면 더 작은 값이 나온다(나눈 값을 또 나누고 있으니까). 따라서 이 수는 조화수열의 수보다 더 빠른 속도로 작아진다. 합이 무한으로 커질지, 아니면 어떤 극한값으로 수렴할지 알아내는 데는 이것이 결정적인 역할을 한다. 합이 수렴하려면 각각의 항이 반드시 점점 작아져야 하지만, 작아지는 속도도 빨라야 한다. 조화수열의 경우에는 작아지는 속도가 충분히 빠르지 않다. 그런데 조화수열의 제곱 버전은 충분히 빨리 작아진다. 따라서 이 합은 유한하다. 사실 이 값이 안착하는 과녁의 중심은 $\frac{\pi^2}{6}-1$에 있다.

이것을 수학적으로 증명하기는 어렵지만 1×1 정사각형 안쪽으로 작은 정사각형들을 배열해 보면 이런 사실을 확인할 수는 있다. 변의 길이가 $\frac{1}{n}$인 작은 정사각형을 사용하는 경우, 그 작은 정사각형의 면적은 $\frac{1}{n^2}$이 된다. 따라서 1×1 정사각형을 변의 길이가 다음과 같은 정사각형으로 채우는 것은……

$$\frac{1}{2}, \frac{1}{3}, \frac{1}{4}, \cdots\cdots$$

다음의 합을 구해서……

$$\frac{1}{2^2}+\frac{1}{3^2}+\frac{1}{4^2}+\cdots\cdots$$

그 값을 큰 정사각형의 면적인 1과 비교하는 것과 비슷하다.

우선 $\frac{1}{2} \times \frac{1}{2}$ 정사각형을 $1 \times 1$ 정사각형의 구석에 다음의 그림처럼 채우면서 시작해 보자.

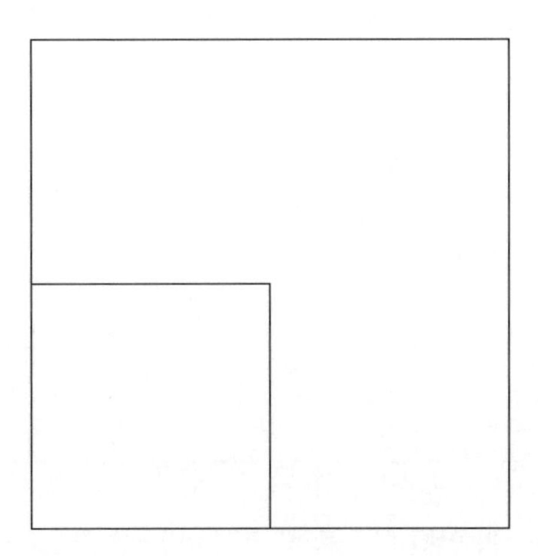

다음으로는 $\frac{1}{3} \times \frac{1}{3}$ 정사각형을 집어넣어야 한다. 여기에 집어넣을 수 있다.

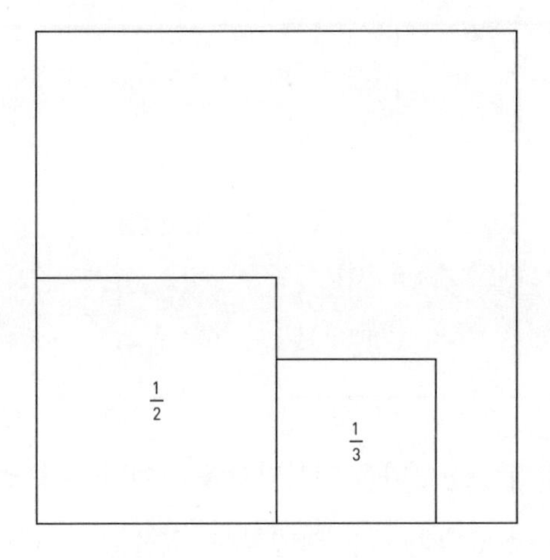


$\frac{1}{4} \times \frac{1}{4}$ 정사각형은 충분한 공간이 남지 않아서(남은 공간이 $\frac{1}{6}$밖에

없다) 오른쪽 아래 구석에 집어넣을 수 없다. 하지만 $\frac{1}{2} \times \frac{1}{2}$ 정사각형 위에 아래 그림처럼 집어넣을 수 있다.

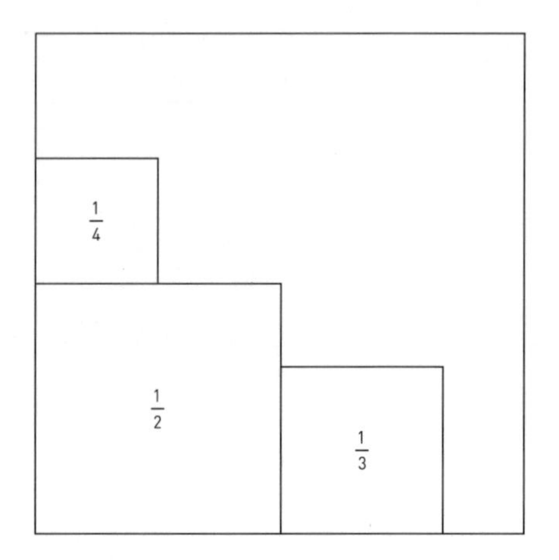


아래 그림과 같이 이런 식으로 몇 단계 더 나갈 수 있다.

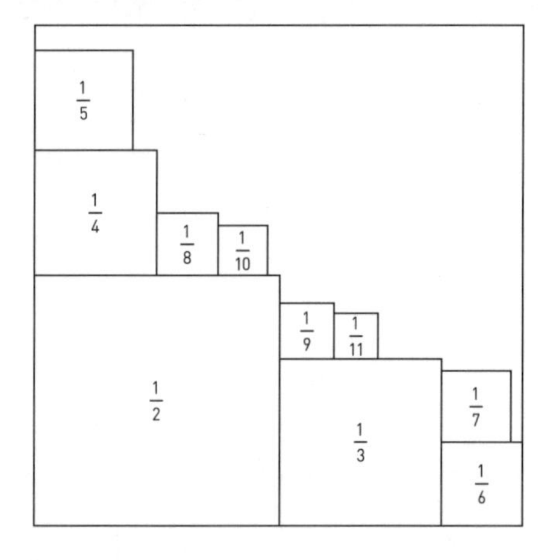


당신이 직접 해보면 그다음 정사각형을 집어넣을 수 있는 공간이 항상 넉넉하게 남아 있다는 것을 확인할 수 있을 것이다. 이것은 엄격한 증명은 아니지만, 분명 공간이 부족할 일은 없으리라 감을 잡을 수 있을

것이다. 사실 정사각형의 오른쪽 위 $\frac{1}{4}$ 공간은 아예 필요하지도 않다.

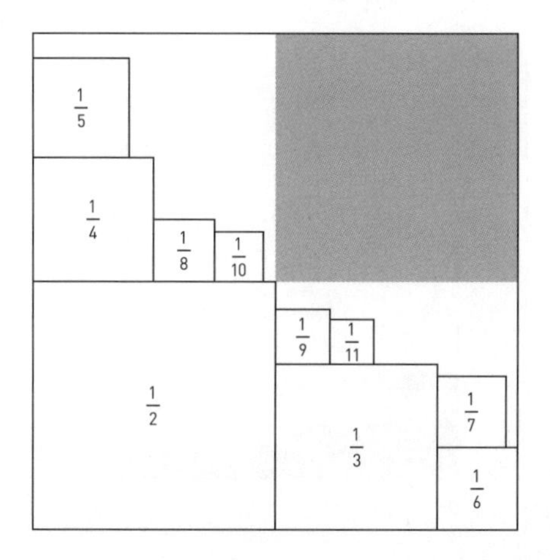


$\frac{3}{4}$의 면적 안에 이 작은 사각형들을 모두 집어넣을 수 있다는 의미다. 맞는 이야기다. $\frac{\pi^2}{6}-1$을 계산기에 입력해 보면 $\frac{3}{4}$보다 작은 0.645 정도의 값이 나온다.

학교에서 배운 적분을 기억하는 사람은 $\frac{1}{x^2}$의 그래프에 대해 생각하면 이 합이 유한함을 그리 어렵지 않게 증명할 수 있다.

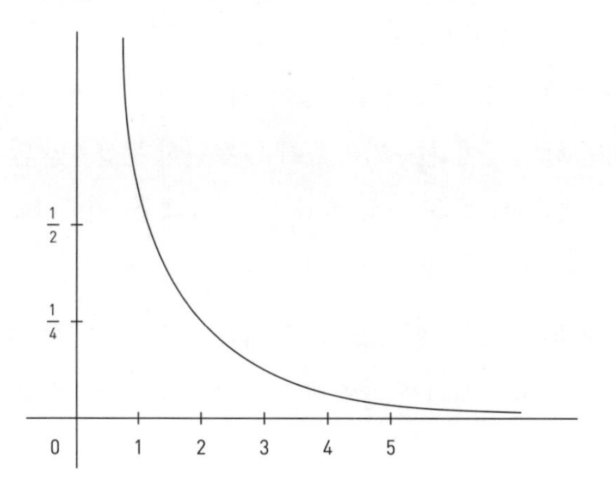

아래 그림과 같이 이 곡선을 수직 막대로 쪼개서 생각하면 이 곡선 아래 들어 있는 면적은 우리가 구하는 합보다 커야 할 것이다.

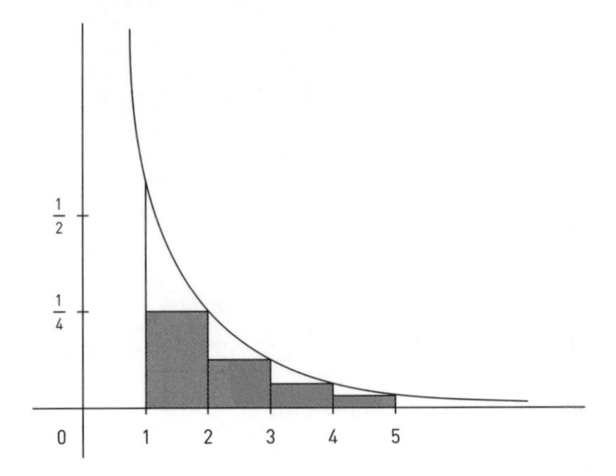


따라서 이 그래프 아래 들어간 면적이 유한하다면 우리가 구하는 합 역시 유한해야 한다. $\frac{1}{x^2}$을 적분하는 방법을 기억하는 사람은 1부터 $b$까지 사이의 곡선 아래 면적이 $1-\frac{1}{b}$이라는 것을 어렵지 않게 계산할 수 있다. 이 값은 $b$가 아무리 커져도 1보다 작은 값이다. 따라서 분명 유한하다.

우리가 가지고 있는 쿠키의 양은 이 〈조화수열의 제곱 버전〉과 똑같은 값은 아니다. 하지만 그냥 이 전체 값에 π 곱하기 쿠키의 두께를 곱하기만 하면 된다. 그리고 이 값이 그전에 유한했으니까, 이렇게 한 후에도 분명 유한할 것이다(쿠키의 두께가 무한히 두껍지만 않다면 말이다. 그 두께가 유한하다는 것이 참 아쉽다. 아니, 어쩌면 다행스러운 일인지도 모른다. 아니면 내가 무한히 뚱뚱해졌을 테니까). 이 마지막 단계를 다른 방식으로 생각할 수도 있다. 각각의 둥근 쿠키를 그와 대응하는 그림 속 각각의 정사각형 안에 공간을 남기면서 끼워 맞출 수 있다고 말이다.

따라서 이 쿠키들을 모두 나란히 일렬로 세우면 무한한 거리로 뻗어 나감에도 불구하고 쿠키 반죽의 총 부피는 유한하다.

## 믿기 어려운 부피

쿠키를 통해 살펴본 이 기묘한 상황은 아주 이상하면서 살짝 더 수학적인 사례와도 맞물려 있다. 바로 무한한 면적을 취해서 허공에서 돌려도 유한한 부피만을 훑고 지나가게 만들 수 있다는 사실이다. 도형을 허공에서 회전시켜 부피를 만든다는 개념은 도자기 제작용 돌림판을 쓰는 것과 비슷한 구석이 있다. 점토를 돌림판 위에 놓고 돌리면서 손으로 모양을 내면 결국에는 전체적으로 둥근 형태가 만들어진다. 나는 이런 사실에 항상 매력을 느꼈지만 직접 그 돌림판을 써볼 기회는 한 번도 없었다. 이것을 보면 종이를 접어서 구멍을 하나 잘라 내면 대칭적으로 8개나 16개의 구멍이 만들어지면서 마술처럼 눈송이 모양이 나오던 것이 떠오른다. 도자기 돌림판은 이것의 매끄러운 버전이라 할 수 있다.

커다란 비눗방울 고리를 허공에 휘둘러 비눗방울을 만든다고 상상해 보자. 고리를 잡고 한 바퀴를 완전히 돌면 도넛 모양이 만들어진다(고리 모양 도넛). 이것을 공식적으로는 토러스torus라고 한다. 다른 모양의 비눗방울 고리를 가져다가 허공에서 크게 한 바퀴 휘젓는 것을 상상해 볼 수도 있다. 그럼 한 절단면에서는 원이 나오고 다른 절단면에서는 고리의 형태가 나오는 입체가 만들어질 것이다. 도형을 부채 같은 모양으로 펼쳐서 한 바퀴 돌리면 살짝 입체감이 있는 작은 물건이 만들어지는 중국식 종이접기 장난감을 본 사람이 있을지도 모르겠다.

아래의 도형으로도 그것을 해볼 수 있다.

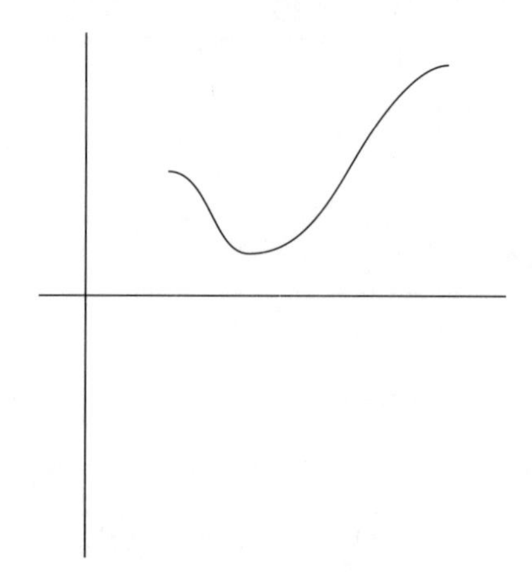

이것을 가지고 $x$축을 중심으로 회전하면 화병 비슷한 것이 만들어진다.

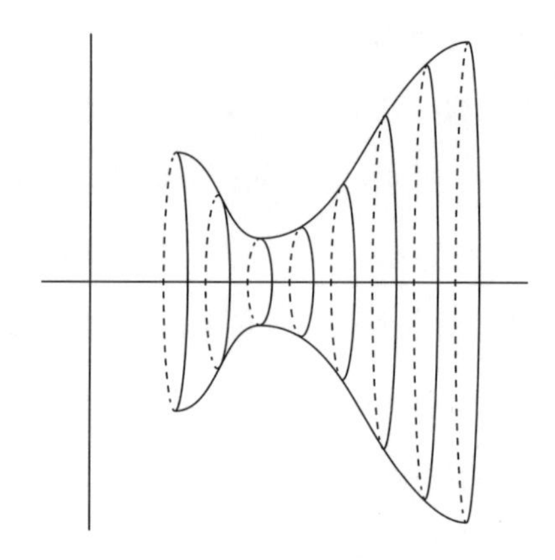

이런 것을 〈회전 부피volumes of revolution〉라고 한다. 축을 중심으로 한 바퀴 완전히 회전시켜 나오는 것이라서 그렇다.

이제 $\frac{1}{x}$ 그래프를 $x$축을 중심으로 한 바퀴 돌리면 이렇게 된다.

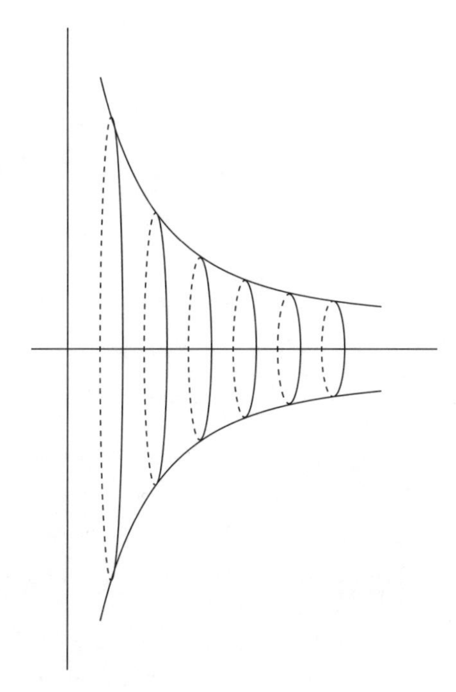

우리가 앞의 예제에서 만들었던 쿠키들을 쌓아 올린 것과 비슷해 보인다. 각각의 $n$에서 반지름은 $\frac{1}{n}$이다. 따라서 우리가 여기서 만든 부피는 우리가 방금 앞에서 만들었던 쿠키의 부피와 거의 비슷하다(살짝 휘어진 부분만큼은 차이가 나겠지만). 사실 쿠키와 훨씬 더 비슷하게 만들고 싶으면 곡선 대신 이런 직각사각형 막대를 회전시키면 된다.

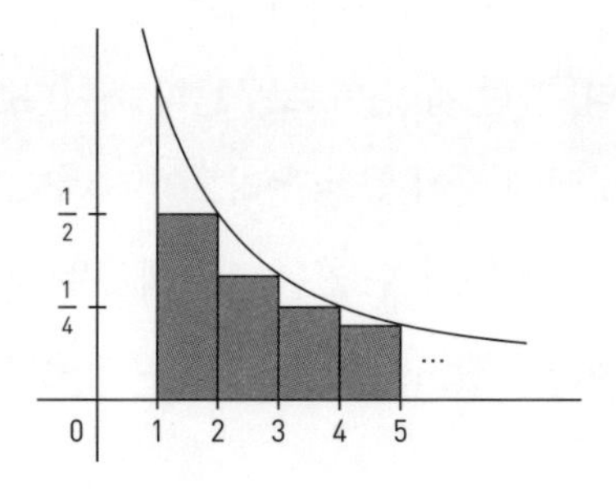


그럼 이런 형태가 나온다.

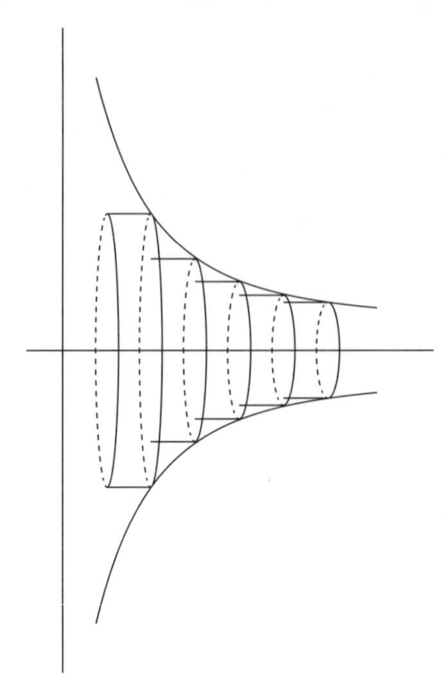

여기서 기묘한 부분이 등장한다. 직사각형 막대의 면적은 무한하다. 하지만 쿠키의 부피는 유한하다. 무한히 쌓아 올린 쿠키의 높이는 무한하다. 그리고 쌓아 올린 쿠키의 단면의 면적은 무한하다!(이 면적은 직각사각형 막대 면적의 두 배다.)

부디 당신이 지금 혼란스러워하고 있기를 바란다. 마치 미친 듯 파도가 치는 광활한 바다 한가운데서 위아래로 들썩거리는 배에 올라탄 것처럼 말이다. 괜찮다. 그런 것이 바로 무한의 재미다. 내게 있어서 진짜 재미있는 부분은 그 뒤에 숨어 있는 논리를 이해하고, 이런 것들을 어떻게 수학적으로 엄격하게 다룰 수 있는지 이해하는 것이다. 그래야만 비로소 뱃멀미 없이 파도를 탈 수 있고 심지어는 짜릿한 쾌감까지 느낄 수 있기 때문이다.

최근에 학회 참석차 시드니에 갔었다. 그리고 학회가 시작하기 하루

전에 배를 타고 고래 관광을 갔다. 파도가 꽤 거칠었지만 거기에 저항하기보다는 흔들리는 배에 몸을 맡기고 파도를 탔던 기억이 난다. 항구에서 아주 멀찍이 떨어졌을 즈음 다른 사람들은 거의 다 멀미 때문에 누워 있어야 했고, 혹등고래의 힘과 장엄함, 그리고 그 우아함을 제대로 즐긴 사람은 몇 명밖에 없었다. 수학도 이와 비슷하다. 물론 수학에서 만나게 될 힘과 장엄함, 우아함은 종류가 아주 다르겠지만 거기에 가기도 전에 너무 많은 사람이 뱃멀미로 쓰러져 버린다는 사실이 너무 안타깝다.

# 17. 무한이 있는 자리

내가 좋아하는 곰돌이 푸우 이야기가 있다. 푸우와 피그렛이 나무 주위를 돌면서 어떤 발자국을 추적하는 이야기다. 둘은 자기네가 헤파럼프*를 뒤쫓고 있다고 생각했다. 나무를 돌아 처음 출발했던 곳으로 돌아온 둘은 눈 위에 새로 찍힌 발자국이 자기들 발자국임을 깨닫지 못하고, 처음에는 〈헤파럼프〉가 하나였는데(사실 이 발자국은 푸우의 것이었다) 이제는 둘이 더 늘어났다고 생각한다. 하지만 늘어난 두 명의 발자국은 사실 푸우(두 번째로 나무를 한 바퀴 돈 푸우), 그리고 이제 푸우와 함께 추적에 나선 피그렛의 것이었다. 둘은 몇 번 더 나무 주변을 돈 다음에야 무슨 일이 벌어지고 있는지 깨닫고 멋쩍게 집으로 돌아간다.

책 앞부분에서 얘기했듯이 나는 한가운데 난로와 굴뚝이 있는 집에서 자랐다. 우리 집은 보일러 시설을 따로 갖추고 있었지만, 원래의 생각은 굴뚝이 집의 중앙 부위를 따뜻하게 데우게 하고 모든 방을 그 굴뚝 주변으로 모아 놓으려는 것이었다. 그래서 우리 집은 출입구에서 각각의 방으로 이어지는 대신 굴뚝을 중심으로 방에서 방으로 연결되는 구

* heffalump. 『곰돌이 푸우』에 나오는 코끼리 비슷한 캐릭터.

조를 하고 있었다.

어렸을 때 이런 집 구조 덕분에 제일 마음에 들었던 점은 내 여동생과 내가 부엌, 식당, 거실, 부엌, 식당, 거실, 이런 식으로 집안을 빙글빙글 돌면서 술래잡기 놀이를 할 수 있다는 점이었다. 그렇게 집안을 돌다가 둘 중 한 사람이 갑자기 방향을 바꾸어 반대 방향으로 돌아 술래를 잡으러 가기도 했다. 그럼 우리 두 사람은 비명을 지르면서 부엌, 거실, 식당, 부엌, 거실, 식당, 이런 식으로 반대 방향으로 뛰기 시작했다. 이렇게 원형의 루프 구조를 하고 있는 집에서 좋은 점은 사실상 무한한 집이라는 점이다. 즉 무한한 경로를 따라 걸을 수 있다. 물론 계속해서 똑같은 자리로 돌아오는 것은 사실이지만 $A$에서 $B$로 갔다가 다시 $A$로 돌아오는 것과 무언가를 빙 돌아서 원래의 장소로 돌아오는 것은 차이가 있다. 만약 당신이 미로에 갇힌 테세우스Theseus와 비슷한 처지가 되어 뒤로 실을 풀면서 미로를 따라가는 중이라면 굴뚝을 돌아 처음에 출발했던 장소로 돌아오는 것은 그냥 $A$에서 $B$로 갔다가 다시 돌아오는 것과 분명 다를 것이다. 뒤로 풀어 놓은 실이 분명 무언가를 해서 이제는 굴뚝을 한 바퀴 감고 있을 것이기 때문이다. 당신은 진정한 이동을 한 것이다.

수학에서는 〈덮개 공간covering spaces〉이라는 형태로 이런 현상을 다룬다. 여기서의 기본 개념은 모든 것이 어디에 위치하는지 보여 주는 건물의 지도를 그리는 대신 미로 속에서 테세우스가 뒤로 실을 풀면서 다닌 것처럼 당신이 취할 수 있는 모든 경로를 보여 주는 지도를 그리는 것이다. 실의 한쪽 끝을 입구에 묶고 반대쪽 끝은 당신 몸에 단단히 묶어서 미로로 뛰어들어도 풀리는 일이 없게 하자. 당신이 갔던 길을 되짚어 돌아오면 실도 당신을 따라 함께 나올 것이다. 하지만 당신이 원래 들어갔던 길과 아주 다른 경로를 통해 돌아오면 실이 터널을 고리 모양으로 감기 때문에 미로 안에 걸려 있을 수 있다. 내가 다시 어린 시절의 집으로 돌아가 앞문에 실을 매달고 굴뚝 주위로 달렸다면 무한히 긴 줄이 필요했을 것이다(그리고 나를 다른 곳으로 데려가 가둬 놓으려면 보디가드가 필요했을 것이다). 수학의 덮개 공간에서는 이것이 반복적으로 자기 자신을 감는 경로가 아니라 실제로 무한히 긴 경로로 해석된다. 마치 피그렛과 푸우처럼 자기가 출발했던 곳으로 매번 돌아오면서도 깨닫지 못하는 것과 비슷하다.

내게는 야심 찬 꿈이 하나 있다. 다시 한 번 진짜 원형의 루프 구조를 갖춘 집에서 사는 것이다. 수학자들하고 있을 때 나는 이 집을 호모토피가 딸린 집이라고 부른다. 호모토피는 공간 속의 루프를 측정하는 수학적 개념이기 때문이다(이 내용은 13장에서 언급했다). 테세우스의 실이 루프 모양을 하고 있어도 굴뚝 같은 것에 걸리지 않아 그냥 당겨서 잡아 뺄 수 있는 경우에는 그것을 진짜 루프로 치지 않는다. 루프가 무언가를 감아 걸려 있는 상태로 있어야만 진짜 루프로 쳐준다. 나는 예전에 무릎 수술을 하고 나서 한동안은 걸어도 고작 부엌 안에서 작은 원을 그리며 빙빙 도는 것이 전부였는데 그것은 루프로 쳐주지 않는다는 말이다.

나는 계단이 하나 이상 있는 집에 특히나 흥미를 느낀다. 이런 집은 대단히 웅장하기도 하지만, 수직의 루프가 만들어진다는 점이 맘에 든다. 그럼 한쪽 계단으로 올라갔다가 다른 계단으로 내려와서 처음에 올라갔던 계단 밑바닥으로 돌아갈 수 있다. 이렇게 움직이고 나면 테세우스의 실을 잡아당겨 뺄 수 없을 것이다.

지금 내가 사는 집은 진짜 루프도 없고, 호모토피도 없다.

## 무한 경로

이제는 빙글빙글 돌며 내 여동생과 술래잡기할 일이 별로 없지만 그래도 나는 여전히 루프가 있는 건물을 좋아한다. 그런 건물에서는 무한히 긴 산책을 할 수 있기 때문이다. 수학자들은 산책을 좋아할 때가 많다. 산책 중에는 머리가 잘 돌아가기 때문이다. 수학자들만 그런 것도 아닐 것이다. 부드러운 걷기 동작 속에는 생각을 집중하게 해주는 무언가가 있다. 가끔은 걷는 행위가 내 뇌에서 논리를 담당하는 부분을 계속 바쁘게 만드는 바람에 다른 뇌 영역들이 〈계란 사 오는 거 잊지 마〉 같은 귀찮은 잔소리를 하지 않아서 공상을 좋아하는 내 수학적 두뇌가 자유롭게 어슬렁거릴 수 있는 것이 아닐까 생각한다.

하지만 무한히 긴 산책을 갈 때는 문제가 하나 있다. 집에서 무한히 떨어진 곳까지 가게 된다는 점이다. 또한 야외에서 산책을 하면서 동시에 수학 생각에 빠져 있다 보면 길을 잃거나 자동차에 치일 가능성도 높아진다.

루프가 딸린 건물을 갖고 있는 경우에는 이런 문제들이 한 번에 해결된다. 원으로 빙글빙글 〈영원히〉 걸을 수 있기 때문이다. 무릎 수술을 해서 부엌 안에서만 빙글빙글 돌 때처럼 허무한 느낌을 받을 필요도 없다. 루프를 도는 경우에는 그냥 텅 빈 공간 속에서 도는 것이 아니라 실체가 있는 무언가를 따라 돌기 때문이다. 앞에서도 얘기했었지만 니스 대학교 수학과는 복도가 완전히 원형이다. 이 원의 안쪽은 아름다운 원형의 안뜰이 조성되어 있고, 복도에 천장에서 바닥까지 통유리가 설치되어 있어서 그 안뜰을 내려다볼 수 있다. 사무실은 모두 원의 바깥 부분에 배치되어 있다. 복도를 따라 빙글빙글 돌다 보면 이 아름다운 안뜰과 항상 마주하게 된다. 생각에 잠겨 이 원형 복도를 마냥 걷는 사람이 나만 있는 것이 아니라서 기쁘다. 무한의 가능성 속에는 사람을 해방시켜 주는 무언가가 있다.

그런데 이 건물의 문제는 너무 대칭으로 설계되어 있어서 내 사무실이 어디에 있었는지 기억하기가 불가능하다는 점이다. 계단이 네 개 있고, 원 둘레를 따라 같은 간격으로 배치되어 있기 때문에 계단에서 빠져나올 때마다 내가 가고 싶은 곳으로 가려면 오른쪽으로 가는 것이 빠른지, 왼쪽으로 가는 것이 빠른지 판단할 수가 없었다. 웃기는 점은 내가 가려던 곳을 놓치고 지나가는 바람에 이 원형 복도를 한 바퀴 이상 돌 때가 많다는 점이다.

## 파터노스터

또 하나의 만족스러운 무한 구조물로 파터노스터paternoster가 있다. 셰필드 대학교 아트 타워에는 꽤 유명한 파터노스터가 있다. 이것은 엘리베이터와 비슷한 장치지만 훨씬 더 흥미로운 부분이 있다. 파터노스터는 캡슐이 달린 원형의 루프로 이루어져 있다. 이 캡슐은 두 사람씩 실어 나를 수 있다(셰필드 대학교의 경우). 임의의 한 순간에 각각의 층마다 올라가는 캡슐이 하나, 그리고 내려가는 캡슐이 하나 있다. 그리고 캡슐 두 개는 맨 위에서 혹은 바닥에서 반대편으로 넘어가는 과정에 있다. 파터노스터는 문도 없고 절대 멈추지도 않는다. 서 있다가 캡슐이 앞을 지나가면 뛰어서 올라타고, 목적한 층에 도착하면 뛰어내려야 한다. 사실 움직이는 속도가 굉장히 느리기는 하지만 처음 몇 번은 엄청 겁이 났다. 그리고 캡슐에 타거나 거기서 내릴 때는 심장이 쿵쾅쿵쾅 뛰었다. 이 장치가 보건 안전 규제를 아직 받지 않는 것이 신기한 일이다. 엄밀히 말하면 파터노스터를 꼭대기나 밑바닥에서 타는 것은 금지되어 있지만, 사람들이 제일 먼저 해봐야겠다 생각하는 부분이 바로 그것이다. 내가 추측하기로 이 대학에 다니는 사람 중에 그것을 시도해 보지 않은 사람이 몇 명 없을 것이다.

이 장치를 파터노스터라고 부르는 이유는 장치의 형태가 묵주 구슬을 떠오르게 하기 때문이다. 묵주 구슬은 묵주 기도를 할 때 어떤 기도를 몇 번이나 말했는지 셀 때 사용하려는 뜻이 담겨 있다. 작은 구슬을 열 개를 일렬로 꿰어 성모송을 열 번 하는 것을 세고, 그다음에는 큰 구슬을 하나 꿰어 주기도문을 한 번 하고 다시 성모송을 시작할 때가 되었음을 알리는 식이다. 〈파터노스터Paternoster〉는 주기도문을 라틴어로 할 때의 첫머리다. 묵주 구슬을 사용하는 이유는 반복 횟수를 구슬이라는 물리적인 방법을 이용해서 셈으로써 마음을 해방시켜 좀 더 깊은 생각에 잠길 수 있게 하려는 것이다.

나는 파터노스터에 대해서도 비슷한 기분을 느낀다. 나는 건물에 엘리베이터 대신 항상 파터노스터가 있었으면 좋겠다. 그것이 있으면 건물이 유한한 크기의 층으로 분리되어 있어 그 사이를 옮겨 다니는 것이 아니라 전체가 무한 루프로 연결된 기분이 들기 때문이다. 그럼 층 사이를 옮겨 다닐 때 내 머리가 층별로 나뉘는 기분을 느낄 필요가 없고, 언제 도착할지 알 수 없는 엘리베이터와 달리 파터노스터는 예측 가능한 방식으로 연속적으로 움직이기 때문에 더 자유로운 생각에 잠길 수 있다. 조금 과장된 이야기이긴 하지만 수학에 대한 생각에 잠겨 있을 때는 이런 것이 놀라운 차이를 만들어 낸다.

게다가 파터노스터는 빙글빙글 원을 그리며 도는 행동을 놀랍게도 수직적으로 할 수 있게 해준다(실제로 파터노스터를 타고 누군가와 술래잡기를 할 수는 없지만). 그리고 건물이 무한히 크다는 느낌도 준다. 테세우스의 실을 1층에 묶어 놓은 다음 파터노스터를 타고 계속 돌면 이번에도 무한히 긴 실이 필요할 것이다.

### 다른 종류의 원들

앞에서 우리는 세상에는 정말로 무한한 것이 존재하지 않는다고 주장했다. 하지만 지금은 그 위에서 취할 수 있는 경로로 생각하면 원이 정말로 멋진 무한임을 확인했다. 원형(혹은 타원형)의 경주 트랙을 고안한 것은 정말 똑똑한 일이다. 그 위에서는 어떤 거리의 경주라도 펼칠 수 있기 때문이다. 얼마 전에 제이콥이라는 남자아이가 내게 수학을 좋아한다는 편지를 보냈다. 그리고 덧붙여 자기는 정글짐을 84미터나 할 수 있다고 했다. 그 글을 읽고 나는 아주 긴 정글짐이 있는 것인지, 아니면 정글짐을 계속 빙글빙글 돈 것인지, 아니면 원형의 정글짐이 있어서 가고 싶은 만큼 마음껏 갈 수 있었던 것인지 궁금해졌다.

전철 순환선을 타는 것은 더 재미있었다. 전철에 타고 빙글빙글 영원히 앉아 있을 수 있기 때문이다. 이것은 비순환선을 타고 종점과 종점 사이를 왔다 갔다 하는 것보다는 무한 여행과 훨씬 더 비슷하다. 어떤 사람들은 런던 외곽 순환 고속 도로를 따라 반복해서 돌고 돌면서 짜릿한 기분을 느끼기도 한다(개인적으로 나는 정체 구간에 붙들리는 일 없이 그냥 중간에 빠져나올 수 있으면 그것만으로 늘 기쁜 마음이다). 나는 파리 외곽을 도는 페리페리크나 워싱턴 D. C. 외곽을 도는 캐피탈 벨트웨이 등 다른 도시의 외곽 순환 고속 도로에도 이런 사람들이 있으리라 예상한다.

그보다 훨씬 흥미로운 버전의 원이 있다. 바로 뫼비우스의 띠다. 이것은 종이 띠의 양쪽 끝을 이어 붙여서 만드는데, 아래 그림처럼 뻔한 방식으로 붙이는 대신……

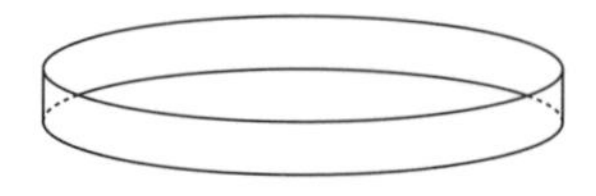

먼저 이렇게 종이를 한 번 꼬아서 이어 붙인 것이다.

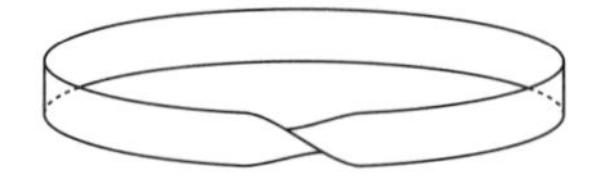

물리적으로나 수학적으로나 이것이 흥미로운 이유는 이제 앞면이 뒷면으로 이어지고, 뒷면이 앞면으로 이어져 있다는 것이다. 즉 이 도형은 앞면과 뒷면이 똑같은 면이 되어서 면이 하나밖에 없다.

이것으로 할 수 있는 여러 가지 재미난 것이 많지만 한 가지 간단한 것을 들어 보겠다. 그냥 뫼비우스의 띠를 집어 들고 손가락으로 띠를 따라 움직여 보자. 그럼 그냥 원 주변을 돌 때보다 자기가 어디까지 왔는지 잊어버리기가 훨씬 쉽다. 앞면과 뒷면의 차이가 없어서 자기가 앞면에 있는지, 뒷면에 있는지 헷갈릴 수 있기 때문이다. 뫼비우스의 띠 가장자리를 손가락으로 따라가 볼 수도 있다. 가장자리는 하나의 원을 이루지만, 루프를 돌아 자기 자신한테 돌아와 다시 뫼비우스의 띠를 돌아가는 것처럼 보인다. 실제로는 한 바퀴만 돈 것인데 말이다. 이것은 일종의 8자 모양이다. 8자 모양 역시 영원히 빙글빙글 돌기에 아주 만족스러운 도형이다. 이 도형이 무한을 향한 우리의 여정을 시작하고 마무리하는 상징이라는 것이 참으로 어울린다.

0 ∞

이제 우리는 세상에는 끝이 없다는 것을 알고 있다. 비록 우리가 크지만 결국은 유한한 세상에 조용히 앉아 있을지라도 무한은 영원히 이어질 뿐만 아니라, 무한 자체도 점점 더 커지면서 무한의 계층 구조가 영원히 이어지기 때문이다. 어쩌면 무한한 무언가가 유한한 무언가의 안에 들어갈 수 있다고 해도 더 이상은 놀라지 않을지도 모르겠다. 무한과 관련해서는 거의 모든 것이 가능해 보인다. 유한한 우리 뇌 속에 문제없이 담을 수 있는 수학의 세계지만 그 세계는 우주보다도 크다.

무한은 자유를 준다. 가끔은 그 자유가 너무 지나칠 경우도 있겠지만 말이다. 내 경우엔 마음껏 쓸 수 있는 시간이 사실상 무한하다는 느낌이 들면 훨씬 더 자유롭고 창조적으로 생각할 수 있다. 증명하는 데 2시간이 걸리는 수학적 정리가 있는데 내게 주어진 시간이 2시간밖에 없다면 아마도 증명을 하지 못할 것이다. 하지만 그날 나한테 나머지 시간에 다른 일정이 아무것도 잡힌 것이 없다면 그 정리를 증명할 가능성이 높다.

하지만 우리가 불멸의 존재라면 무슨 일이든 영원히 뒤로 미룰 수 있음을 앞에서 살펴보았다. 나도 내가 어떤 사람인지 안다. 나는 아마도 빈둥거리며 영원히 질질 끌 것이다. 무한한 차원을 마음대로 사용할 수 있게 되면 우리가 다룰 수 없는 미묘한 부분들도 무한히 많아진다. 하지만 그래도 우리는 그것들에 대해 꿈을 꿀 수 있다. 그 꿈들을 모두 설명할 수는 없어도 말이다.

나는 모든 것을 설명하려 드는 것이 핵심이 아니라고 진심으로 믿는다. 그보다는 우리가 할 수 있는 만큼 최대한 설명하고, 더 중요하게는 우리가 설명할 수 있는 것과 설명할 수 없는 것 사이의 경계가 어디에 있는지 분명히 아는 것이야말로 핵심이다. 내 상상 속에서는 우리가 논리적으로 설명할 수 있는 것들로 이루어진 구체가 개념의 우주 중심에 자리 잡고 있다. 그리고 수학의 목적은 그 구체 속으로 가능한 한 깊숙이 들어가는 것이다. 그래서 늘 그렇듯 구체는 항상 팽창하고 있고, 그 과정에서 그 표면 역시 계속 넓어지고 있다. 이 표면이 설명되는 것과 설명되지 않는 것이 만나는 접점이다.

내가 볼 때 가장 아름다운 것은 그 논리의 경계 바로 바깥에 자리 잡고 있는 존재들이다. 이런 존재들은 설명하려면 아주 많은 노력이 들지만, 결국에 가서는 우리의 손아귀를 빠져나가 버린다. 나는 어떤 음악이 나를 울리는 이유를 아주 장황하게 설명해 볼 수도 있지만, 어느 시점에 가면 아무리 분석해도 설명할 수 없는 부분이 튀어나온다. 바다를 보면 황홀해지는 이유를 설명하려 할 때나, 사랑이 왜 그다지도 아름다운지 설명하려 할 때, 무한이 왜 그리 매력적인지 설명하려 할 때도 마찬가지다. 아예 설명조차 할 수 없는 것들도 존재한다. 개념의 우주의 논리적 중심부에서 아주 멀리 떨어진 곳에 있는 존재들이다. 하지만 내게 있어서 모든 아름다움은 경계 바로 위에 자리 잡고 있다. 우리가 점점 더 많은 것들을 논리의 영역에 집어넣을수록 논리의 구체가 커지고, 그 표면도 넓어진다. 안쪽과 바깥쪽 사이의 경계가 커지면 우리는 사실 점점 더 많은 아름다움에 접근할 수 있게 된다. 그것이 내게는 가장 중요한 부분이다.

삶과 수학에서는 아름다움과 실용성 사이에서 타협이 이루어질 때가 종종 있다. 그리고 꿈과 현실, 그리고 설명되는 것과 설명되지 않는 것들이 대조를 이룰 때도 많다. 무한은 수학이라는 아름다운 꿈속에 자리 잡은 아름다운 꿈이다.

# 감사의 말씀

지금은 고인이 된 내 학생 리사 쿠이비넨에게 감사의 마음을 표하며 시작하고 싶다. 그녀는 제논의 역설을 제일 재미있게 활용하는 방법을 만화로 보여 주었다. 그리고 시카고 아트 인스티튜트 스쿨과 시카고 대학교, 셰필드 대학교, 케임브리지 대학교의 내 모든 학생들, 그리고 케임브리지 파크 스트리트 초등학교, 셰필드 힐스보로 초등학교, 시카고 프란시스 파크 스쿨의 어린이들에게도 감사하고 싶다. 나는 가르친다는 것은 양방향 과정이라 믿는다. 나는 오랫동안 내 학생들로부터 아주 많은 것을 배웠다.

그리고 내 부모님과 여동생, 그리고 내 꼬마 조카 리암과 잭의 지지와 영감이 없었다면 이 모든 것은 불가능했을 것이다.

내 친구들에게도 감사한다. 내 친구들의 통찰과 호기심은 항상 내게 사물을 다른 각도에서 좀 더 명료하게 생각하도록 박차를 가해 주었다. 내가 이 책에서 구체적으로 그 사고방식에 대해 언급했던 다음의 사람들에게도 특별히 감사의 마음을 전하고 싶다. 아마이아 가반초, 제이슨 그룬바움, 크리스토퍼 다니엘슨, 리처드 우드, 톰 크로퍼드, 샐리 랜들, 데이비드 허칭스, 샘 뒤플레시스, 캐서린 핀처, 앨리스 슈, 제럴드 핀리.

대서양 연안의 문화적 연관성에 대해 도움을 준 코트니 제라이브, 티머시 메이든, 로한 저우리에게도 감사를 표한다.

12장은 차원에 대한 끝없는 사랑을 보여 준 그레고리 피블스에게 바친다.

내게 에세이 쓰는 법을 가르쳐 준 영어 선생님 마리스 라킨에게도 감사의 마음을 전한다. 그 방법을 책을 쓸 때도 잘 일반화해서 적용할 수 있었다. 그리고 내 에이전트 다이앤 뱅크스, 프로필Profile의 닉 시린과 앤드루 프랭클린, 베이직북스의 TJ 캘러허와 라라 하이머트에게 감사의 마음을 전한다. 그리고 머릿속이 안개처럼 뿌옇고 혼란스러울 때 변함없는 등대가 되어 준 세라 개브리엘, 우분투Ubuntu와 레이텍Latex 사용에 도움을 준 토머스, 그리고 늘 그 자리를 지켜 준 올리버 카마초에게 감사드린다.

마지막으로 내게 음식, 마실 것, 그리고 제논에 대한 토론으로 계속해서 양분을 채워 준 아칸토의 마이클에게도 감사의 마음을 전한다.

# 옮긴이의 말

아이들은 공룡을 참 좋아한다. 공룡의 어떤 면이 그렇게 아이들의 마음을 사로잡는 것일까? 날카로운 이빨, 화려한 뿔, 익룡의 날개 등 여러 가지가 있겠지만 뭐니 뭐니 해도 아이들을 사로잡는 공룡의 가장 큰 매력은 바로 그 크기가 아닐까 싶다. 어쩌면 아이에게 공룡은 부모처럼 큰 존재로 여겨져서 그런지도 모르겠다. 어쩌면 자신을 압도하는 거대한 것에 대한 관심과 동경은 인간에게 있어서 하나의 본능인지도 모른다. 이 본능 때문인지 우리는 점점 더 큰 것을 생각하다 어느 시점에 가서는 무한의 개념을 깨닫는다.

우리는 상식적으로 무한이 무엇인지 알고 있다. 하지만 이 〈상식〉이 다른 상식과 자꾸 충돌을 일으키기 때문에 무한을 이해하기는 사실 만만한 일이 아니다. 자연수가 무한히 많다는 것은 상식이다. 0부터 아무리 오래 세어 나가도 자연수의 끝에는 결코 도달할 수 없다. 반면 0과 1 사이에도 무한히 많은 소수가 들어 있다는 것 역시 상식이다. 그 사이를 아무리 잘게 쪼개도 거기서 더 잘게 쪼개 들어갈 수 있다. 그럼 무한히 많은 자연수와 무한히 많은 소수가 똑같은 무한일까? 무한도 더 큰 무한, 더 작은 무한이 있을까? 무한에 대해 더 크다, 작다 말하는 것이 과연 의미가 있기는 한가? 유지니아 쳉은 이렇듯 서로 충돌하는 상식들을 또 다른 상식을 도구 삼아 하나하나 풀어 내면서 무한의 정체에 접근해 간다.

유지니아 쳉은 수학 공포증과 맞서 싸우는 것을 자기 사명으로 여기는 사람이다. 안 그래도 힘든 인생이 수학까지 해야 하니 더 어려워지는 것이 아니라, 정반대로 정말로 어려운 것은 인생이고, 수학 덕분에 그 어려운 인생을 감당할 만한 수준으로 단순화할 수 있다는 것이 그녀의 신념이다. 그녀를 따라 무한을 탐구하다 보면 무한 그 자체뿐만 아니라 수학의 보편적인 접근 방식을 만나 그 본질을 발견하고 희열을 맛볼 수도 있을 것이다. 어찌 보면 수학은 발견이 아니라 발명이며, 거기에 수학의 자유가 있다.

1부에서는 무한의 정체를 찾아 나선다. 우리는 무한이 무엇인지 어렴풋이 알고는 있지만, 그냥 무한을 그저 상상할 수 있는 어떤 수보다도 큰 수라고 정의하려는 순간, 이것이 이런 간단한 정의로는 해결할 수 없는 복잡한 문제임을 깨닫게 된다. 무한이 일반적인 수일 수는 없다. 유한한 수에 적용되는 평범한 연산 규칙이 무한에서는 통하지 않기 때문이다. 무한한 객실이 준비되어 있는 힐베르트 호텔에서는 객실이 모두 찬 상태에서도 무한히 많은 손님을 추가로 받을 수 있다는 모순이 발생한다. 이런 모순을 해결하기 위해 유지니아 쳉은 좀 더 체계적인 접근 방법을 적용해서 자연수, 정수, 유리수 등 가장 간단한 수 체계부터 소개해 나가기 시작한다. 그리고 더 나아가 〈주머니〉 비유를 통해 자연수를 정의해 나간다. 그리고 전사 함수, 단사 함수, 가산, 불가산 등의 개념도 함께 소개하고 있다.

그러다가 뜻하지 않았던 장애물에 부딪힌다. 알고 보니 실수의 숫자는 가산 무한보다도 더 많음이 드러난 것이다. 유지니아 쳉은 칸토어의 대각선 논법을 이용해서 무리수가 자연수보다 더 큰 무한임을 증명해 보인다. 즉 무한에도 등급이 있다는 의미다. 무한 중 가장 작은 무한은 가산 무한이지만, 그 위에는 그보다 큰 무한인 실수의 집합이 있고, 그 위로도 무한의 계층이 무한히 이어진다. 연속체 가설에 대해서도 간략하게 다루고 있다. 그리고 서수와 기수의 차이를 구분함으로써 드디어 무한의 정체에 접근하게 된다.

1부를 무한의 정체를 찾기 위해 산을 오르는 과정에 비유하자면, 2부는 그 산 정상에서 바라보는 풍경을 다루고 있다. 여기서는 무한이 아닌 듯 무한인 것, 4차원을 뛰어넘는 무한 차원, 무한히 큰 것이 아니라 반대로 무한히 작아지는 것, 적분의 개념 등 무한이라는 창문을 통해 엿볼 수 있는 다양한 개념들을 다루고 있다.

무한이라는 개념을 일반인에게 전달한다는 것이 결코 쉬운 일이 아님에도 불구하고 유지니아 쳉은 재미있는 다양한 비유와 그림 등을 통해 이 내용들을 쉽게 전달하려 노력하고 있다. 그래도 무한이 결코 만만한 대상이 아니니 약간의 긴장감은 필요하다. 저자의 열정적이고 친근한 설명을 차근차근 따라가다 보면 자칫 딱딱하기 쉬운 수학 분야를 여행하듯 즐거운 마음으로 탐험할 수 있을 것이다. 유지니아 쳉의 열정은 전염성이 있다. 부디 그 열정이 독자들에게도 감염될 수 있기를 바란다. 그럼 이제 우리 그녀와 함께 어벤저스를 결성하고 〈인피니티 워〉, 무한의 전쟁에 나서 보자!

# 찾아보기

ㅍ



ㅎ

옮긴이 **김성훈** 치과 의사의 길을 걷다가 번역의 길로 방향을 튼 엉뚱한 번역가. 중학생 시절부터 과학에 대해 궁금증이 생길 때마다 틈틈이 적어 온 과학 노트가 지금까지도 보물 1호이며, 번역으로 과학의 매력을 더 많은 사람과 나누기를 꿈꾼다. 현재 바른번역 소속 번역가로 활동하고 있다. 『음식을 처방해드립니다』, 『늙어감의 기술』, 『도살자들』, 『숙주 인간』, 『범죄의 책』, 『우연의 설계』, 『세상을 움직이는 수학 개념 100』 등 다수의 책을 우리말로 옮겼다.


무한을 넘어서 수학의 우주, 그 경계를 찾아 떠나는 모험

발행일 **2018년 10월 10일 초판 1쇄**
**2020년 3월 15일 초판 4쇄**

지은이 **유지니아 쳉**
옮긴이 **김성훈**
발행인 **홍지웅 · 홍예빈**
발행처 **주식회사 열린책들**

**경기도 파주시 문발로 253 파주출판도시**
전화 **031-955-4000** 팩스 **031-955-4004**
**www.openbooks.co.kr**





ISBN 978-89-329-1930-0 03410

이 도서의 국립중앙도서관 출판예정도서목록(CIP)은 서지정보유통지원시스템 홈페이지(http://seoji.nl.go.kr)와 국가자료공동목록시스템(http://www.nl.go.kr/kolisnet)에서 이용하실 수 있습니다.(CIP제어번호:CIP2018030381)